普通高等教育"十一五"国家级规划教材

工程材料与机械制造基础

Gongcheng Cailiao yu Jixie Zhizao Jichu

下册

第 3 版

李爱菊　主　编

付　平　龚红宇　副主编

林钦平　王瑞芳　周桂莲　范润华　参　编

傅水根　审　阅

U0351426

高等教育出版社·北京

内容简介

本书是普通高等教育"十一五"国家级规划教材,是在第2版的基础上修订而成的。

本书基于新工科的要求,按照教育部高等学校机械基础课程教学指导分委员会工程材料与机械制造基础课程指导小组制定的最新课程知识体系和教学基本要求修订而成,内容力求与国外先进教材接轨,体现工程材料成形与机械制造基础课程知识体系的完整性与系统性。横向上不仅涵盖了常规机械制造技术基础,还充分体现了与现代制造技术、材料科学、现代信息技术和现代管理科学等学科的交叉与融合;纵向上不仅涉及现有工程材料成形和制造技术,还体现了工程材料和制造技术的历史传承和未来发展趋势。

本书分为上、下两册。下册由9章组成,包括机械加工基础知识、零件表面的常规加工方法、机械加工工艺过程的基本知识、特种加工、非金属材料的机械加工、数控机床加工、先进制造技术、机械制造经济性与管理及机械制造业的环境保护。各章均附有本章学习指南和复习思考题。

本书内容较传统的金属工艺学更为丰富,特别注意了按照成形工艺和不同工程材料种类的成形方法加以分类,并据此进行了模块化编写。

本书可以作为高等学校工科各专业获取制造基础知识的教材,也可供从事材料科学与工程、机械工程、工业管理等工作的相关技术人员参考。

图书在版编目(CIP)数据

工程材料与机械制造基础. 下册 / 李爱菊主编.--
3 版.--北京:高等教育出版社,2019.9(2022.12 重印)
　ISBN 978-7-04-052522-9

Ⅰ.①工… Ⅱ.①李… Ⅲ.①工程材料-高等学校-
教材②机械制造工艺-高等学校-教材 Ⅳ.①TB3
②TH16

中国版本图书馆 CIP 数据核字(2019)第 181708 号

策划编辑　宋　晓	责任编辑　宋　晓	封面设计　张　志	版式设计　马　云
插图绘制　于　博	责任校对　李大鹏	责任印制　赵义民	

出版发行	高等教育出版社	网　　址　http://www.hep.edu.cn
社　　址	北京市西城区德外大街4号	http://www.hep.com.cn
邮政编码	100120	网上订购　http://www.hepmall.com.cn
印　　刷	北京中科印刷有限公司	http://www.hepmall.com
开　　本	787mm×960mm　1/16	http://www.hepmall.cn
印　　张	17.5	版　　次　2005 年 3 月第 1 版
字　　数	310 千字	2019 年 9 月第 3 版
购书热线	010-58581118	印　　次　2022 年 12 月第 3 次印刷
咨询电话	400-810-0598	定　　价　33.80 元

工程材料与机械制造基础

下册 第3版

李爱菊 主编

1 计算机访问 http://abook.hep.com.cn/1238994，或手机扫描二维码、下载并安装 Abook 应用。

2 注册并登录，进入"我的课程"。

3 输入封底数字课程账号（20位密码，刮开涂层可见），或通过 Abook 应用扫描封底数字课程账号二维码，完成课程绑定。

4 单击"进入课程"按钮，开始本数字课程的学习。

课程绑定后一年为数字课程使用有效期。受硬件限制，部分内容无法在手机端显示，请按提示通过计算机访问学习。

如有使用问题，请发邮件至 abook@hep.com.cn。

扫描二维码
下载 Abook 应用

http://abook.hep.com.cn/1238994

第3版前言

制造技术发展迅速,制造业作为最重要的实体经济和工业基础,在国家发展战略中意义重大。为此,各国围绕先进制造技术的发展提出了各种引人注目的发展规划。比如,2012年德国政府率先提出了"工业4.0"的发展战略,其本质是基于"信息物理系统"实现"智能工厂",从而构建一个高度灵活的个性化和数字化的智能制造模式。同年,美国提出"先进制造业国家战略计划"和"工业互联网"战略,鼓励制造企业回归美国本土,目的是利用互联网激活传统工业过程,更好地促进物理世界和数字世界的融合。2015年,日本制造业另辟蹊径,提出"机器人新战略",专攻"人工智能",积极建立世界机器人技术创新高地,继续引领物联网时代机器人的发展。从2010起,中国成为世界第一制造业大国,发展迅速,但是中国制造业大而不强,一方面在中低端制造领域产能过剩,另一方面在高端制造业,跟欧、美、日等发达地区和国家相比仍有较大差距。为解决中国制造业面临的两难问题,2015年5月8日,中国公布了"中国制造2025"战略规划,力争通过"三步走"战略实现中国制造业强国的目标,最终在中华人民共和国成立一百年时,综合实力进入世界制造强国前列。毫无疑问,先进制造技术的快速发展给新经济、新业态、新型工程人才培养乃至制造类课程的发展建设带来了挑战,也带来了机遇。2017年,教育部基于新经济和新型工程人才培养的发展要求,适时推出了新工科建设计划,试图通过新理念、新结构、新模式、新质量、新体系,结合理工和多学科融合、产学融合、校企融合、教研学融合等多重融合创新实现能满足新经济要求人才的培养。这对制造类基础课和教材的发展建设无疑是一个难得的机遇。

本书特有的工程材料及其制造知识体系(而不是以金属材料及其制造知识体系)成为"推进基础课与实践教学协同创新、致力于知识向能力有效转化"教学成果的重要组成部分,该教学成果荣获2018年国家级教学成果一等奖。同时,编写组有幸与教育部机械基础课程教学指导委员会、高等教育出版社等数家企业共同承担了有关该课程改革的教育部新工科研究项目,根据新工科项目建设的要求,编写组计划进一步修订该书。大家认为:鉴于中国制造业的现状和发展要求,无论是新工科还是传统意义上的工科,优秀人才培养都离不开坚实的基础知识、突出的实践能力和创新能力。因此,我们的整体修订思路是坚持教育的本真,保持基本核心知识点与能力要求不动摇,对基础课和教材改革一定要遵循教学规律、采取循序渐进的原则,结合目前基础课程存在的问题,以及新工科的要求,在原有基础上重构课程知识体系,补充新材料新工艺、增材制造、互联网及智能制造技术等与先进制造技术有关的内容,充分体现知识的交叉融合。使教材更好地适应新工科人才的培养和中国工程教育专业认证需求。

本书是根据教育部高等学校机械基础课程教学指导委员会工程材料与机械制造基础课程指导小组制定的最新课程知识体系和教学基本要求(基于新工科版)修订而成。除保持了第 2 版的编写特点外,还在第一章工程材料与制造技术简论中,按照本书整体内容变化情况进行了部分修改调整,重点介绍了有关新材料、新技术、新工艺。鉴于增材制造与各种制造技术的交叉融合及重要性,在上册增加了第十章增材制造。鉴于智能制造、大数据、工业互联网在先进制造技术中的广泛应用,在下册第七章先进制造技术中增加了智能制造、大数据、工业互联网一节。考虑到学时限制,下册原第六章不再予以保留。

因此,再次修订后,本书不仅可作为工科各专业学习现代制造工艺技术的专业基础教材,也可作为培养复合型人才、新工科人才,以及为理、医、管、文、艺术等不同学科学生获取基础制造知识的特色教材。

本书分上、下两册,是普通高等教育国家级“十五”“十一五”规划教材,于 2008 年荣获山东省优秀教材一等奖,被评为 2011 年度普通高等教育精品教材,由山东大学孙康宁、李爱菊、张景德组织编写。上册由孙康宁、张景德主编,王昕、莫德秀任副主编。修订分工如下:山东大学孙康宁编写第一章、第二章,以及第三章第三、四节,第七章第六节,第八章第四节,第九章第一节;山东大学张景德与中国海洋大学王昕编写第三章其他节与第四章;山东理工大学莫德秀编写第五章及第八章其他节;山东大学李爱菊、范润华编写第六章;景德镇陶瓷大学谭训彦、山东大学龚红宇编写第七章其他节;山东大学张景德编写第十章。

下册由李爱菊主编,付平、龚红宇任副主编。修订分工如下:山东大学李爱菊编写第二章,同时与合肥工业大学王瑞芳编写第一章,与青岛科技大学的周桂莲编写第四章,与山东大学龚红宇编写第五章,与福州大学林钦平编写第六章、第七章;青岛科技大学付平编写第三章,同时与周桂莲编写第九章;合肥工业大学王瑞芳编写第八章。

本书由清华大学傅水根教授审阅。在编写过程中得到《现代工程材料成形与机械制造基础》编写人员提供的一些宝贵资料,在此一并表示感谢。

由于编者水平所限,本书难免存在不当之处,诚请读者提出宝贵意见。

编　者

2019 年 3 月

第 2 版前言

随着知识更新的加快、学科间的相互渗透和现代工业结构的变化，"工程材料及机械制造基础"作为高等院校学生了解、认知现代工业的窗口课程和应当具备的制造技术基础，其原来的知识体系与内容构成已远远滞后于时代的发展。为充分体现各学科的交叉、融合与现代工业的"综合性"特点，全面拓宽课程的知识体系，使理论、实践、素质教育、创新和现代教育技术有机地结合在一起，编者认为，新的课程内容横向上不仅应涵盖常规机械制造技术，还应充分体现与现代制造技术、材料科学、现代信息技术和现代管理科学等学科的密切交叉与融合；纵向上不仅应涵盖现有工程材料成形和制造技术，还要体现工程材料和制造技术的历史传承和未来发展趋势。事实上，我国作为制造业大国，各学科、各行业对制造技术均有涉及，使本课程成为不同专业共同的工业基础知识平台。再加上该课程兼有基础性、实用性、知识性、实践性与创新性等特点，使其在一定程度上成为理、工、医、文、管理、艺术等不同学科之间交叉的"点"，成为当前培养复合型人才的重要基础之一。

本书是根据教育部机械基础课程教学指导分委员会有关"重点院校金属工艺学课程改革指南"精神，借鉴国外教材的内容、结构特点，并结合作者多年来取得的教学改革经验和成果编写而成的。编写指导思想是：继承教材原有的基础性、综合性、实践性特点，力求实现两个基本转变，即将金属材料制造工艺为主的课程内容向工程材料制造工艺为主的课程内容转变，实现将机械制造工艺为主向制造工艺为主的知识体系转变；展现新材料制备与制造技术在跨学科领域中的交叉渗透和通道作用，力求与国际最新教材知识体系接轨。

本书有以下主要特点：

（1）力求处理好常规工艺与现代新技术的关系。对于仍广泛用于现代机械制造工业的常规工艺精选保留；对于过时的内容予以淘汰；对于技术上较成熟、应用范围较宽或发展前景看好的新材料、新技术、新工艺（即"三新"）作为基本内容引入，使"三新"内容在本课程理论教学中占 1/3 以上。例如，在新的教材中增加了材料及制造技术发展史与研究进展；制造类企业的特点与组织结构；在传统金属材料及热处理的基础上增加了部分常用工程材料的性能、材料学基础知识以及表面工程技术和非金属材料热处理的内容；增加了粉末冶金与陶瓷材料的成形工艺、高分子材料的成形工艺、复合材料的成形工艺三章；把材料与制造技术有机地联系起来，体现了将金属制造工艺为主向工程材料制造工艺为主的课程内容的转变。

（2）全面体现先进制造工艺技术的特点，并重点增加或增强了数控加工技术、快速成形技术、非金属材料的加工、计算机集成制造技术等先进制造工艺和应用实例，以体现现代制造技术的特征。首次增加了电子设备制造技术基础，包括集成电路制造技术、插接件制造技术、壳体制造技术和装配技术，增加了工业管理与可持续发展对制造技术的影响等相关内容，比如质量与成本、管理与效益、产品生产的可行性分析、机械制造技术与环境保护等。从而使本课程与信息技术、市场经济融为一体，体现了现代制造技术与有关学科的相互交叉与渗透。

（3）教材内容既系统丰富又重点突出，为学生预留了足够的自学与思考的空间，每章附有学习指南和与其他章节相互关联的提示。各个章节既相互联系，又相对独立，力图建立起柔性较大的模块化教材体系，以适应培养复合型、创新型人才的需求，并方便不同专业、不同学习背景、不同学时、不同层次的学生选用。

因此，本书既是适用于工科各专业学习现代制造技术的专业基础教材，也是培养复合型人才，为理、医、文、管理、艺术等不同学科之间提供快速工业知识渗透的特色基础教材。

本书是普通高等教育"十一五"国家级规划教材，由山东大学孙康宁、李爱菊、张景德负责组织编写。全书分为上、下两册，上册由山东大学孙康宁、张景德主编，王昕、莫德秀任副主编。其中：第一章、第二章由孙康宁编写，同时参与了第三章第三节、第四节，第七章第六节，第八章第四节，第九章第一节的编写；第三章其他节与第四章由山东大学张景德与王昕编写；第五章与第八章其他节由山东理工大学莫德秀编写；第六章由山东大学李爱菊、范润华编写；第七章其他节由景德镇陶瓷学院谭训彦、山东大学龚红宇编写；第九章其他节由山东大学毕见强编写。

下册由山东大学李爱菊主编，付平、龚红宇任副主编。李爱菊编写了第二章，同时与青岛科技大学的周桂莲编写第四章、与山东大学的龚红宇编写第五章、与石油大学的甄玉花编写第六章；青岛科技大学的付平编写了第三章，同时与合肥工业大学王瑞芳编写了第一章，与福州大学的林钦平编写了第七章、第八章，与周桂莲编写了第十章；第九章由合肥工业大学王瑞芳编写。

本书由清华大学傅水根教授审阅。在教材编写中得到原《现代工程材料成形与制造技术基础》编写人员提供的一些宝贵资料。在此一并表示感谢！

由于编者水平所限，本书难免存在不当之处，诚请各位读者提出宝贵意见。

编　者
2010 年 3 月

目　　录

第一章　机械加工基础知识 ………………………………………… 1

　第一节　切削运动及切削要素 ……………………………………… 2

　　一、零件表面的形成 ……………………………………………… 2

　　二、切削表面与切削运动 ………………………………………… 2

　　三、切削用量 ……………………………………………………… 3

　　四、切削层参数 …………………………………………………… 4

　第二节　切削刀具及其材料 ………………………………………… 5

　　一、切削刀具 ……………………………………………………… 6

　　二、刀具材料 ……………………………………………………… 17

　第三节　切削过程及控制 …………………………………………… 20

　　一、切屑的形成及其类型 ………………………………………… 20

　　二、积屑瘤 ………………………………………………………… 22

　　三、切削力和切削功率 …………………………………………… 24

　　四、切削热和切削温度 …………………………………………… 25

　　五、刀具磨损和刀具寿命 ………………………………………… 27

　　六、切削用量的合理选择 ………………………………………… 29

　第四节　磨具与磨削过程 …………………………………………… 30

　　一、磨具 …………………………………………………………… 30

　　二、磨削过程中磨粒的作用 ……………………………………… 34

　　三、磨削过程的特点 ……………………………………………… 35

　第五节　材料的切削加工性 ………………………………………… 36

　　一、衡量材料切削加工性的指标 ………………………………… 36

　　二、常用材料的切削加工性 ……………………………………… 38

　　三、难加工材料的切削加工性 …………………………………… 38

　第六节　机械加工质量的概念 ……………………………………… 39

　　一、机械加工精度 ………………………………………………… 39

　　二、机械加工表面质量 …………………………………………… 40

　复习思考题 …………………………………………………………… 42

第二章　零件表面的常规加工方法 ……………………………… 44

　第一节　回转面的加工 ……………………………………………… 45

　　一、外圆面的加工 ………………………………………………… 45

　　二、孔的加工 ……………………………………………………… 53

　第二节　平面的加工 ………………………………………………… 63

　　　一、平面的加工方法 ………………………………………… 63
　　　二、平面加工方案的选择 ……………………………………… 68
　第三节　特形表面的加工 ………………………………………… 69
　　　一、成形面加工 ………………………………………………… 69
　　　二、螺纹加工 …………………………………………………… 70
　　　三、齿形加工 …………………………………………………… 76
　复习思考题 ………………………………………………………… 87

第三章　机械加工工艺过程的基本知识 …………………………… 89
　第一节　基本概念 ………………………………………………… 89
　　　一、生产过程和工艺过程 ……………………………………… 89
　　　二、机械加工工艺过程的组成 ………………………………… 90
　　　三、生产纲领和生产类型 ……………………………………… 92
　第二节　工件的安装和夹具 ……………………………………… 94
　　　一、工件的安装 ………………………………………………… 94
　　　二、机床夹具的分类和组成 …………………………………… 94
　　　三、基准及其选择 ……………………………………………… 97
　　　四、工件在夹具中的定位 ……………………………………… 99
　第三节　零件机械加工工艺规程的制定 ………………………… 102
　　　一、机械加工工艺规程的内容及作用 ………………………… 102
　　　二、制定工艺规程的原则、原始资料 ………………………… 102
　　　三、制定工艺规程的步骤 ……………………………………… 103
　第四节　零件的切削结构工艺性 ………………………………… 112
　　　一、合理确定零件的技术要求 ………………………………… 112
　　　二、遵循零件结构设计的标准化 ……………………………… 112
　　　三、合理标注尺寸 ……………………………………………… 112
　　　四、零件结构要便于加工 ……………………………………… 114
　复习思考题 ………………………………………………………… 119

第四章　特种加工 ………………………………………………… 121
　第一节　电火花加工 ……………………………………………… 122
　　　一、电火花加工的原理 ………………………………………… 122
　　　二、电火花加工的特点 ………………………………………… 123
　　　三、电火花加工的应用范围 …………………………………… 124
　第二节　电解加工 ………………………………………………… 128
　　　一、电解加工的原理 …………………………………………… 128
　　　二、电解加工的特点 …………………………………………… 130
　　　三、电解加工的应用 …………………………………………… 130

第三节　超声波加工 ……………………………………… 130
　　一、超声波加工的原理 …………………………………… 131
　　二、超声波加工的特点 …………………………………… 132
　　三、超声波加工的应用 …………………………………… 132
第四节　高能束加工 ……………………………………… 133
　　一、激光加工 ……………………………………………… 134
　　二、电子束和离子束加工 ………………………………… 136
复习思考题 ……………………………………………… 140

第五章　非金属材料的机械加工 ……………………… 141
第一节　无机非金属材料的机械加工 …………………… 141
　　一、陶瓷的加工 …………………………………………… 141
　　二、玻璃的加工 …………………………………………… 145
　　三、石材的加工 …………………………………………… 148
第二节　高分子材料的加工 ……………………………… 156
　　一、塑料的单刃切削 ……………………………………… 156
　　二、塑料的多刃切削 ……………………………………… 158
　　三、塑料的磨削 …………………………………………… 160
第三节　复合材料的加工 ………………………………… 161
　　一、概述 …………………………………………………… 161
　　二、几种常用复合材料的机械加工特点 ………………… 162
　　三、复合材料的常规机械加工方法 ……………………… 163
　　四、其他机械加工方法 …………………………………… 164
　　五、特种加工方法 ………………………………………… 165
第四节　特种材料加工的发展趋势 ……………………… 165
　　一、建立非金属材料切削理论 …………………………… 165
　　二、使用专用机床 ………………………………………… 166
　　三、发展新型刀具材料 …………………………………… 167
复习思考题 ……………………………………………… 168

第六章　数控机床加工 ………………………………… 169
第一节　数控机床的基本组成 …………………………… 169
　　一、输入与输出装置 ……………………………………… 171
　　二、数控系统 ……………………………………………… 171
　　三、伺服系统 ……………………………………………… 173
　　四、数控机床主机 ………………………………………… 174
　　五、数控机床的辅助装置 ………………………………… 178
第二节　数控机床的特点 ………………………………… 178

一、数控机床在加工方面的特点 ……………………………………… 178

二、数控机床的适应性与经济性特点 ………………………………… 179

三、数控机床在管理与使用方面的特点 ……………………………… 179

第三节　数控加工程序编制 ……………………………………………… 180

一、数控加工程序编制的基本知识 …………………………………… 180

二、数控加工程序的代码及其功能 …………………………………… 183

第四节　数控编程实例 …………………………………………………… 184

一、数控铣削加工的程序编制实例 …………………………………… 184

二、数控车削加工程序编制实例 ……………………………………… 187

第五节　加工中心 ………………………………………………………… 190

一、加工中心的分类与应用范围 ……………………………………… 190

二、加工中心的特点 …………………………………………………… 192

三、加工中心的特殊构件 ……………………………………………… 193

四、加工中心的发展 …………………………………………………… 195

复习思考题 ………………………………………………………………… 196

第七章　先进制造技术 ………………………………………………… 197

第一节　计算机辅助设计与制造（CAD/CAM）技术 ………………… 198

一、CAD/CAM 的基本概念 …………………………………………… 198

二、CAD/CAM 系统的组成 …………………………………………… 198

三、计算机辅助设计（CAD）技术 …………………………………… 200

四、计算机辅助工艺过程设计 ………………………………………… 201

五、计算机辅助制造技术 ……………………………………………… 202

六、CAD/CAPP/CAM 集成技术 ……………………………………… 203

第二节　柔性制造技术 …………………………………………………… 203

一、FMS 的定义及基本组成 ………………………………………… 203

二、FMS 的组成 ……………………………………………………… 205

第三节　计算机集成制造系统 …………………………………………… 207

一、计算机集成制造系统 ……………………………………………… 208

二、CIMS 的发展现状 ………………………………………………… 211

第四节　智能制造系统 …………………………………………………… 215

一、智能制造系统的含义和特征 ……………………………………… 215

二、IMS 的基本构成 ………………………………………………… 216

三、IMS 的运作过程 ………………………………………………… 217

四、智能制造与物联网、大数据的关系 ……………………………… 217

复习思考题 ………………………………………………………………… 219

第八章　机械制造经济性与管理 ·············· 220

　第一节　机械制造企业管理 ·················· 221

　　一、现代企业 ························· 221

　　二、现代企业管理职能和组织结构 ·········· 222

　　三、企业管理基础工作 ·················· 225

　第二节　成本管理 ······················· 226

　　一、成本管理概述 ····················· 226

　　二、成本预测 ························· 227

　　三、成本控制 ························· 228

　　四、作业成本管理 ····················· 230

　第三节　质量管理 ······················· 231

　　一、质量和质量管理的基本概念 ············ 231

　　二、质量管理方法 ····················· 232

　　三、ISO 9000 系列标准简介 ··············· 233

　　四、质量成本 ························· 233

　第四节　新产品生产的可行性分析 ············· 234

　　一、新产品生产的可行性分析的含义 ········· 234

　　二、新产品生产的可行性分析的内容 ········· 235

　复习思考题 ··························· 241

第九章　机械制造业的环境保护 ············· 243

　第一节　机械工业的环境污染 ··············· 244

　第二节　机械制造业的环境保护技术 ··········· 245

　　一、工业废气的防治 ··················· 245

　　二、工业废水的防治 ··················· 251

　　三、工业固体废物污染的防治 ············· 254

　　四、工业噪声的防治 ··················· 257

　复习思考题 ··························· 260

参考文献 ··························· 261

第一章　机械加工基础知识

本章学习指南

　　本章主要介绍了机械加工基础知识。重点应掌握切削运动及切削用量概念,切削刀具及其材料基本知识,切削过程的物理现象及控制,砂轮及磨削过程基本知识,材料切削加工性概念,机械加工质量的概念等。掌握本章内容是为后续内容的学习打基础,为初步具备分析、解决工艺问题的能力打基础,为学生了解现代机械制造技术和模式及其发展打基础。学习本章要注意理论联系生产实践,以便加深理解。可通过课堂讨论、作业练习、实验、校内外参观等及采用多媒体、网络等现代教学手段学习,以取得良好的教学效果。为学好本章内容,可参阅邓文英等主编《金属工艺学》(下册)(第六版)、傅水根主编《机械制造工艺基础》(金属工艺学冷加工部分)、李爱菊主编《现代工程材料成形与制造工艺基础》(下册　第2版)及相关机械制造方面的教材和期刊。

　　本书上册介绍了制造机械零件的材料成形法,下册主要介绍材料去除法,即切去毛坯上多余的材料,使机械零件达到最终技术要求的加工方法。各种加工方法都有着共同的现象和规律,了解这些基本规律是学习机械加工方法的基础。

　　切削加工是使用切削工具(包括刀具、磨具和磨料),在工具和工件的相对运动中,把工件上多余的材料层切除,使工件获得规定的几何参数(尺寸、形状、位置)和表面质量的加工方法。它在机械制造业中占有十分重要的地位。这主要是因为切削加工能获得较高的精度和表面质量,对被加工材料、工件几何形状及生产批量具有广泛的适应性。

　　切削加工分为机械加工(简称机工)和钳工两大类。机工是指通过各种金属切削机床对工件进行的切削加工。机工主要加工方式有车削、钻削、铣削、刨削和磨削等,所用的机床分别为车床、钻床、铣床、刨床和磨床等。钳工是指通过工人手持机械或电动工具进行的切削加工。钳工的基本操作有划线、锯削、锉削、钻孔、扩孔、铰孔、攻螺纹、套螺纹、刮削、机械装配和设备修理等。钳工用的工具简单,操作灵活方便,还可以完成机械加工所不能完成的某些工作。钳工劳动强度大,生产率低,但在机械制造和修配中仍占有一定地位,随着生产的发展,钳工机械化的内容也越来越丰富。

第一节　切削运动及切削要素

一、零件表面的形成

机器零件的形状虽很多,但主要由一些简单表面组成,如外圆面、内圆面(孔)、平面和成形面等。

外圆面和孔是以某一直线为母线,以圆为轨迹作旋转运动所形成的表面。平面是以某一直线为母线,以另一直线为轨迹作平移运动所形成的表面。成形面是以曲线为母线,以圆或直线为轨迹作旋转或平移运动所形成的表面。成形面包括螺纹、齿轮的齿形和沟槽等。上述这些表面可分别用图 1-1 所示的相应加工方法来获得。

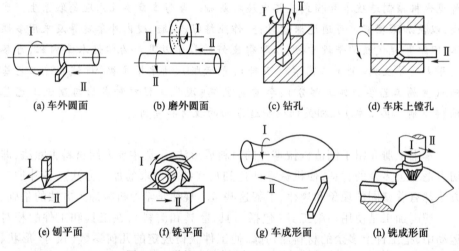

    (a) 车外圆面   (b) 磨外圆面   (c) 钻孔   (d) 车床上镗孔

    (e) 刨平面   (f) 铣平面   (g) 车成形面   (h) 铣成形面

图 1-1　零件不同表面加工时的切削运动

二、切削表面与切削运动

1. 切削表面

切削加工过程是一个动态过程,在切削加工中,工件上通常存在着三个不断变化的表面,即待加工表面、过渡表面(加工表面)、已加工表面,如图 1-2 所示。待加工表面是指工件上即将被切除的表面。已加工表面是工件上已切去切削层而形成的表面。过渡表面是指加工时工件上正在被刀具切削的表面,介于待加工表面和已加工表面之间。

2. 切削运动

无论在哪一种机床上进行切削加工,刀具和工件间必须有一定的相对运动,即切削运动。切削运动可以是旋转运动或直线运动,也可以是连续运动或间歇运动。根据在切削中所起的作用不同,切削运动(图1-1)分为主运动(图中Ⅰ)和进给运动(图中Ⅱ)。切削时实际的切削运动是一个合成运动。

主运动是使刀具和工件之间产生相对运动,促使刀具接近工件而实现切削的运动,如图1-2所示工件的旋转运动。主运动速度高,消耗功率大,主运动一般只有一个。主运动可以由工件完成,也可以由刀具完成。主运动的形式有旋转运动和往复运动(由工件或刀具进行)两种。如车削、铣削、磨削加工时的主运动是旋转运动,刨削、插削加工时工件或刀具的主运动是往复直线运动。

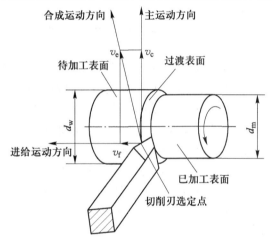

图1-2 切削运动和加工表面

进给运动是使刀具与工件之间产生附加的相对运动,与主运动配合,即可连续地切除余量,如图1-2所示车刀的移动。根据工件表面形成的需要,进给运动可以是1个,也可以是多个;可以是连续的,也可以是断续的。当主运动为旋转运动时,进给运动是连续的,如车削、钻削;当主运动为直线运动时,进给运动是断续的,如刨削、插削等。

三、切削用量

切削用量用来衡量切削运动量的大小。切削用量(cutting conditions)包括切削速度 v_c、进给量 f(或进给速度 v_f)和背吃刀量 a_p,切削要素包括切削用量三要素和切削层参数(parameters of undeformed chip)。

1. 切削速度

切削刃上选定点相对工件主运动的瞬时速度称为切削速度(cutting speed),

以 v_c 表示,单位为 m/s 或 m/min 。

若主运动为旋转运动(如车削、铣削等),切削速度一般为其最大线速度

$$v_c = \frac{\pi d n}{1\ 000}\quad \text{m/min}$$

式中:d——工件(或刀具)的直径,mm;

n——工件(或刀具)的转速,r/s 或 r/min。

若主运动为往复直线运动(如刨削、插削等),则常以其平均速度为切削速度,即

$$v_c = \frac{2Ln_r}{1\ 000}\quad \text{m/min}$$

式中:L——往复行程长度,mm;

n_r——主运动每秒或每分钟的往复次数,str/s 或 str/min。

2. 进给量

刀具在进给运动方向上相对工件的位移量称为进给量(feed rate)。不同的加工方法,由于所用刀具和切削运动形式不同,进给量的表述和度量方法也不相同。

用单齿刀具(如车刀、刨刀等)加工时,进给量常用刀具或工件每转或每一往复行程刀具在进给运动方向上相对工件的位移量来度量,称为每转进给量或每行程进给量,以 f 表示,单位为 mm/r 或 mm/str。

用多齿刀具(如铣刀、钻头等)加工时,进给运动的瞬时速度称进给速度,以 v_f 表示,单位为 mm/s 或 mm/min。刀具每转或每行程中每齿相对工件进给运动方向上的位移量称每齿进给量,以 f_z 表示,单位为 mm/z。

f_z、f、v_f 之间有如下关系:

$$v_f = fn = f_z zn$$

式中:z——刀具的齿数;

n——刀具或工件转速,r/s 或 r/min。

3. 背吃刀量

在通过切削刃上选定点并垂直于该点主运动方向的切削层尺寸平面中,垂直于进给运动方向测量的切削层尺寸称为背吃刀量(back engagement of the cutting edge),以 a_p 表示,单位为 mm 。如图 1-2 所示,车外圆时,a_p 可用下式计算,即

$$a_p = \frac{d_w - d_m}{2}$$

式中:d_w、d_m——工件待加工和已加工表面直径,mm。

切削速度 v_c、进给量 f、背吃刀量 a_p 即为切削用量三要素。

四、切削层参数

切削层是指切削过程中,由刀具切削部分的一个单一动作(如车削时工件

转一圈,车刀主切削刃移动一段距离)所切除的工件材料层。它决定了切屑的尺寸及刀具切削部分的载荷。切削层的尺寸和形状通常在切削层尺寸平面中测量,如图1-3所示。

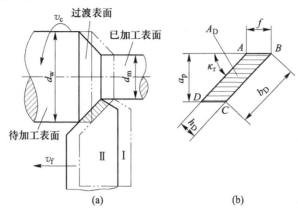

图1-3　车削时切削层尺寸

(1)切削层公称横截面积A_D　在给定瞬间,切削层在切削层尺寸平面里的实际横截面积,单位为mm^2。

(2)切削层公称宽度b_D　在给定瞬间,作用于主切削刃截形上两个极限点间的距离,在切削层尺寸平面中测量,单位为mm。

(3)切削层公称厚度h_D　同一瞬间切削层公称横截面积A_D与其公称宽度b_D之比,单位为mm。由定义可知

$$A_D = b_D h_D$$

因A_D不包括残留面积,而且在各种加工方法中A_D与进给量和背吃刀量的关系不同,所以A_D不等于f和a_p的积。只有在车削加工中,当残留面积很小时才能近似地认为它们相等,即

$$A_D \approx f a_p$$

第二节　切削刀具及其材料

切削加工过程中,直接完成切削工作的是刀具。刀具切削性能的好坏,取决于构成刀具的几何参数、结构及刀具切削部分的材料。

无论哪种刀具,一般都由夹持部分和切削部分组成。夹持部分是用来将刀具夹持在机床上的部分,要求它能保证刀具正确的工作位置,传递所需要的运动和动力,并且夹固可靠,装卸方便。切削部分是刀具上直接参加切削工作的部分。

一、切削刀具

切削刀具的种类很多,形状各异,但它们的切削部分总是近似地以外圆车刀的切削部分为基础形态,如图 1-4 所示。所以,研究切削刀具时,总是以车刀为基础。车刀由工作部分和非工作部分构成。车刀的工作部分即切削部分,非工作部分即夹持部分,就是车刀的刀杆。

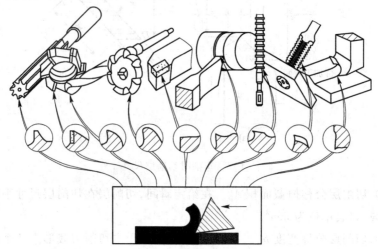

图 1-4 刀具的切削部分

1. 车刀切削部分的组成

车刀(turning tools)切削部分由下列要素组成(图 1-5):

(1)前面(前刀面) 刀具上切屑流过的刀面。

(2)后面(后刀面) 刀具上与工件上切削产生的表面相对的刀面。同前面相交形成主切削刃的后面称主后面,同前面相交形成副切削刃的后面称副后面。

(3)切削刃 切削刃是指刀具前面上拟作切削用的刀刃,它有主、副之分。主切削刃是起始于切削刃上主偏角为零的点,并至少有一段

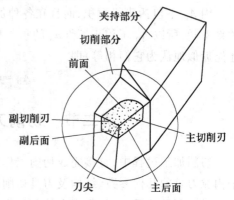

图 1-5 外圆车刀的切削部分

切削刃用来在工件上切出过渡表面的那整段切削刃,切削时主要的工作由它来完成。副切削刃是指切削刃上除主切削刃以外的切削刃,亦起始于主

偏角为零的点,但它向背离主切削刃的方向延伸,切削过程中它也起一定切削作用,但不很明显。

（4）刀尖　指主切削刃与副切削刃的连接处相当少的一部分切削刃。实际刀具的刀尖并非绝对尖锐,而是一小段曲线或直线,分别称为修圆刀尖和倒角刀尖。

2. 车刀切削部分的主要角度

刀具要从工件上切除余量,就必须使它的切削部分具有一定的切削角度。在刀具设计、制造、刃磨和测量几何参数时用的参考系,称为刀具静止参考系;用于规定刀具进行切削加工时几何参数的参考系,称为刀具工作参考系。工作参考系与静止参考系的区别在于用实际的合成运动方向取代假定主运动方向,用实际的进给运动方向取代假定进给运动方向。

（1）刀具静止参考系　它主要包括基面、切削平面、正交平面和假定工作平面等,如图1-6所示。

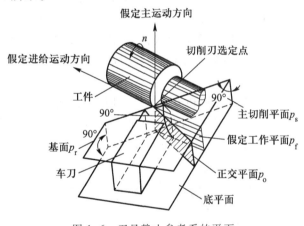

图1-6　刀具静止参考系的平面

1）基面　过切削刃选定点、垂直于该点假定主运动方向的平面,以 p_r 表示。

2）切削平面　过切削刃选定点、与切削刃相切并垂直于基面的平面。主切削平面以 p_s 表示。

3）正交平面　过切削刃选定点,并同时垂直于基面和切削平面的平面,以 p_o 表示。

4）假定工作平面　过切削刃选定点、垂直于基面并平行于假定进给运动方向的平面,以 p_f 表示。

（2）车刀的主要角度　是在车刀设计、制造、刃磨及测量时必须考虑的主要角度,如图1-7所示。

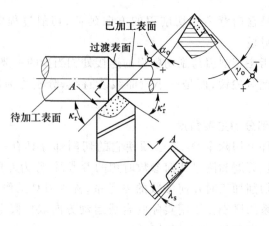

图 1-7   车刀的主要角度

1）主偏角 κ_r 在基面中测量的主切削平面与假定工作平面间的夹角。

2）副偏角 κ_r' 在基面中测量的副切削平面与假定工作平面间的夹角。

主偏角主要影响切削层截面的形状和参数,影响切削分力的变化,并和副偏角一起影响已加工表面的粗糙度;副偏角还有减小副后面与已加工表面间摩擦的作用。

如图 1-8 所示,当背吃刀量和进给量一定时,主偏角越小,切削层公称宽度越大,则公称厚度越小,即切下宽而薄的切屑。这时,主切削刃单位长度上的负荷较小,并且散热条件较好,有利于刀具寿命的提高。

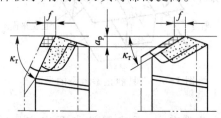

图 1-8   主偏角对切削层参数的影响

由图 1-9 可以看出,当主、副偏角小时,已加工表面残留面积的高度 h_c 亦小,因而可减小表面粗糙度的值,并且刀尖强度和散热条件较好,有利于提高刀具寿命。但是,当主偏角减小时,背向力将增大,若加工刚度较差的工件(如车细长轴),则容易引起工件变形,并可能产生振动。主、副偏角应根据工件的刚度及加工要求选取合理的数值。一般车刀常用的主偏角有 45°、60°、75°、90°等几种;副偏角为 5°~15°,粗加工时取较大值。

3）前角 γ_o 在正交平面中测量的前面与基面间的夹角。根据前面和基面

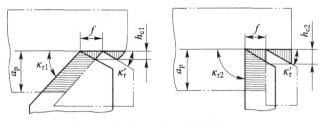

(a) 主偏角对残留面积的影响

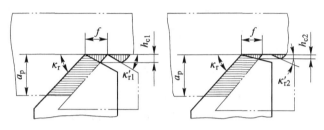

(b) 副偏角对残留面积的影响

图 1-9　主、副偏角对残留面积的影响

相对位置的不同,分别规定为正前角、零度前角和负前角,如图 1-10 所示。

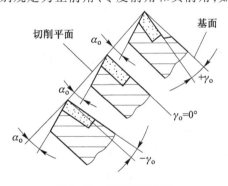

图 1-10　前角的正与负

　　当取较大的前角时,切削刃锋利,切削轻快,即切削层材料变形小,切削力也小。但当前角过大时,切削刃和刀头的强度、散热条件和受力状况变差,将使刀具磨损加快,刀具寿命降低,甚至崩刃损坏。若取较小的前角,虽切削刃和刀头较强固,散热条件和受力状况也较好,但切削刃不够锋利,对切削加工不利。

　　前角的大小常根据工件材料、刀具材料和加工性质来选择。当工件材料塑性强、强度和硬度小或刀具材料的强度和韧性好或精加工时,取大的前角;反之取较小的前角。例如,用硬质合金车刀切削结构钢件,γ_o 可取 10°~20°;切削灰铸铁件,γ_o 可取 5°~15°等。

4)后角 α_o　在正交平面中测量的后面与切削平面间的夹角。

后角的主要作用是减小刀具后面与工件表面间的摩擦,并配合前角改变切削刃的锋利与强度。后角只能是正值,后角大,摩擦小,切削刃锋利。但后角过大,将使切削刃变弱,散热条件变差,加速刀具磨损。反之,后角过小,虽切削刃强度增加,散热条件变好,但摩擦加剧。后角的大小常根据加工的种类和性质来选择。例如,粗加工或工件材料较硬时,要求切削刃强固,后角取较小值:$\alpha_o = 6°~8°$。反之,对切削刃强度要求不高,主要希望减小摩擦和已加工表面的表面粗糙度值,后角可取稍大的值:$\alpha_o = 8°~12°$。

5)刃倾角 λ_s　在主切削平面中测量的主切削刃与基面间的夹角。与前角类似,刃倾角也有正、负和零值之分,如图 1-11 所示。刃倾角主要影响刀头的强度、切削分力和排屑方向。负的刃倾角可起到增强刀头的作用,但会使背向力增大,有可能引起振动,而且还会使切屑排向已加工表面,划伤和拉毛已加工表面。因此,粗加工时为了增强刀头,λ_s 常取负值;精加工时为了保护已加工表面,λ_s 常取正值或零度;车刀的刃倾角一般在 $-5°~+5°$ 的范围内选取。有时为了提高刀具耐冲击的能力,λ_s 可取较大的负值。

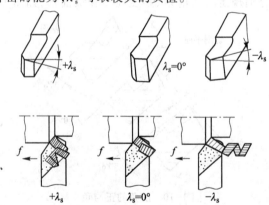

图 1-11　刃倾角及其对排屑方向的影响

(3)刀具的工作角度　是指在工作参考系中定义的刀具角度。刀具工作角度考虑了合成运动和刀具安装条件的影响。

一般情况下,进给运动对合成运动的影响可忽略。在正常安装条件下,如车刀刀尖与工件回转轴线等高、刀柄纵向轴线垂直于进给方向时,车刀的工作角度近似于静止参考系中的角度。但在切断、车螺纹及车非圆柱表面时,就要考虑进给运动的影响。

刀具安装位置对工作角度的影响如图 1-12 所示。车外圆时,若刀尖高于工件的回转轴线,则工作前角 $\gamma_{oe}>\gamma_{o}$,而工作后角 $\alpha_{oe}<\alpha_{o}$;反之,若刀尖低于工件的回转轴线,则 $\gamma_{oe}<\gamma_{o}$,$\alpha_{oe}>\alpha_{o}$(镗孔时的情况正好与此相反)。当车刀刀柄的纵向轴线与进给方向不垂直时,将会引起主偏角和副偏角的变化,如图 1-13 所示。

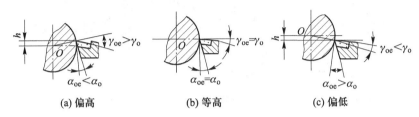

图 1-12　车刀安装高度对前角和后角的影响

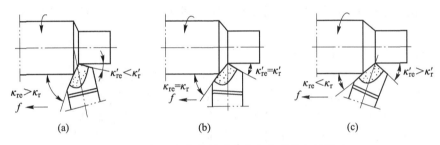

图 1-13　车刀安装偏斜对主偏角和副偏角的影响

3. 刀具结构

刀具的结构形式对刀具的切削性能、切削加工的生产效率和经济性有着重要的影响。下面以车刀为例说明刀具结构的特点。车刀的结构形式有整体式、焊接式、机夹重磨式、机夹可转位式等几种,如图 1-14 所示。

早期使用的车刀多半是整体结构,切削部分与夹持部分材料相同,对贵重的刀具材料消耗较大,常用高速钢制造。焊接式车刀是将硬质合金刀片用钎料焊接在开有刀槽的刀杆上,然后刃磨使用。焊接式车刀结构简单、紧凑、刚性好、灵活性大,可根据加工条件和加工要求磨出所需角度,应用十分普遍。但焊接式车刀的硬质合金刀片经过高温焊接和刃磨后,产生内应力和裂纹,使切削性能下降,对提高生产率不利。机夹重磨式车刀避免了焊接引起的缺陷,提高了刀具耐用度,刀杆可重复使用,利用率较高。其主要特点是刀片和刀杆是两个可拆开的独立元件,工作时靠夹紧元件把它们紧固在一起。车刀磨钝后,将刀片卸下刃磨,然后重新装上继续使用。这类车刀较焊接式车刀提高了刀具耐用度和生产

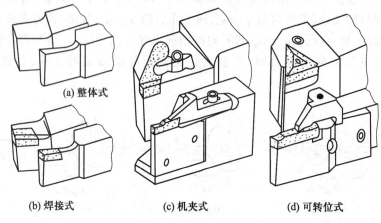

(a) 整体式

(b) 焊接式　　　　　(c) 机夹式　　　　　(d) 可转位式

图 1-14　车刀的结构形式

率,降低了生产成本,但结构复杂,不能完全避免由于刃磨而可能引起刀片的裂纹。

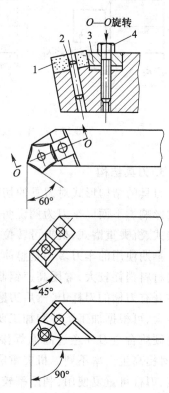

图 1-15　机夹可转位式车刀示意图
1—刀片;2—销轴;3—楔块;4—螺钉

机夹可转位式车刀(图 1-15)是将压制有一定几何参数的多边形刀片,用机械夹固的方法装夹在标准的刀体上形成的车刀。使用时,刀片上一个切削刃用钝后,只需松开夹紧机构,将刀片转位换成另一个新的切削刃便可继续切削。因机夹可转位式车刀的切削性能稳定,在现代生产中应用越来越多。

机夹可转位式车刀具有以下优点:

① 不需刃磨和焊接,刀片材料能较好地保持原有力学性能、切削性能、硬度和抗弯强度,刀具切削性能提高。

② 减少了刃磨、换刀、调刀所需的辅助时间,提高了生产率。

③ 可使用涂层刀片,提高了刀具耐用度。

④ 刀具使用寿命延长,可节约刀体材料及其制造费用。

4. 多齿刀具

多齿刀具的每一刀齿都可以看成是一

把车刀。

多齿刀具可分为刀齿呈直线排列(如拉刀)的直线运动刀具和刀齿排列在圆周上(如铣刀、铰刀等)或螺旋线上(如滚刀)的回转运动刀具两大类,下面以麻花钻和铣刀为例介绍。

(1) 麻花钻　麻花钻(twist drills)是应用最广的孔加工刀具,特别适合于 ϕ30 mm 以下实心工件的孔的粗加工,有时也可以用于扩孔。麻花钻根据其制造材料分为整体式高速钢麻花钻和焊接式硬质合金麻花钻。图 1-16 所示是标准高速钢麻花钻的结构。麻花钻的两个刃瓣可以看作两把对称的车刀:螺旋槽的螺旋面为前面,与工件过渡表面(孔底)相对的端部两曲面为主后面,与工件的已加工表面(孔壁)相对的两条棱边为副后面。为了减少与加工孔壁的摩擦,两条棱边(刃带)直径沿轴向磨有 0.03/100~0.12/100 的倒锥量,从而形成了副偏角 κ_r'。

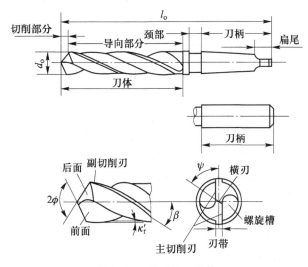

图 1-16　麻花钻的结构

螺旋槽与主后面的两条交线为主切削刃,棱边与螺旋槽的两条交线为副切削刃。麻花钻的横刃为两后面在钻芯处的交线。

麻花钻的主要几何参数有:前角 γ_o、后角 α_o、螺旋角 β、顶角 2ϕ(主偏角 $\kappa_r \approx \phi$)、横刃斜角 ψ、直径、横刃长度等。由于标准麻花钻存在切削刃长、沿主刀刃各点的前角变化大(从外缘处的大约+30°逐渐减小到钻芯的大约-30°)、后角也是变化的、螺旋槽排屑不畅、横刃部分切削条件很差(横刃前角约为-60°)等结构问题,为了提高钻孔的精度和效率,生产中常将标准麻花钻按特定方式刃磨成"群钻",如图 1-17 所示。

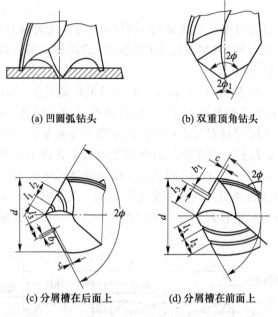

(a) 凹圆弧钻头　　　　　　　(b) 双重顶角钻头

(c) 分屑槽在后面上　　　　　(d) 分屑槽在前面上

图 1-17　几种群钻

（2）铣刀　铣刀（milling cutters）是一种多刀齿的回转刀具，由刀齿和刀体组成。铣刀的种类很多，大多数已经标准化。几种常用铣刀如图 1-18 所示。按用途分：① 加工平面的圆柱铣刀和端铣刀等（图 1-18a、b）；② 加工沟槽及台阶面的盘形槽铣刀、立铣刀、键槽铣刀及角度铣刀等（图 1-18c～j）；③ 加工成形表面的凸半圆铣刀等（图 1-18k），其刀齿廓形要根据被加工工件的廓形来确定。按结构分：① 整体式铣刀（图 1-18）；② 焊接式铣刀（图 1-19）；③ 机夹可转位式铣刀（图 1-20）。

5. 非金属材料切削刀具

非金属材料在工程和日常生活中的应用与日俱增，其中尤以塑料、橡胶、玻璃、陶瓷、石材、木材及复合材料等应用最多，其切削加工性能因材料种类的不同而有很大差异，所用刀具也各不相同。

（1）塑料加工用刀具　加工塑料用的刀具有车刀、铣刀、钻头和铰刀等，其形状和金属切削刀具基本相同，但几何参数有差异，加工塑料用刀具应有更锋利的切削刃。

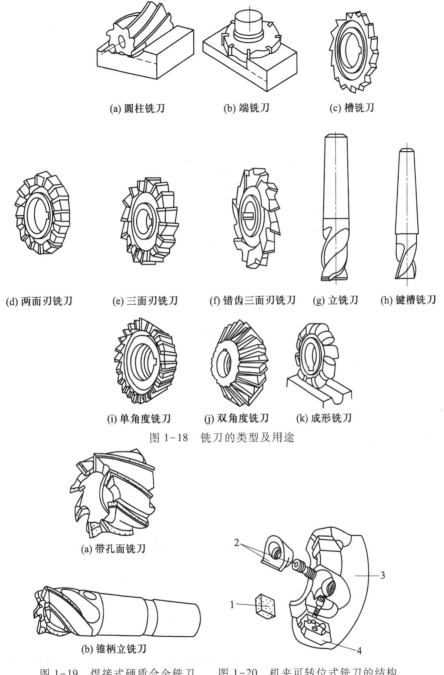

(a) 圆柱铣刀   (b) 端铣刀   (c) 槽铣刀

(d) 两面刃铣刀   (e) 三面刃铣刀   (f) 错齿三面刃铣刀   (g) 立铣刀   (h) 键槽铣刀

(i) 单角度铣刀   (j) 双角度铣刀   (k) 成形铣刀

图 1-18 铣刀的类型及用途

(a) 带孔面铣刀

(b) 锥柄立铣刀

图 1-19 焊接式硬质合金铣刀

图 1-20 机夹可转位式铣刀的结构
1—刀片;2—夹紧元件;3—刀体;4—定位元件

（2）橡胶加工用刀具　加工橡胶件的主要方法是车外圆、切断和钻孔等,要求刀具的切削刃十分锋利,一般前角 $\gamma_{\circ} = 45° \sim 55°$,后角 $\alpha_{\circ} = 12° \sim 15°$。图1-21所示为车削软橡胶用的外圆车刀。

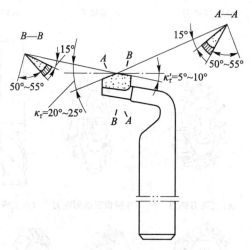

图 1-21　车削软橡胶用的外圆车刀

（3）玻璃加工用刀具　在玻璃、瓷砖、花岗石及大理石上钻孔时,可采用硬质合金玻璃钻钻削,它比磨削加工效率高、成本低。$\phi 3 \sim \phi 16$ mm 硬质合金玻璃钻如图 1-22 所示。

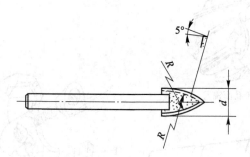

图 1-22　$\phi 3 \sim \phi 16$ mm 硬质合金玻璃钻

（4）复合材料加工用刀具　加工纤维增强复合材料首选细晶粒硬质合金制成的整体硬质合金立铣刀、锯片铣刀、钻头和铰刀等。使用车刀时前角一般为 $0° \sim 5°$,后角为 $16° \sim 18°$。

（5）金刚石刀具　随着非金属材料应用越来越多,目前金刚石刀具应用亦很广泛。① 加工玻璃主要采用金刚石圆锯片、带锯、单粒金刚石进行切割,用金刚石钻头进行钻孔等切削加工,用金刚石砂轮进行磨削等。② 加工大理石主要采用金刚石带齿锯片或砂锯进行锯切;用金刚石磨具、磨料进行磨削,然后转入研磨和抛光等。③ 加工复合材料因其种类和切削性能不同,主要采用金刚石或金刚石涂层刀具进行车削、钻削或铣削;用金刚石进行曲线切割等。

目前,采用金刚石刀具或磨具对难加工非金属材料(如陶瓷、玻璃、玛瑙、花岗石等)进行超微量切削加工,并朝着绿色、节能、节约资源、智能化、高效率、低成本及快速响应等先进加工技术特征的方向发展。

二、刀具材料

1. 刀具材料应具备的性能

刀具材料(cutting tool materials)在切削时要承受高压、高温、摩擦、冲击和振动,因此应具备以下基本性能。

（1）较高的硬度和较好的耐磨性　刀具材料硬度必须高于工件材料的硬度,刀具材料的常温硬度一般要求在 60HRC 以上。刀具材料具有较好的耐磨性可以抵抗切削过程中的摩擦,维持一定的切削时间。一般刀具材料的硬度越高、晶粒越细、分布越均匀,耐磨性就越好。

（2）足够的强度和韧度　以便承受切削力、冲击和振动,防止刀具脆性断裂和崩刃。

（3）较高的耐热性　以便在高温下仍能保持较高硬度、耐磨性、强度和韧度。耐热性又称为红硬性或热硬性。

（4）良好的工艺性和经济性　即刀具材料应具有良好的锻造性能、热处理性能、焊接性能和磨削加工性能等,以便制造成各种刀具,而且要追求高的性能价格比。

常用刀具材料的基本性能如表 1-1 所示。

表 1-1　常用刀具材料的基本性能

刀具材料	代表牌号	硬度		抗弯强度 σ_{bb}		冲击韧度 a_K		耐热性	切削速度之比
		HRA(HRC)	GPa	GPa	kgf/mm²	GPa	kgf/mm²	℃	
碳素工具钢	T10A	81~83(60~64)	2.45~2.75		250~280	—	—	~200	0.2~0.4
合金工具钢	9SiCr	81~83.5(60~65)	2.45~2.75		250~280	—	—	250~300	0.5~0.6
高速钢	W18Cr4V	82~87(62~69)	3.43~4.41		350~450	98~490	1~5	540~650	1

续表

刀具材料	代表牌号	硬度	抗弯强度 σ_{bb}		冲击韧度 a_K		耐热性	切削速度之比
		HRA(HRC)	GPa	kgf/mm²	GPa	kgf/mm²	℃	
硬质合金	K30	89.5~91	1.08~1.47	110~150	19.6~39.2	0.2~0.4	800~900	6
	P10	89.5~95.2	0.88~1.27	90~130	2.9~6.8	0.03~0.07	900~1 000	6
陶瓷	AM	91~94	0.44~0.83	45~85	—	—	>1 200	12~14

2. 常用的刀具材料

目前,在切削加工中常用的刀具材料有碳素工具钢、合金工具钢、高速钢、硬质合金及陶瓷材料等。

碳素工具钢(carbon tool steel)是碳含量较高的优质钢(碳的质量分数为 0.7%~1.2%,如 T10A 等),淬火后硬度较高,价廉,但耐热性较差。在碳素工具钢中加入少量的 Cr、W、Mn、Si 等元素形成合金工具钢(alloy tool steel)(如 9SiCr 等),可适当减少热处理变形和提高耐热性。由于这两种刀具材料的耐热性较低,常用来制造一些切削速度不高的手工工具,如锉刀、锯条、铰刀等,较少用于制造其他刀具。目前生产中应用最广的刀具材料是高速钢和硬质合金,而陶瓷刀具主要用于精加工。

(1) 高速钢(high speed steel)　它是含 W、Cr、V 等合金元素较多的合金工具钢。普通高速钢(如 W18Cr4V)是国内使用最为普遍的刀具材料,广泛用于制造形状较为复杂的各种刀具,如麻花钻、铣刀、拉刀、齿轮刀具和其他成形刀具等。高性能高速钢是在普通高速钢中加入 Co、V 等合金元素,可提高其高温硬度和抗氧化能力或耐磨性等。W2Mo9Cr4VCo8 是世界上用得较多的高速钢,用于制造加工耐热合金、高强度钢、钛合金、不锈钢等难切削材料的各种刀具。粉末高速钢是用粉末冶金工艺制成的刀具材料,用于制造各种高性能精密刀具,如加工汽轮机叶轮的轮槽铣刀、拉刀、剃齿刀等。

(2) 硬质合金(carbides)　它是以高硬度、高熔点的金属碳化物(WC、TiC 等)作基体,以金属 Co 等作黏结剂,用粉末冶金的方法制成的一种合金。它的硬度高、耐磨性好、耐热性高,允许的切削速度比高速钢高数倍,但其强度和韧度均较高速钢低,工艺性也不如高速钢。因此,硬质合金常制成各种形式的刀片,焊接或机械夹固在车刀、刨刀、端铣刀等的刀柄(刀体)上使用。按 ISO 标准,硬质合金可分为 P、M、K 三个主要类别。

P 类硬质合金(蓝色)　适合加工长切屑的黑色金属,如钢、铸钢等。其代号有 P01、P10、P20、P30、P40、P50 等,数字越大,耐磨性越低而韧度越高。精加工可用 P01,半精加工选用 P10、P20,粗加工选用 P30。

M 类硬质合金(黄色) 适合加工长(短)切屑的金属材料,如钢、铸钢、不锈钢等难切削材料等。其代号有 M10、M20、M30、M40 等,数字越大,耐磨性越低而韧度越大。精加工可用 M10,半精加工可用 M20,粗加工选用 M30。

K 类硬质合金(红色) 适合加工短切屑的金属或非金属材料,如淬硬钢、铸铁、铜铝合金、塑料等。其代号有 K01、K10、K20、K30、K40 等,数字越大,耐磨性越低而韧度越大。精加工可用 K01,半精加工可用 K10、K20,粗加工选用 K30。

3. 新型刀具材料

(1)涂层(coated)刀具材料 是指通过气相沉积或其他技术方法,在硬质合金或高速钢的基体上涂覆一薄层高硬度、高耐磨性的难熔金属或非金属化合物而构成的刀具材料。这是提高刀具材料耐磨性而又不降低其韧性的有效方法之一。主要涂层材料有 TiC、TiN、TiC+TiN、TiC+Al_2O_3、TiC+TiN+Al_2O_3 或金刚石等多种。采用多涂层可使涂层具有更高的结合强度和使刀片具有更好的切削性能。

涂层硬质合金刀具的寿命比不涂层的可提高 1~3 倍,涂层高速钢刀具寿命比不涂层的可提高 2~10 倍。

(2)陶瓷刀具材料 目前世界上生产的陶瓷刀具材料按化学成分可分为 Al_2O_3 基和 Si_3N_4 基两类,而且大部分属于前者,主要成分是 Al_2O_3。陶瓷刀具具有很高的硬度、耐热性和耐磨性,能以更高的速度(可达 750 m/min)切削,并可切削难加工的高硬度材料,加之 Al_2O_3 的价格低廉,原料丰富,因此很有发展前途。主要缺点是抗弯强度低,性脆,抗冲击韧度差,切削时容易崩刃。采用把陶瓷材料做成多种刀片并使切削刃磨出 20° 的负倒棱、加大刀尖圆弧半径、适当加大刀片厚度等措施,可减少切削刃崩刃和刀尖破损的可能。陶瓷刀具主要用于冷硬铸铁、高硬钢等难加工材料的半精加工和精加工。

(3)超硬(superhard)刀具材料 包括天然金刚石、聚晶金刚石和聚晶立方氮化硼 3 种。天然金刚石是自然界最硬的材料,其硬度范围在 8 000~12 000 HK(HK,Knoop 硬度,单位为 kgf/mm^2),耐热性为 700~800 ℃。天然金刚石的耐磨性极好,但价格昂贵,主要用于加工精度和表面质量要求极高的零件,如加工磁盘、激光反射镜、感光鼓、多面镜等。其主要缺点是与铁族材料有亲和作用易产生黏结,加快刀具磨损,因此不宜加工钢和铸铁。聚晶金刚石是由金刚石微粉在高温高压下聚合而成的,在大部分场合可替代天然金刚石,制成各种车刀、镗刀、铣刀等刀片,主要用于精加工非铁金属及非金属材料,如铝及其合金、铜及其合金、陶瓷、合成纤维、强化塑料和硬橡胶等。聚晶立方氮化硼由单晶立方氮化硼微粉在高温高压下聚合而成,刀片的硬度在 3 000~4 500 HV,其耐热性达 1 200 ℃左右,在 1 000 ℃的温度下也不与铁、镍和钴等金属发生化学反应。主要用于加工淬硬工具钢、冷硬铸铁、耐热合金及喷焊等难加工材料的半精加工和精加工,是一种很有发展前途的刀具材料。

　　制造业中将普遍应用高速(超高速)、精密(超精密)及干式切削等技术。刀具技术的主要发展趋势是超硬刀具材料发展更快,应用更加广泛;复合(组合)式各类高速、精密切削刀具(工具)的结构设计与制造技术将成为刀具(工具)品种发展的主导技术。为了提高材料的利用率,减少加工能耗和保护环境,其中无屑加工工艺的搓、挤、滚压成形类刀具(工具)应用会更加广泛。

第三节　切削过程及控制

　　在金属切削过程(cutting process)中,始终存在着刀具切削工件和工件材料抵抗切削的矛盾,从而会产生一系列物理现象,如切削力、切削热与切削温度、刀具磨损与刀具寿命等。对这些现象进行研究的目的,在于揭示其内在的机理,探索和掌握金属切削过程的基本规律,从而主动地加以有效控制。这对于切削加工技术的发展和进步、保证加工质量、提高生产率、降低生产成本和减轻劳动强度都具有十分重大的意义。

一、切屑的形成及其类型

1. 切屑形成过程

　　金属的切削过程实际上与金属的挤压过程很相似。以龙门刨削为例,当刀具刚与工件接触时,接触处的压力使工件产生弹性变形,在工件材料向刀具切削刃逼近的过程中,材料的内应力逐渐增大,当切应力为 τ 时,材料就开始滑移而产生塑性变形,如图 1-23 所示。OA 线表示材料各点开始滑移的位置,称为始滑移线,即点 1 在向前移动的同时沿 OA 滑移,其合成运动将使点 1 流动到点 2,$2'—2$ 就是它的滑移量。随着滑移变形的继续进行,切应力不断增大,当 P 点顺次向 2、3、…各点移动时,切应力不断增加,直到点 4 位置时,其流动方向与刀具前面平行,不再沿 OM 线滑移,故称 OM 为终滑移线。

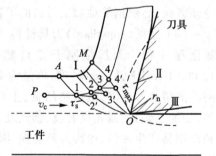

图 1-23　切屑形成过程及三个变形区

OA 与 OM 间的区域称为第 I 变形区。该区域是切削力、切削热的主要来源区,消耗大部分切削能量。

　　切屑(chips)沿刀具前面流出时,还需要克服前面对切屑的挤压而产生的摩擦力。切屑受到前面的挤压和摩擦,继续产生塑性变形,切屑底面的这一层薄金属区称为第Ⅱ变形区。该区域对积屑瘤的形成和刀具前面磨损有直接影响。

工件已加工表面受到切削刃钝圆部分和刀具后面的挤压、回弹与摩擦,产生塑性变形,导致金属表面的纤维化与加工硬化。工件已加工表面的变形区域称为第Ⅲ变形区。该区域对工件表面的变形强化和残余应力及刀具后面磨损有很大影响。

必须指出,第Ⅰ变形区和第Ⅱ变形区是相互关联的,第Ⅱ变形区内刀具前面的摩擦情况与第Ⅰ变形区内金属滑移方向有很大关系。当前面上的摩擦力大时,切屑排除不通畅,挤压变形加剧,使第Ⅰ变形区的剪切滑移增大。

经过塑性变形的切屑,其厚度 h_{ch} 大于切削层公称厚度 h_D,而长度 l_{ch} 小于切削层公称长度 l_D(图 1-24),这种现象称为切屑收缩。切屑厚度与切削层公称厚度之比称为切屑厚度压缩比,以 Λ_h 表示。由定义可知

$$\Lambda_h = \frac{h_{ch}}{h_D}$$

在一般情况下,$\Lambda_h > 1$。

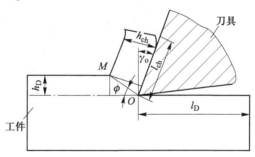

图 1-24　切屑厚度压缩比图

切屑厚度压缩比反映了切削过程中切屑变形程度的大小,对切削力、切削温度和表面粗糙度有重要影响。在其他条件不变时,切屑厚度压缩比越大,切削力越大,切削温度越高,表面越粗糙。因此,在加工过程中可根据具体情况采取相应的措施,来减小变形程度,改善切削过程。例如,在中速或低速切削时可增大前角以减小变形,或对工件进行适当的热处理,以降低材料的塑性,使变形减小等。

2. 切屑的种类

由于工件材料的塑性不同、刀具的前角不同或采用不同的切削用量等,会形成不同类型的切屑,并对切削加工产生不同的影响。常见的切屑有以下几种,如图 1-25 所示。

（1）带状切屑　在用大前角的刀具、较高的切削速度和较小的进给量切削塑性材料时，容易得到带状切屑（图1-25a）。形成带状切屑时，切削力较平稳，加工表面较光洁，但切屑连续不断，不太安全或可能擦伤已加工表面，因此要采取断屑措施。

（2）节状切屑　在采用较低的切削速度和较大的进给量，刀具前角较小，粗加工中等硬度的钢材料时，容易得到节状切屑（图1-25b）。形成这种切屑时，金属材料经过弹性变形、塑性变形、挤裂和切离等阶段，是典型的切削过程。由于切削力波动较大，工件表面较粗糙。

（3）崩碎切屑　在切削铸铁和黄铜等脆性材料时，切削层金属发生弹性变形以后，一般不经过塑性变形就突然崩落，形成不规则的碎块状屑片，即为崩碎切屑（图1-25c）。当刀具前角小、进给量大时易产生这种切屑。产生崩碎切屑时，切削热和切削力都集中在主切削刃和刀尖附近，刀具易崩刃，刀尖易磨损，并容易产生振动，影响表面质量。

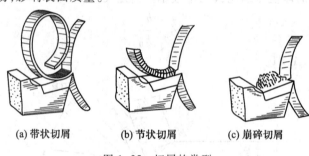

(a) 带状切屑　　　　(b) 节状切屑　　　　(c) 崩碎切屑

图1-25　切屑的类型

二、积屑瘤

在一定范围的切削速度下切削塑性金属形成带状切屑时，常发现在刀具前面靠近切削刃的部位黏附着一小块很硬的金属楔块，这就是积屑瘤（the built-up edge），或称刀瘤。

1. 积屑瘤的形成

当切屑沿刀具的前面流出时，在一定的温度与压力作用下，与前面接触的切屑底层受到很大的摩擦阻力，致使这一层金属的流出速度减慢，形成一层很薄的"滞流层"。当前面对滞流层的摩擦阻力超过切屑材料的内部结合力时，就会有一部分金属黏结或冷焊在切削刃附近，形成积屑瘤。

积屑瘤形成后不断长大，达到一定高度又会破裂，而被切屑带走或嵌附在工件表面上。上述过程是反复进行的，如图1-26所示。

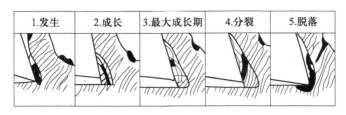

图 1-26　积屑瘤的形成与脱落

2. 积屑瘤对切削加工的影响

在形成积屑瘤的过程中,金属材料因塑性变形而被强化。因此,积屑瘤的硬度比工件材料的硬度大,能代替切削刃进行切削,起到保护切削刃的作用。同时,由于积屑瘤的存在,增大了刀具的实际工作前角,使切削轻快。所以,粗加工时可利用积屑瘤。但是,积屑瘤的顶端伸出切削刃之外,而且在不断地产生和脱落,使切削层公称厚度不断变化,影响尺寸精度。此外,积屑瘤还会导致切削力的变化,引起振动,并会有一些积屑瘤碎片黏附在工件已加工表面上,增大表面粗糙度值和导致刀具磨损。因此,精加工时应尽量避免积屑瘤的产生。

3. 积屑瘤的控制

影响积屑瘤形成的主要因素有:工件材料的力学性能、切削速度和冷却润滑条件等。

对工件材料的力学性能来说,影响积屑瘤形成的主要是塑性。塑性越强,越容易形成积屑瘤。例如,加工低碳钢、中碳钢、铝合金等材料时容易产生积屑瘤。要避免积屑瘤的产生,可将工件进行正火或调质处理,以提高其强度和硬度,降低塑性。

在对某些工件材料进行切削时,切削速度是影响积屑瘤的主要因素。切削速度是通过切削温度和摩擦来影响积屑瘤的。以切削中碳钢为例,在低速($v_c < 5$ m/min)切削时,切削温度低,切屑内部结合力较大,刀具前面与切屑间的摩擦小,积屑瘤不易形成;当切削速度增大($v_c = 5 \sim 50$ m/min)时,切削温度升高,摩擦加大,则易于形成积屑瘤;但当切削速度很高($v_c \geq 100$ m/min)时,切削温度高,摩擦减小,不形成积屑瘤。

抑制或消除积屑瘤可采取以下措施:采用低速或高速切削;采用高润滑性的切削液,使摩擦和黏结减少,降低切削温度;适当减少进给量、增大刀具前角、减小切削变形;采用适当的热处理来提高工件材料的硬度、降低塑性、减小加工硬化倾向。

为了避免形成积屑瘤,一般精车、精铣采用高速切削,而拉削、铰削和宽刀精刨时则采用低速切削。

三、切削力和切削功率

1. 切削力的构成与分解

刀具在切削工件时,必须克服材料的变形抗力,克服刀具与工件及刀具与切屑之间的摩擦力,才能切下切屑。这些抗力构成了实际的切削力(cutting force)。

在切削过程中,切削力使工艺系统(机床—工件—刀具)变形,影响加工精度。切削力还直接影响切削热的产生,并进一步影响刀具磨损和已加工表面质量。切削力又是设计和使用机床、刀具、夹具的重要依据。

实际加工中,总切削力的方向和大小都不易直接测定,也没有直接测定的必要。为了适应设计和工艺分析的需要,一般不是直接研究总切削力,而是研究它在一定方向上的分力。

以车削外圆为例,总切削力 F 一般常分解为以下 3 个互相垂直的分力,如图 1-27 所示。

(1)切削力 F_c。总切削力 F 在主运动方向上的分力,大小占总切削力的 80%~90%。F_c 消耗的功率最多,占总功率的 90% 左右,是计算机床动力、主传动系统零件和刀具强度及刚度的主要依据。当 F_c 过大时,可能使刀具损坏或使机床发生"闷车"现象。

(2)进给力 F_f。总切削力 F 在进给运动方向上的分力,是设计和校验进给机构所必需的数据。进给力也作功,但只占总功的 1%~5%。

(3)背向力 F_p。总切削力 F 在垂直于工作平面方向上的分力。因为切削时这个方向

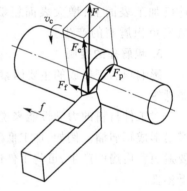

图 1-27　车削时总切削力的分解

上的运动速度为零,所以 F_p 不消耗功率。但它一般作用在工件刚度较弱的方向上,容易使工件变形,甚至可能产生振动,影响工件的加工精度。因此,应当设法减小或消除 F_p 的影响。

图 1-27 中 3 个切削分力与总切削力 F 之间有以下关系:

$$F = \sqrt{F_c^2 + F_f^2 + F_p^2}$$

2. 切削力的估算

切削力的大小是由很多因素决定的,如工件材料、切削用量、刀具角度、切削液和刀具材料等。在一般情况下,对切削力影响比较大的是工件材料和切削用量。

切削力的大小可用经验公式来计算。例如,车削外圆时计算 F_c(N)的经验

公式为

$$F_c = C_{F_c} a_p^{x_{F_c}} f^{y_{F_c}} K_{F_c}$$

式中：C_{F_c}——与工件材料、刀具材料及切削条件等有关的系数；

　　　a_p——背吃刀量，mm；

　　　f——进给量，mm/r；

　x_{F_c}、y_{F_c}——指数；

　　　K_{F_c}——切削条件与试验条件不同时的修正系数。

　　经验公式中的系数和指数可从有关切削用量手册中查出。例如用 $\gamma_o = 15°$、$\kappa_r = 75°$ 的硬质合金车刀车削结构钢件外圆时，$C_{F_c} = 1\ 609$，$x_{F_c} = 1$，$y_{F_c} = 0.84$。指数 x_{F_c} 比 y_{F_c} 大，说明背吃刀量 a_p 对 F_c 的影响比进给量 f 对 F_c 的影响大。

　　生产中，常用切削层单位面积切削力 p 来估算切削力 F_c 的大小。因为 p 是切削力 F_c 与切削层公称横截面积 A_D 之比，所以

$$F_c = pA_D = pb_D h_D \approx pa_p f$$

式中：p——切削层单位面积切削力，MPa，其值可从有关资料中查出；

　　　b_D——切削层公称宽度，mm；

　　　h_D——切削层公称厚度，mm。

3. 切削功率

　　切削功率（cutting power）P_m 应是 3 个切削分力消耗功率的总和，但背向力 F_p 消耗的功率为零，进给力 F_f 消耗的功率很小，一般可忽略不计。因此，切削功率 P_m（kW）可用下式计算：

$$P_m = 10^{-3} F_c v_c$$

式中：F_c——切削力，N；

　　　v_c——切削速度，m/s。

　　机床电动机的功率 P_E（kW）可用下式计算：

$$P_E \geqslant P_m / \eta$$

式中：η——机床传动效率，一般取 0.75～0.85。

四、切削热和切削温度

1. 切削热的产生、传出及对加工的影响

　　在切削过程中，由于绝大部分的切削功都转变成热量，所以有大量的热产生，这些热称为切削热（cutting heat）。切削热主要有 3 个切削热源，如图 1-28 所示。

　　（1）切屑变形所产生的热量，是切削热的主要来源。

　　（2）切屑与刀具前面之间摩擦所产生的热量。

（3）工件与刀具后面之间摩擦所产生的热量。

随着刀具材料、工件材料、切削条件的不同，3个热源的发热量亦不相同。

切削热产生以后，由切屑、工件、刀具及周围的介质（如空气）传出，各部分传出的比例取决于工件材料、切削速度、刀具材料、刀具的几何形状、加工方式及是否使用切削液等。实验结果表明，车削时的切削热主要由切屑传出。用高速钢车刀及与之相适应的切削速度切削钢料时，切削热传出的比例是：切屑传出的热量占50%～86%，工件传出的热量占10%～40%，刀具传出的热量占3%～9%，周围介质传出的热量约占1%。传

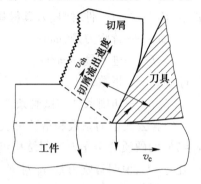

图1-28　切削热的产生与传出

入切屑及介质中的热量越多，对加工越有利。传入工件的切削热使工件产生热变形，影响加工精度，特别是加工薄壁零件、细长零件和精密零件时，热变形的影响更大。磨削淬火钢件时，切削温度（cutting temperatures）过高，往往使工件表面产生烧伤和裂纹，影响工件的耐磨性和使用寿命。传入刀具的切削热比例虽然不大，但由于刀具的体积小，热容量小，因而温度高，高速切削时切削温度可达1 000 ℃，加速了刀具的磨损。

2. 切削温度及其影响因素

切削温度一般是指切削区的平均温度。它可用热电偶或其他仪器进行测定，生产中常根据切屑的颜色进行大致的判别。如切削碳素结构钢时，切屑呈银白色或淡黄色说明切削温度不高，切屑呈深蓝色或蓝黑色则说明切削温度很高。

切削温度的高低取决于切削热的产生和传散情况。影响切削温度的主要因素有：

（1）切削用量　当切削速度增加时，切削功率增加，切削热亦增加。同时，由于切屑底层与刀具前面强烈摩擦产生的摩擦热来不及向切屑内部传导，而大量积聚在切屑底层，因而使切削温度升高。增大进给量，单位时间内的金属切除量增多，切削热也增加。但进给量对于切削温度的影响，不如切削速度那样显著。这是由于进给量增加，使切屑变厚，切屑的热容量增大，由切屑带走的热量增多，切削区的温升较小。背吃刀量增加，切削热增加，但切削刃参加工作的长度也增加，改善了散热条件，因此切削温度的上升不明显。从降低切削温度、提高刀具寿命的观点来看，选用大的背吃刀量和进给量，比选用高的切削速度有利。

（2）工件材料　工件材料的强度和硬度越高，切削力和切削功率越大，产生的切削热越多，切削温度也越高。即使对同一材料，由于其热处理状态不同，切

削温度也不相同。如 45 钢在正火状态、调质状态和淬火状态下,其切削温度相差悬殊。工件材料的导热系数高(如铝、镁合金),切削温度低。切削脆性材料时,由于塑性变形很小,崩碎切屑与刀具前面的摩擦也小,产生的切削热较少。

(3)刀具角度　采用导热性好的刀具材料,可以降低切削温度。增大前角,可减少切屑变形,降低切削温度,但当前角过大时会使刀具的传热条件变差,反而不利于切削温度的降低。减小主偏角,主切削刃的工作长度增加,可改善散热条件,也可降低切削温度。

(4)切削液　切削过程中,喷注足够数量的切削液(cutting fluid)能减小摩擦和改善散热条件,带走大量的切削热,可降低切削温度 100~150 ℃。常用的切削液分为:

1)水溶液　其主要成分是水,并加入少量的防锈剂等添加剂。具有良好的冷却作用,可以大大降低切削温度,但润滑性能较差。

2)乳化液　是将乳化油用水稀释而成,具有良好的流动性和冷却作用,并有一定的润滑作用。低浓度的乳化液用于粗车、磨削,高浓度的乳化液用于精车、精铣、精镗、拉削等。

3)切削油　主要用矿物油,少数采用动植物油或混合油。其润滑作用良好,而冷却作用小,多用以减小摩擦和减小工件表面粗糙度值,常用于精加工工序。如精刨、珩磨和超精加工等常使用煤油作切削液,而攻螺纹、精车丝杠可用菜油之类的植物油等。

五、刀具磨损和刀具寿命

在切削过程中,刀具切削部分由于磨损或局部破损而逐渐发生变化,最终失去切削性能。刀具磨损(tool wear)到一定程度后,切削力明显增大,切削温度上升,甚至产生振动,影响工件的加工精度和表面质量。因此,刀具磨损到一定程度后必须重磨或更换新刀。

1. 刀具磨损形态

(1)后面磨损　当切削脆性材料或以较小的背吃刀量切削塑性材料时,由于刀具主后面与工件过渡表面间存在着强烈的摩擦,在后面毗邻切削刃的部位磨损成小棱面。后面磨损量以后面上磨损宽度值 VB 表示,如图1-29a所示。

(2)前面磨损　在切削速度较高、背吃刀量较大且不用切削液的情况下,加工塑性材料时切屑将在前面磨出月牙洼。前面的磨损量以月牙洼的最大深度 KT 表示,如图 1-29b 所示。

(3)前后面同时磨损　在常规条件下加工塑性金属时,常出现图 1-29c 所示的前、后面同时磨损的形态。

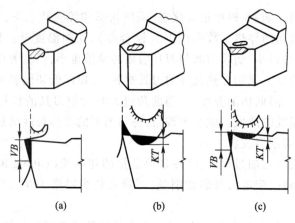

(a)	(b)	(c)

图 1-29　刀具磨损形态

2. 刀具磨损过程

在一定切削条件下,不论何种磨损的形态,其磨损量都将随时间的延长而增大。图 1-30 所示为硬质合金车刀主后面磨损量 VB 与切削时间之间的关系,即磨损曲线。由图 1-30 可知,刀具磨损过程可分为三个阶段:

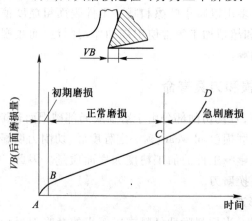

图 1-30　刀具磨损过程

AB 段——初期磨损阶段,刀刃锋尖迅速被磨掉,即磨成一个窄面。

BC 段——正常磨损阶段,磨损量随切削时间的延长而近似成比例增加,而磨损速度随时间延长减慢。刀具的使用不应超过这一有效工作阶段的范围。

CD 段——急剧磨损阶段,刀具变钝,切削力增大,切削温度急剧上升,磨损加快,出现振动、噪声,已加工表面质量明显恶化,刀具在使用中应避免进入该阶段。

经验表明,在刀具正常磨损阶段的后期、急剧磨损阶段之前,换刀重磨为最好。这样既可保证加工质量,又能充分利用刀具材料。

3. 影响刀具磨损的因素

如前所述,增大切削用量时切削温度随之增高,将加速刀具磨损。在切削用量中,切削速度 v_c 对刀具磨损的影响最大,进给量 f 次之,背吃刀量 a_p 最小。

此外,刀具材料、刀具几何形状、工件材料以及是否使用切削液等,也都会影响刀具的磨损。譬如,耐热性好的刀具材料不易磨损;适当加大刀具前角,由于减小了切削力,可减少刀具的磨损。

4. 刀具寿命

国际 ISO 标准统一规定,以 1/2 背吃刀量处后面上测定的磨损带宽度 VB 作为刀具磨钝标准。

一把新刀(或重新刃磨过的刀具)从开始使用直至达到磨钝标准所经历的实际切削时间称为刀具寿命,以 T 表示。一把新刀从第一次投入使用直至完全报废(经刃磨后亦不可再用)所经历的实际切削时间,称为刀具总寿命。显然,对于不重磨刀具,刀具总寿命即等于刀具寿命;而对可重磨刀具,刀具总寿命则等于其平均寿命乘以刃磨次数。所以,刀具寿命和刀具总寿命是两个不同的概念。粗加工时多以切削时间表示刀具寿命,普通车床用的高速钢车刀和硬质合金焊接车刀的寿命取为 60 min,高速钢钻头的寿命为 80~120 min,齿轮刀具的寿命则取为 200~400 min。对于机夹可转位刀具,由于换刀时间短,为了充分发挥其切削性能,提高生产率,刀具寿命可选得低一些,一般取 15~30 min。对于装刀、换刀和调刀比较复杂的多刀机床、组合机床与自动化加工所用刀具,刀具寿命应选得高一些,尤应保证刀具可靠性。例如多轴铣床上硬质合金端铣刀寿命 $T=400~800$ min。大件精加工时,为保证至少完成一次走刀,避免切削时中途换刀,刀具寿命应按零件精度和表面粗糙度来确定。

六、切削用量的合理选择

切削用量不仅是在机床调整前必须确定的重要参数,而且其数值是否合理对加工质量、刀具寿命、生产率及生产成本等有着非常重要的影响。当尽量增大切削用量时,可以提高生产率和降低生产成本,但提高切削用量又会受到切削力、切削功率、刀具寿命及加工质量等许多因素的限制。所谓"合理"的切削用量是指充分利用切削性能和机床动力性能(功率、扭矩),在保证质量的前提下,获得高的生产率和低的加工成本的切削用量。

(1)选择背吃刀量 a_p 背吃刀量应根据工件的加工余量来确定。粗加工时除留下精加工的余量外,尽可能用一次走刀切除全部加工余量,以使走刀次数最少;在毛坯粗大必须切除较多余量时,应考虑机床-刀具-工件系统刚性和机床有效功率,若因加工余量太大,一次走刀切削会使切削力太大,机床功率不足,刀具强度不够或产生振动,可将加工余量分为两次或多次切完,这时也应将第一次走刀的背吃刀量取得尽量大一些,其后的背吃刀量取得相对小一些;切削表面上有硬皮或切削不锈钢等冷硬材料时,应使背吃刀量超过硬皮或冷硬层厚度。精加工过程采取逐渐减小背吃刀量的方法,逐步提高加工精度与表面质量。超精车和超精镗削加工时,常采用硬质合金、陶瓷或金刚石刀具,当背吃刀量 $a_p = 0.05 \sim 0.2$ mm、进给量 $f = 0.01 \sim 0.1$ mm/r、切削速度 $v_c = 4 \sim 15$ m/s 时,由于切削层公称横截面积极小,可获得 $Ra0.32 \sim 0.08$ μm 和高于尺寸公差等级 IT5 的加工质量。

(2) 选择进给量 f　在背吃刀量 a_p 选定以后,进给量直接决定了切削层横截面积,因而决定了切削力的大小。粗加工时,一般对工件已加工表面质量要求不太高,进给量主要受机床、刀具和工件所能承受的切削力的限制。在半精加工和精加工时,进给量按已加工表面的表面粗糙度要求选定。一般可通过查阅有关金属切削手册的切削数据表来确定,在有条件的情况下可对切削数据库进行检索和优化。

(3) 选择切削速度 v_c　在选定背吃刀量和进给量后,根据合理的刀具寿命计算或用查表法确定切削速度 v_c 值。

总之,切削用量选择的基本原则是:粗加工时在保证合理的刀具寿命的前提下,首先选尽可能大的背吃刀量 a_p,其次选尽可能大的进给量 f,最后选取适当的切削速度 v_c;精加工时,主要考虑加工质量,常选用较小的背吃刀量和进给量、较高的切削速度,只有在受到刀具等工艺条件限制不宜采用高速切削时才选用较低的切削速度。例如用高速钢铰刀铰孔,切削速度受刀具材料耐热性的限制,并为了避免积屑瘤的影响,采用较低的切削速度。

第四节　磨具与磨削过程

一、磨具

磨削(grinding)是用带有磨粒的工具(砂轮、砂带、油石等)对工件进行加工的方法。磨具(abrasive grinding tools)分砂轮、磨石、磨头、砂瓦、砂布、砂纸、砂带、研磨膏等。最重要的磨削工具是砂轮。

砂轮是由细小而坚硬的磨料加结合剂用烧结的方法制成的疏松的多孔体(图1-31)。砂轮表面上杂乱地排列着许多磨粒,磨粒的每一个棱角都相当于一个切削刃,整个砂轮相当于一把具有无数切削刃的铣刀,磨削时砂轮高速旋转,切下粉末状切屑。砂轮的特性主要由磨料、粒度、结合剂、硬度、组织及形状尺寸等因素所决定。

1. 磨料

磨料是制造磨具的主要原料,直接担负着切削工作。它必须具有高的硬度以及良好的耐热性,并具有一定的韧性。目前常用的磨料有刚玉类、碳化物类和高硬磨料类。

① 刚玉类(Al_2O_3)　棕刚玉(A)呈棕褐色,硬度低,韧性好,主要用于加工硬度较低的塑性材料,如中碳钢、低碳钢、低合金钢等;白刚玉(WA)呈白色,较棕刚玉硬度高,磨粒锋利,韧性差,主要用于加工硬度较高的塑性材料,如高碳钢、高速钢和淬硬钢等。

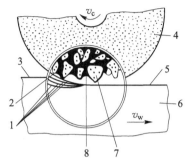

图 1-31　磨削原理示意图
1—过渡表面;2—空隙;3—待加工表面;
4—砂轮;5—已加工表面;6—工件;
7—磨粒;8—结合剂

② 碳化物类(SiC)　黑碳化硅(C)呈黑色,带光泽,比刚玉类硬度高,导热性好,但韧性差,主要用于加工硬度较低的脆性材料,如铸铁、铸铜等;绿碳化硅(GC)呈绿色,带光泽,较黑碳化硅硬度高,导热性好,韧性较差,用于加工高硬度的脆性材料,如硬质合金、宝石、陶瓷和玻璃等。

③ 超硬磨料类　人造金刚石(SD)用于加工硬质合金、宝石、光学玻璃、硅片、花岗岩、大理石等,立方氮化硼(CBN)用于加工高速钢、不锈钢、高温合金及其他难加工材料。超硬磨料层由磨粒和结合剂组成,厚度为1.5~5 mm,起磨削作用,基体支承磨料层,并通过它将砂轮安在磨头主轴上,基体常用铝、钢、铜或胶木等制造。超硬磨料砂轮常用的结合剂有金属(多用青铜)、树脂和陶瓷。

2. 粒度

粒度是指磨料颗粒的尺寸,其大小用粒度号表示。国家标准规定了磨料和微粉两种粒度号。一般说,粗磨选用较粗的磨料(粒度号较小),精磨选用较细的磨料(粒度号较大);微粉多用于研磨等精密加工和超精密加工。

3. 结合剂

结合剂的作用是将磨料粘合成具有一定强度和形状的砂轮。砂轮的强度、抗冲击性、耐热性及耐蚀性主要取决于结合剂的性能。常用的结合剂有陶瓷结合剂(V)、树脂结合剂(B)、橡胶结合剂(R)和金属结合剂(M)等。陶瓷结合剂应用最广,适用于外圆、内圆、平面、无心磨削和成形磨削的砂轮等;树脂结合剂适用于切断和开槽的薄片砂轮及高速磨削砂轮;橡胶结合剂适用于无心磨削导轮、抛光砂轮;金属结合剂适用于金刚石砂轮等。

4. 硬度

磨具的硬度是指磨具在外力作用下磨粒脱落的难易程度(又称结合度)。磨具的硬度反映结合剂固结磨粒的牢固程度,磨粒难脱落则硬度高,反之则硬度低。国家标准中对磨具硬度规定了 19 个级别:A,B,C,D(极软);E,F,G(很软);H,J,K(软);L,M,N(中级);P,Q,R,S(硬);T(很硬);Y(极硬)。普通磨削常用 G~N 级硬度的砂轮。

5. 组织

磨具的组织指磨具中磨粒、结合剂、气孔三者体积的比例关系,以磨粒率(磨粒占磨具体积的百分率)表示磨具的组织号。磨料所占的体积比例越大,砂轮的组织越紧密;反之,组织越疏松。国家标准规定了 15 个组织号:0,1,2,…,14。0 号组织最紧密,磨粒率最高;14 号组织最疏松,磨粒率最低。普通磨削常用 4~7 号组织的砂轮。

6. 形状与尺寸

根据机床类型和加工需要,将磨具制成各种标准的形状和尺寸。常用的几种砂轮的形状、型号和用途如表 1-2 所列。

表 1-2　常用砂轮的形状、型号和用途

砂轮名称	形　　状	型号	用　　途
平形砂轮	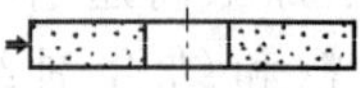	1	磨削外圆、内圆、平面,并用于无心磨削
筒形砂轮	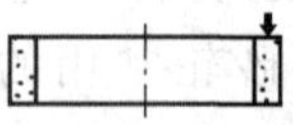	2	立轴端面平磨
双斜边砂轮	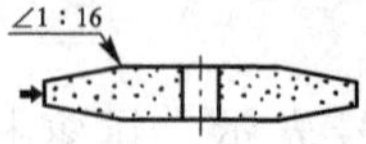 ∠1:16	4	磨削齿轮的齿形和螺线
杯形砂轮	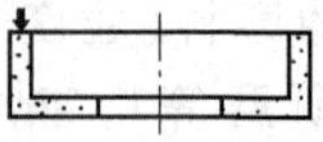	6	磨削平面、内圆及刃磨刀具
碗形砂轮	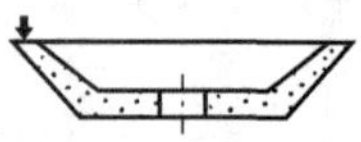	11	刃磨刀具,并用于导轨磨
碟形砂轮	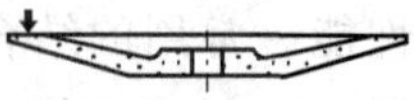	12a	磨削铣刀、铰刀、拉刀及齿轮的齿形

注:表图中有"↓"者为主要使用面。

7. 磨具标记

磨具标记的书写顺序是:形状代号、尺寸、磨料、粒度号、硬度、组织号、结合剂和允许的最高工作线速度。例如:砂轮的标记为

P	400×40×127	WA	60
↓	↓	↓	↓
平行砂轮	外径(mm)×厚度(mm)×孔径(mm)	磨料	粒度

L	5	V	35
↓	↓	↓	↓
硬度	组织号	结合剂	最高工作线速度(m/s)

砂轮选择的主要依据是被磨材料的性质、要求达到的工件表面粗糙度值和金属磨除率。选择的原则是:

① 磨削钢时选用刚玉类砂轮,磨削硬铸铁、硬质合金和非铁金属时选用碳化硅砂轮。

② 磨削软材料时选用硬砂轮,磨削硬材料时选用软砂轮。

③ 磨削软而韧的材料时选用粗磨料(如 F12~F36),磨削硬而脆的材料时选用细磨料(如 F46~F100)。

④ 磨削表面的表面粗糙度值要求较低时选用细磨粒,金属磨除率要求高时选用粗磨粒。

⑤ 要求加工表面质量好时选用树脂或橡胶结合剂的砂轮,要求最大金属磨除率时选用陶瓷结合剂砂轮。

珩磨、超精加工及钳工使用的磨具为磨石,常见的磨石形状如图 1-32 所示。

正方形磨石　　长方形磨石　　三角形磨石　　圆形磨石　　半圆形磨石

图 1-32　磨石的形状

标记示例:尺寸为 8 mm×6 mm×63 mm、白刚玉和绿碳化硅混合磨料、F400 粒度、C 级硬度、陶瓷结合剂、经过浸渍处理的长方形超精磨石,标记为

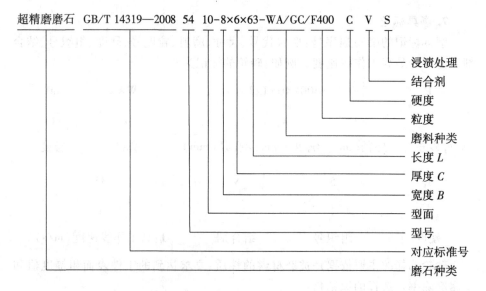

超精磨磨石　GB/T 14319—2008　54　10-8×6×63-WA/GC/F400　C　V　S

浸渍处理
结合剂
硬度
粒度
磨料种类
长度 L
厚度 C
宽度 B
型面
型号
对应标准号
磨石种类

二、磨削过程中磨粒的作用

磨料切削加工方法有磨削、珩磨、研磨和抛光等,其中以磨削加工应用最为广泛。磨削所用砂轮表面上的每个磨粒可以近似地看成一个微小刀齿,凸出的磨粒尖棱可以认为是微小的切削刃。因此,砂轮可以看作具有极多微小刀齿的铣刀。砂轮磨粒的几何形状差异甚大,在砂轮表面上排列极不规则,间距和高低均为随机分布。因此,磨削时各个磨粒表现出来的磨削作用有很大的不同,如图1-33 所示。

(1)砂轮上比较凸出的和比较锋利的磨粒的切削作用　这些磨粒在开始接触工件时,由于切入深度极小,磨粒棱尖圆弧的负前角很大,在工件表面上仅产生弹性变形。随着切入深度增大,磨粒与工件表层之间的压力加大,工件表层产生塑性变形并被刻划出沟纹。当切深进一步加大时,被切的金属层才产生明显的滑移而形成切屑。这是磨粒的典型切削过程,其本质与刀具切削金属的过程相同(图 1-33a)。

(2)砂轮上凸出高度较小或较钝的磨粒的刻划作用　这些磨粒的切削作用很弱,与工件接触时由于切削层的厚度很薄,磨粒不是切削,而是在工件表面上刻划出细小的沟纹,工件材料被挤向磨粒的两旁而隆起(图 1-33b)。

(3)砂轮上磨钝的或比较凹下的磨粒的抛光作用　这些磨粒既不切削也不刻划工件,而只是与工件表面产生滑擦,起摩擦抛光作用(图 1-33c)。

即使比较锋利且凸出的单个磨粒,其切削过程大致也可分为三个阶段(图1-34)。在第一阶段,磨粒从工件表面滑擦而过,只有弹性变形而无切屑;第二阶段,磨粒切入工件表层,刻划出沟痕并形成隆起;第三阶段,切削层厚度增大到某一临界值,切下切屑。

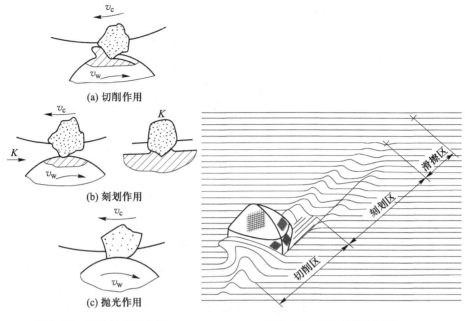

图 1-33　磨粒的磨削作用　　　　　　　图 1-34　磨粒的磨削过程

　　综上所述,磨削过程实际上是无数磨粒对工件表面进行错综复杂的切削、刻划、滑擦三种作用的综合过程。一般地说,粗磨时以切削作用为主;精磨时既有切削作用,也有摩擦抛光作用;超精磨和镜面磨削时摩擦抛光作用更为明显。

三、磨削过程的特点

　　从本质上讲,磨削加工也是一种切削加工,与刀具切削过程一样,要产生磨削力、磨削热与磨削温度、表面变形强化及残余应力等物理现象。由于磨削是以很大的负前角切削,所以磨削过程与其他切削加工方法相比,又存在着显著的差别。

1. 背向力大

　　磨削时砂轮作用在工件上的力称为总磨削力 F。磨削外圆时,总磨削力和车削力一样,也可分解为 3 个相互垂直的分力,即磨削力 F_c、进给力 F_f 和背向力 F_p,如图 1-35 所示。磨削力 F_c 决定磨削时消耗功率的大小,在一般切削加工中,切削力 F_c 比背向力 F_p 大得多;而在磨削时,由于磨削深度较小,磨粒上的刃口圆弧半径相对较大,同时由于磨粒上的切削刃一般都具有负前角,砂轮与工件表面接触的宽度较大,致使背向力 F_p 大于磨削力 F_c(一般 2~4 倍)。这是磨削过程的特点之一。虽然背向力 F_p 不消耗功率,但它会使工件产生水平方向的弯曲变形,直接影响工件的加工精度。例如纵磨细长轴的外圆时,由于工件的弯曲而产生腰鼓形,如图 1-36 所示。进给力最小,一般可忽略不计。

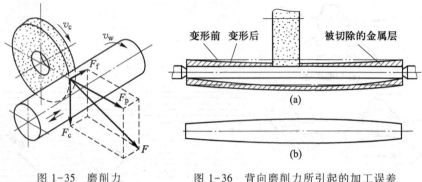

图 1-35　磨削力　　　　　　　图 1-36　背向磨削力所引起的加工误差

2. 磨削温度高

磨削时的切削速度为一般切削加工的 10~20 倍。在高的切削速度下,加上磨粒多为负前角切削,挤压和摩擦较严重,磨削时滑擦、刻划和切削三个阶段所消耗的能量绝大部分转化为热量。又因为砂轮本身的传热性很差,大量的磨削热在短时间内散不出去,在磨削区形成瞬时高温,有时高达 800~1 000 ℃,可形成明显的火花,并且大部分磨削热将传入工件。

高的磨削温度容易烧伤工件表面,使淬火钢件表面退火,硬度降低,影响使用性能等。因此,磨削过程中需采用大量的切削液进行冷却,并冲走磨屑和碎落的磨粒。

3. 表面变形强化和残余应力严重

磨削与刀具切削相比,磨削的表面变形强化层和残余应力层要浅得多,但危害程度却更为严重,对零件的加工工艺、加工精度和使用性能均有一定的影响。例如,磨削后的机床导轨面刮削修整比较困难。残余应力使零件磨削后变形,丧失已获得的加工精度,还可导致细微裂纹,影响零件的疲劳强度。及时修整砂轮,施加充足的切削液,增加光磨次数,都可在一定程度上减小表面变形强化和残余应力。

第五节　材料的切削加工性

工件材料的切削加工性(machinability)是指材料被切削加工的难易程度。它主要由工件材料的化学成分、组织和力学性能所决定,也与切削条件有关。

一、衡量材料切削加工性的指标

1. 衡量切削加工性的指标

在不同情况下,可以用不同参数作为指标来衡量和比较材料的切削加工性。

在生产和实验研究中,较多采用物理量 v_T 来表示材料的切削加工性。v_T 的含义是:当刀具寿命为 T 时,切削某种材料所允许的切削速度。v_T 越高,表示材料的切削加工性越好。一般情况可取 $T = 60\ \text{min}$;对于一些难切削材料,可取 $T = 30\ \text{min}$ 或 $T = 15\ \text{min}$。以上不同寿命的 v_T 可分别写成 v_{60}、v_{30} 或 v_{15} 等。

2. 材料的相对切削加工性

切削加工性的概念具有相对性。一般以抗拉强度 $\sigma_b = 735\ \text{MPa}$ 的 45 钢的 v_{60} 作基准,写作 $(v_{60})_j$,而把其他被切削材料的 v_{60} 与之相比,这个比值 K_r 即为其相对加工性,即

$$K_r = \frac{v_{60}}{(v_{60})_j}$$

相对加工性 K_r 实际上反映了材料对刀具磨损和寿命的影响。K_r 值越大,表示在相同切削条件下允许的切削速度越高,其相对加工性越好,亦表明切削该种材料刀具不易磨损,即刀具寿命高。

常用材料的相对加工性 K_r 分为 8 级,见表 1-3。凡 K_r 大于 1 的材料,其加工性比 45 钢好;K_r 小于 1 者,加工性比 45 钢差。

表 1-3　材料相对加工性等级

加工性等级	名称及种类		相对加工性 K_r	代表性材料
1	很容易切削材料	一般非铁金属	>3.0	铝铜合金,铝镁合金
2	容易切削材料	易切削钢	2.5~3.0	退火 15Cr($\sigma_b = 375 \sim 441\ \text{MPa}$)
3		较易切削钢	1.6~2.5	正火 30 钢($\sigma_b = 441 \sim 549\ \text{MPa}$)
4	普通材料	一般钢及铸铁	1.0~1.6	45 钢,灰铸铁
5		稍难切削材料	0.65~1.0	2Cr13 调质($\sigma_b = 834\ \text{MPa}$)
6		较难切削材料	0.5~0.65	45Cr 调质($\sigma_b = 1\ 030\ \text{MPa}$)
7	难切削材料	难切削材料	0.15~0.5	50CrV 调质,1Cr18Ni9Ti
8		很难切削材料	<0.15	某些钛合金,铸造镍基高温合金

3. 已加工表面质量

凡较容易获得好的表面质量的材料,其切削加工性较好,反之则较差。精加工时,常以此作为衡量指标。

4. 切屑控制或断屑的难易

凡切屑容易控制或易于断屑的材料,其切削加工性较好,反之较差。在自动机床或自动线上加工时,常以此作为衡量指标。

5. 切削力

在相同的切削条件下,凡切削力较小的材料,其切削加工性较好,反之较差。

在粗加工中,当机床刚度或动力不足时,常以此作为衡量指标。

二、常用材料的切削加工性

碳钢是应用最广泛的金属材料,其中低碳钢($w_C < 0.25\%$)中的金相组织以铁素体为主,硬度约为 140 HBW,性软而韧。粗加工时低碳钢不易断屑而影响操作过程,精加工时表面切不光洁,故其切削加工性较差。中碳钢在 w_C 为 $0.3\% \sim 0.6\%$ 的金相组织中,珠光体的量增加,硬度约为 180 HBW,有较好的综合性能,其切削加工性较好。高碳钢在 w_C 为 $0.6\% \sim 0.8\%$ 时,其金相组织以珠光体为主,正火后硬度为 $230 \sim 280$ HBW,其切削加工性次于中碳钢;当 $w_C > 0.8\%$ 时,其组织为珠光体和网状渗碳体,其性硬而脆,切削时刀具易磨损,故其切削加工性不好。合金结构钢的切削加工性一般低于碳含量相近的碳素结构钢。

普通铸铁的金相组织是金属基体加游离态石墨。石墨不但降低了铸铁的塑性,切屑易断,而且在切削过程中还有润滑作用。铸铁与具有相同基体组织的碳钢相比,具有较好的切削加工性。但由于其切削加工后表面石墨易脱落,使已加工表面粗糙。切削铸铁时形成崩碎切屑,造成切屑与刀具前面的接触长度非常短,使切削力、切削热集中在刃区,最高温度在靠近切削刃的后面上。铝、镁等非铁合金硬度较低,且导热性好,故具有良好的切削加工性。

从以上分析不难看出,化学成分和金相组织对工件材料切削加工性影响很大,故主要应从这两方面着手改善切削加工性。

(1)调整材料的化学成分　在不影响材料使用性能的前提下,可在钢中适当添加一种或几种可以明显改进材料切削加工性的合金元素,如 S、Pb、Ca、P 等,获得易切削钢。易切削钢的良好切削加工性表现在:切削力小、易断屑、刀具寿命长、加工表面质量好。

(2)热处理改变金相组织　生产中常对工件材料进行预先热处理,其目的在于通过改变工件材料的硬度来改善切削加工性。例如:低碳钢经正火处理或冷拔处理,使塑性减小,硬度略有提高,从而改善切削加工性。高碳钢通过球化退火使硬度降低,有利于切削加工。铸铁件在切削加工前进行退火可降低表层硬度,特别是白口铸铁,在 $950 \sim 1\,000$ ℃ 的温度下长时间退火,变成可锻铸铁,能使切削加工较易进行。

三、难加工材料的切削加工性

一般认为,当材料的相对加工性 $K_r < 0.65$ 时,就属于难加工材料。难加工材料包括难切金属材料和难切非金属材料两大类。通常把高锰钢、高强度钢、不锈钢、高温合金、钛合金、高熔点金属及其合金、喷涂(焊)材料等称为难切金属材料。所谓切削困难,主要表现为:刀具寿命短,易破损;难以获得所要求的加工表

面质量,特别是较低的表面粗糙度值;断屑、卷屑、排屑困难。

切削难切金属材料的主要措施有:

(1)改善切削加工条件　要求机床有足够大的功率,并处于良好的技术状态;加工工艺系统应具有足够的强度和刚性,装夹要可靠;切削过程中有均匀的机械进给,切忌手动进给,不容许刀具中途停顿。

(2)选用合适的刀具材料　根据金属材料的性质、不同的加工方法和加工要求选用刀具材料。

(3)优化刀具几何参数和切削用量　合理设计刀具结构和几何参数,选用最佳切削用量以及提高刀齿强度和改善散热条件,对最大限度提高刀具寿命和加工表面质量至关重要。

(4)对材料进行适当热处理　只要加工工艺允许,用此法可改变材料的金相组织和性质,以改善材料的可加工性。

(5)选用合适的切削液　可减小刀具的磨损和破损。切削液供给要充足,且不要中断。

(6)重视切屑控制　根据加工要求控制切屑的断屑、卷屑、排屑并有足够的容屑空间,以提高刀具寿命和加工质量。

非金属硬脆材料的硬度高而且脆性大,也有些材料硬度不高但很脆,故精密加工有一定难度。工程陶瓷包括电子与电工器件陶瓷和工具材料陶瓷,具有硬度高、耐磨、耐热和脆性大等特点,因此只有金刚石和立方氮化硼刀具才能胜任陶瓷的切削。传统的加工方法是用金刚石砂轮磨削,还有研磨和抛光,但磨削效率低,加工成本高。随着烧结金刚石刀具的出现,易切陶瓷和高刚度机床的开发,陶瓷材料切削加工的效率越来越高,而成本相对降低。复合材料制件在成形后需要整理外形和协调装配,必需的机械加工也是难以避免的,如用螺栓连接和铆接时都需要钻孔。但复合材料的切削加工比较困难,这是由材料的物理、力学性能所决定的。当对不同复合材料钻孔时,要用不同刀具材料和结构的钻头。

第六节　机械加工质量的概念

零件的机械加工质量直接影响机械产品的使用性能和寿命,它是保证机械产品质量的基础。零件的机械加工质量包括机械加工精度和机械加工表面质量两方面。

一、机械加工精度

机械加工精度(machining accuracy)是指零件加工后的实际几何参数(尺寸、形状和表面间的相互位置)与理想几何参数的符合程度。符合程度越高,加工精度就越高。机械加工精度包括尺寸精度、形状精度和位置精度三个方面。一般情况下,零件的加工精度越高,则加工成本相对越高,生产率则相对越低。因此设计人员应根据零件的使用要求,合理地规定零件的加工精度。工艺人员则应根据设计要求、生产条件等采取适当的工艺方法,以保证加工误差不超过允许范围,并在此前提下尽量提高生产率和降低成本。

(1) 尺寸精度　尺寸精度(dimensional accuracy)是指零件的直径、长度、表面距离等尺寸的实际数值与理想数值相接近的程度。尺寸精度是用尺寸公差来控制的。尺寸公差是切削加工中零件尺寸允许的变动量。在公称尺寸相同的情况下,尺寸公差越小,则尺寸精度越高。

为了实现互换性和满足各种使用要求,国家标准 GB/T 1800.2—2009 规定:尺寸公差分为 20 个公差等级,即 IT01,IT0,IT1,IT2,…,IT17,IT18。IT 表示标准公差(IT 是国际公差 ISO Tolerance 的英文缩写),公差的等级代号用阿拉伯数字表示,从 IT01~IT18,精度依次降低,公差数值依次增大。

(2) 形状精度　形状精度(form accuracy)是指加工后零件上的线、面的实际形状与理想形状的符合程度。评定形状精度的项目按 GB/T 1182—2018 规定,有直线度、平面度、圆度、圆柱度、线轮廓度和面轮廓度六项。形状精度是用形状公差来控制的,各项形状公差,除圆度、圆柱度分 13 个精度等级外,其余均分为 12 个精度等级,1 级最高,12 级最低。

(3) 位置精度　位置精度(position accuracy)是指加工后零件上的点、线、面的实际位置与理想位置的符合程度。评定位置精度的项目按 GB/T 1182—2018 规定,有平行度、垂直度、倾斜度、同轴度、对称度、位置度、圆跳动和全跳动 8 项。位置精度是用位置公差来控制的,各项目的位置公差分为 12 个精度等级。

二、机械加工表面质量

1. 机械加工表面质量的含义

机械加工表面质量(machining quality of machined surfaces)主要包含两方面内容:

(1) 加工表面的几何形状特征　主要指表面粗糙度。表面粗糙度是表面微观几何形状误差,其大小是以表面轮廓的算术平均偏差 Ra 或微观不平度 Rz 的平均高度表示的。

(2) 加工表面层材质的变化　零件加工后在表面层内出现不同于基体材料的力学、冶金、物理及化学性能的变质层。主要表现为:因塑性变形产生的表面变形强化,因切削热或磨削热引起的金相组织变化,因力或热的作用产生的残余应力等。

在零件的机械加工中,产生的表面微观几何形状误差和表面层材质的变化虽然只发生在很薄的表面层,但直接影响零件的耐磨性、疲劳强度、配合性质以及耐蚀性等性能,从而影响零件的使用性能和使用寿命。特别是在高温、高速、高压和交变载荷作用条件下工作的机器零件,对表面质量有很高的要求。因此,为保证零件的使用性能和使用寿命,应采取一定的工艺措施提高加工表面质量。

2. 表面粗糙度的影响因素及降低措施

影响表面粗糙度的因素有切削条件(切削速度、进给量、切削液)、刀具(几何参数、切削刃形状、刀具材料、磨损情况)、工件材料及热处理、工艺系统刚度和机床精度等几个方面。

降低加工表面粗糙度值的一般措施:

(1)刀具方面　为了减少残留面积,刀具应采用较大的刀尖圆弧半径、较小的副偏角或合适($\kappa_r' = 0$)的修光刃或宽刃精刨刀、精车刀等。选用与工件材料适应性好的刀具材料,避免使用磨损严重的刀具。这些均有利于减小表面粗糙度值。

(2)工件材料方面　工件材料性质中,对加工表面粗糙度影响较大的是材料的塑性和金相组织。对于塑性大的低碳钢、低合金钢材料,预先进行正火处理以降低塑性,切削加工后能得到较小的表面粗糙度值。工件材料应有适宜的金相组织(包括状态、晶粒度大小及分布)。

(3)切削条件方面　以较高的切削速度切削塑性材料可抑制积屑瘤出现,减小进给量,采用高效切削液,增强工艺系统刚度,提高机床的动态稳定性,都可获得好的表面质量。

(4)加工方法方面　主要是采用精密、超精密和光整加工。

降低磨削表面粗糙度值的措施有:采用细粒度砂轮,选用较小的径向进给量,选用较大的砂轮速度和较小的轴向进给速度,工件速度应该低一些;精细修整砂轮工作表面,使砂轮上磨粒锋利,也可达到较好的磨削效果;选择适宜的磨削液能获得低表面粗糙度值表面。

3. 减少加工表面层变形强化和残余应力的措施

合理选择刀具的几何形状,采用较大的前角和后角,并在刃磨时尽量减小其切削刃刃口半径;使用刀具时,应合理限制其后面的磨损宽度;合理选择切削用量,采用较高的切削速度和较小的进给量;加工时采用有效的切削液等均可减少加工表面层变形强化。

当零件表面存在残余应力时,其疲劳强度会明显下降,特别是对有应力集中或在腐蚀性介质中工作的零件,影响更为突出。为此,应尽可能在机械加工中减小或避免产生残余应力。但影响残余应力产生的因素较为复杂,总的来说,凡能减小塑性变形和降低切削温度的因素都能使已加工表面的残余应力减小。

此外,生产中常采用滚压、挤(胀)孔、喷丸强化、金刚石压光等冷压加工方法来改善表面层材质的变化。

复习思考题

1. 试说明下列加工方法的主运动和进给运动：

　　a. 在车床上车端面；b. 在钻床上钻孔；c. 在铣床上铣平面；d. 在牛头刨床上刨平面；e. 在平面磨床上磨平面。

2. 试说明车削时的切削用量三要素，并简述粗、精加工时切削用量的选择原则。

3. 车外圆时，已知工件转速 $n = 320$ r/min，车刀进给速度 $v_f = 64$ mm/min，其他条件如图 1-37 所示，试求切削速度 v_c、进给量 f、背吃刀量 a_p、切削层公称横截面积 A_D、公称宽度 b_D 和公称厚度 h_D。

4. 弯头车刀刀头的几何形状如图 1-38 所示，试分别说明车外圆、车端面（由外向中心进给）时的主切削刃、刀尖、前角 γ_o、主后角 α_o、主偏角 κ_r 和副偏角 κ_r'。

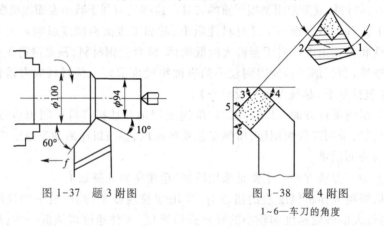

图 1-37　题 3 附图　　　　　　　图 1-38　题 4 附图

1~6—车刀的角度

5. 简述车刀前角、后角、主偏角、副偏角和刃倾角的作用及选择原则。

6. 机夹可转位式车刀有哪些优点？

7. 刀具切削部分材料应具备哪些基本性能？常用的刀具材料有哪些？

8. 高速钢和硬质合金在性能上的主要区别是什么？各适合做哪些刀具？

9. 切屑是如何形成的？常见的有哪几种？

10. 积屑瘤是如何形成的？它对切削加工有哪些影响？生产中最有效的控制积屑瘤的手段是什么？

11. 设用 $\gamma_o = 15°$、$\alpha_o = 8°$、$\kappa_r = 75°$、$\kappa_r' = 10°$、$\lambda_s = 0°$ 的硬质合金车刀在 C6132 型卧式车床上车削 45 钢（正火，187 HBW）轴件的外圆，切削用量为 $v_c = 100$ mm/min、$f = 0.3$ mm/r、$a_p = 4$ mm，试用切削层单位面积切削力 p 计算切削力 F_c 和切削功率 P_c。若机床传动效率 $\eta = 0.75$，机床主电动机功率 $P_E = 4.5$ kW，试问电动机功率是否足够？

12. 切削热对切削加工有什么影响？

13. 背吃刀量和进给量对切削力和切削温度的影响是否一样？如何运用这一规律指导

生产实践？

14. 切削液的主要作用是什么？常根据哪些主要因素选用切削液？

15. 刀具的磨损形式有哪几种？在刀具磨损过程中一般分为几个磨损阶段？刀具寿命的含义和作用是什么？

16. 试分析砂轮磨削金属与刀具切削金属的过程及原理有何异同，原因何在。

17. 如何评价材料切削加工性的好坏？最常用的衡量指标是什么？如何改善材料切削加工性？

18. 什么是加工精度？包括哪些内容？

19. 机械加工表面质量的含义是什么？它与表面粗糙度有何区别？图样上常标注哪一项？

第二章 零件表面的常规加工方法

本章学习指南

本章以常见表面的加工为主线,介绍了各种传统切削加工方法的工艺特点及应用。本章内容实践性、直观性很强,是学生在完成工程训练实践环节基础上的理论提升。本章内容是全书的重点,也是"课程教学基本要求"要求学生应掌握的基本内容。授课采用多媒体教学,学生学习要理论联系实际,多作练习,以取得良好的教学效果。学习本章内容时,可参阅一些其他参考文献,如邓文英等主编的《金属工艺学》(下册)(第六版)、傅水根主编的《机械制造工艺基础》及相关机械制造方面的教材和期刊。

任何复杂的零件都是由简单的几何表面(如外圆面、内圆面、平面、成形表面等)组成的,而某一种表面又可以采用多种方法加工,可以根据零件具体表面的加工要求、零件的结构特点及材料的性质等因素来选用相应的加工方法。选择的基本原则是在保证加工质量的前提下,使生产成本较低。因此,选择各表面的加工方法时,一般应遵循下述几个基本原则:

1) 首先选定它的最终加工方法,然后再逐一选定各前道工序的加工方法。

2) 按各种加工方法的应用特点选择各表面的加工方法,即所选择的加工方法的经济精度及表面粗糙度与加工表面的精度要求和表面粗糙度要求相适应。

3) 所选加工方法要保证加工表面的形状精度要求和位置精度要求。

4) 所选加工方法要与零件材料的切削加工性相适应。

5) 所选加工方法要与生产类型相适应。

6) 所选加工方法要结合本企业的实际生产条件。

本章将通过对零件表面加工方法的综合分析,为合理选择表面的加工方法和加工顺序打下基础。

第一节　回转面的加工

机器中具有回转面的零件很多,如轴类、套筒类、盘类零件等,因此回转面的加工在机械加工中占有很大的比例。常见的回转面主要是柱形表面和锥面。

一、外圆面的加工

外圆面的技术要求大致有:① 尺寸精度,即外圆面直径和长度的尺寸精度。② 形状和相互位置精度,前者包括直线度、平面度、圆度、圆柱度等,后者包括平行度、垂直度、同轴度、径向圆跳动等。③ 表面质量,主要是指表面粗糙度,也包括有些零件要求的表面层硬度、残余应力的大小及方向和金相组织等。

1. 外圆面的车削

车削(turning)是外圆面加工的主要工序。工件旋转为主运动,刀具直线移动为进给运动。

车外圆可在不同类型的车床上进行。单件小批生产中,各种轴、盘、套等类的中小型零件,多在卧式车床上加工;生产率要求高、变更频繁的中小型零件,可选用数控车床加工;大型圆盘类零件(如火车轮、大型齿轮的轮坯等)多用立式车床加工;成批或大批大量生产中小型轴、套类零件,则广泛使用转塔车床、多刀半自动车床及自动车床进行加工。

各种车刀车削中小型零件外圆的方法如图 2-1a~e 所示,图 2-1f 为立式车床车削重型零件外圆的方法。为了提高生产率及保证加工质量,外圆面的车削分为粗车、半精车、精车和精细车。

(1) 粗车

粗车的目的是从毛坯上切去大部分余量,为精车作准备。粗车的特点是采用较大的背吃刀量 a_p、较大的进给量以及中等或较低的切削速度 v_c,以达到高的生产率。粗车后的尺寸公差等级一般为 IT13~IT11,表面粗糙度 Ra 为 50~12.5 μm。粗车也可作为低精度表面的最终工序。

(2) 半精车

半精车的目的是提高精度和减小表面粗糙度值,可作为中等精度外圆的终加工,亦可作为精加工外圆的预加工。半精车的背吃刀量和进给量较粗车时小。半精车的尺寸公差等级可达 IT10~IT9,表面粗糙度 Ra 为 6.3~3.2 μm。

(3) 精车

精车的主要目的是保证工件所要求的精度和表面粗糙度,可作为较高精度外圆面的终加工,也可作为光整加工的预加工。精车一般采用小的背吃刀量($a_p<0.15$ mm)和进给量($f<0.1$ mm/r),可以采用高的或低的切削速度,以避免

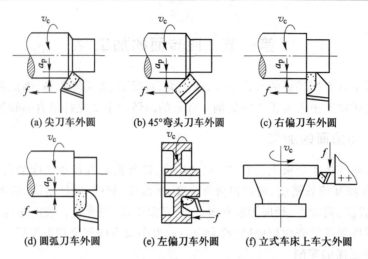

(a) 尖刀车外圆   (b) 45°弯头刀车外圆   (c) 右偏刀车外圆

(d) 圆弧刀车外圆   (e) 左偏刀车外圆   (f) 立式车床上车大外圆

图 2-1   外圆面的车削方法

积屑瘤的形成。精车刀的前后面及刀尖圆弧都应用油石研磨,以减小加工表面的粗糙度值。精车的尺寸公差等级一般为 IT8～IT7,表面粗糙度 Ra 为 1.6～0.8 μm。

（4）精细车

精细车一般用于精度要求高、韧性大的有色金属零件的加工。精细车所用机床应有很高的精度和刚度,多使用仔细刃磨过的金刚石刀具。车削时采用小的背吃刀量($a_p = 0.03～0.05$ mm)、小的进给量($f = 0.02～0.2$ mm/r)和高的切削速度($v_c > 2.6$ m/s)。精细车的尺寸公差等级可达 IT6～IT5,表面粗糙度 Ra 为 0.4～0.1 μm。

车削的工艺特点如下:

1）易于保证相互位置精度   对于轴、套筒、盘类等零件,各加工表面具有同一旋转轴线,可以在一次安装中加工出不同直径的外圆面、孔及端面,即可保证同轴度以及端面与轴线的垂直度。

2）刀具简单   车刀是刀具中最简单的一种,其制造、刃磨和安装均较方便,这就便于根据具体的加工要求,选用合理的车刀角度,有利于提高加工质量和生产率。

3）应用范围广   车削除了经常用于车外圆、端面、孔、槽和切断等加工外,还用来车螺纹、锥面和成形表面。加工的材料范围也较广,可车削黑色金属、有色金属和某些非金属材料,特别适合于有色金属零件的精加工。

2. 外圆面的磨削

磨削(grinding)是外圆面精加工的主要方法,多作为半精车外圆后的精加工工序。对精密铸造、精密模锻、精密冷轧的毛坯,因加工余量小,也可不经车削直接磨削加工。外圆面磨削既可在外圆磨床上进行,也可在无心磨床上进行。

（1）外圆磨床上磨削

在外圆磨床上磨削是应用最广的方法。磨削时,轴类工件常用顶尖安装,其方法与车削基本相同,但磨床所用顶尖都不随工件一起转动;盘、套类工件则用心轴和顶尖安装。磨削方法分为以下几种。

1）纵磨法（图2-2a）　砂轮高速旋转为主运动,工件旋转并和磨床工作台一起往复直线运动分别为圆周进给运动和纵向进给运动,工件每转一周的纵向进给量为砂轮宽度的2/3,致使磨痕互相重叠。每当工件一次往复行程终了时,砂轮作周期性的横向进给（背吃刀量）。每次背吃刀量很小,磨削余量是在多次往复行程中切除的。

由于背吃刀量小,所以磨削力小,产生的磨削热少,散热条件较好,还可以利用最后几次无背吃刀量的光磨行程进行精磨,因此加工精度和表面质量较高。此外,纵磨法具有较大的适应性,可以用一个砂轮加工不同长度的工件。但是,其生产率较低,故广泛适用于单件小批生产及精磨,特别适用于细长轴的磨削。

2）横磨法（图2-2b）　又称切入法,工件不作纵向移动,而由砂轮以慢速作连续的横向进给,直至磨去全部磨削余量。

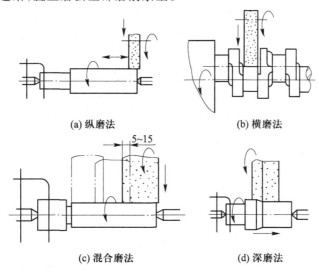

（a）纵磨法　　　　　　　　　　（b）横磨法

（c）混合磨法　　　　　　　　　　（d）深磨法

图2-2　在外圆磨床上磨外圆

横磨法生产率高,但砂轮的宽度一般比工件的长度大,工件与砂轮的接触面积大,发热量大,散热条件差,工件容易产生热变形和烧伤现象,且因背向力 F_p 大,工件易产生弯曲变形。由于无纵向进给运动,磨粒在工件表面的磨削痕迹较为明显,所以工件表面粗糙度值较纵磨法大。横磨法一般用于大批大量生产中磨削刚性较好、长度较短的外圆以及两端都有台阶的轴颈。若将砂轮修整为成形砂轮,可利用横磨法磨削成形面。

　　3)混合磨法(图2-2c)　先用横磨法将工件表面分段进行粗磨,相邻两段间有5~10 mm的搭接,工件上留有0.01~0.03 mm的余量,然后用纵磨法进行精磨。此法综合了横磨法和纵磨法的优点。

　　4)深磨法(图2-2d)　磨削时用较小的纵向进给量(一般取1~2 mm/r)把全部余量(一般为0.2~0.6 mm)在一次走刀中全部磨去。磨削用的砂轮前端修磨成锥形或阶梯形,砂轮的最大外圆面起精磨和修光作用,锥形或其余阶梯面起粗磨或半精磨作用。深磨法的生产率约比纵磨法高一倍,但修整砂轮较复杂,只适用于大批大量生产并允许砂轮越出加工面两端较大距离的工件。

　　(2)无心外圆磨床上磨削

　　如图2-3所示,磨削时工件放在两个砂轮之间,下方用托板托住,不用顶尖支承,所以称为无心磨。两个砂轮中,较小的一个是用橡胶结合剂做的,磨粒较粗,以0.16~0.5 m/s的速度回转,称为导轮;另一个是用来磨削工件的砂轮,以30~40 m/s的速度回转,称为磨削轮。导轮轴线相对于工件轴线倾斜一个角度α(1°~5°),以使导轮与工件接触点的线速度$v_导$分解为两个速度:一个是沿工件圆周切线方向的$v_工$,另一个是沿工件轴线方向的$v_通$。因此工件一方面旋转作圆周进给,另一方面作轴向进给运动。工件从两个砂轮间通过后,即完成外圆磨削。为了使工件与导轮保持线接触,应当将导轮母线修整成双曲线形。

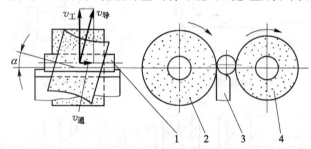

图2-3　无心外圆磨削示意图
1—工件;2—磨削轮;3—托板;4—导轮

　　无心外圆磨削与一般外圆磨削比较,其优点是生产率高,工件尺寸稳定,不需用夹具,操作技术要求不高;缺点是工件圆周面上不允许有键槽或小平面,对于套筒类零件不能保证内、外圆的同轴度要求,机床的调整较费时。因此,无心外圆磨削适用于成批、大量生产光滑的销、轴类零件。

　　磨削的工艺特点如下:

　　1)精度高、表面粗糙度值小　磨削所用的砂轮的表面有极多的具有锋利切削刃的磨粒,而每个磨粒又有多个刀刃,磨削时能切下薄到几微米的磨屑。磨床比一般切削加工机床精度高,刚性及稳定性较好,并且具有控制小背吃刀量的微量进给机构,可以进行微量磨削,从而保证了精密加工的实现。磨削时,磨削速度高,如普通外圆磨削 $v_c \approx 30 \sim 35$ m/s,高速磨削 $v_c > 50$ m/s。一般磨削的尺寸公差等级可达IT7~IT6,表面粗糙度 Ra 为 $0.8 \sim 0.2$ μm;当采用小粒度砂轮磨削时,Ra 可达到 $0.1 \sim 0.008$ μm。

2)砂轮有自锐作用 磨削过程中,磨钝了的磨粒会自动脱落而露出新鲜锐利的磨粒,这就是砂轮的自锐作用。实际生产中,有时就利用这一原理进行强力磨削,以提高磨削加工的生产率。

3)磨削温度高 磨削时的切削速度高达一般切削加工的 $10 \sim 20$ 倍,磨粒又多为负前角,所以产生的切削热很多,同时砂轮本身传热性很差,因此磨削区产生瞬间高温,有时高达 $800 \sim 1\,000$ ℃。高的磨削温度容易烧伤工件表面,使淬火钢表面回火,硬度降低,也会在工件表面产生残余应力及微裂纹,降低零件的表面质量和使用寿命。

为减少磨削高温的影响,应向磨削区加注大量的切削液。切削液的冷却、润滑作用,不仅可降低磨削温度,还可以冲掉细碎的切屑和碎裂及脱落的磨粒,避免堵塞砂轮空隙,提高砂轮的寿命。

4)适宜磨削高硬度材料 由于砂轮的磨粒具有很高的硬度、耐热性及一定的韧性,所以磨削不仅能加工钢件、铸铁件,还能加工淬硬钢件和硬质合金、宝石、玻璃等硬脆性材料。但对于塑性较大的某些铜、铝等有色金属件,由于切屑易堵塞砂轮空隙,一般不宜采用磨削。

5)背向力大 磨削时由于砂轮与工件的接触宽度大,且磨粒多以负前角切削,致使背向力较刀具切削时大。较大的背向力会使刚性差的工艺系统产生变形,影响加工精度。例如用纵磨法磨削细长轴时,因有较大的背向力,工件易成鼓形。为此,需在最后进行多次光磨,逐步消除变形。

3. 外圆面的光整加工

工件表面经磨削后,如果要进一步提高其精度和减小表面粗糙度值,还需要进行光整加工,常用的有以下几种方法:

(1)研磨

研磨(lapping)是把研磨剂放在研具与工件之间,在一定压力作用下研具与工件作复杂的相对运动,通过研磨剂的微量切削及化学作用,去除工件表面的微小余量,以提高尺寸精度、形状精度和降低表面粗糙度值。

研磨方法分手工研磨和机械研磨两种。

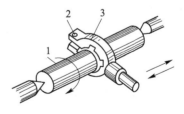

图 2-4 手工研磨外圆
1—工件;2—螺钉;3—研具

图2-4为手工研磨外圆面的示意图。工件安装在车床两顶尖间作低速旋转(20~30 m/min),研具(手握)在一定压力下沿工件轴向作往复直线运动,直至

研磨合格为止。手工研磨生产率低,只适用于单件小批生产。

机械研磨在专用研磨机床上进行。图 2-5 为研磨小件外圆用的研磨机示意图。研具由上、下两块铸铁研磨盘 1、2 组成,两者可作同向或反向的转动,下研磨盘与机床刚性连接,上研磨盘与悬臂轴 6 活动铰接,可按照下研磨盘自动调位,以保证压力均匀。在上、下研磨盘之间有一个与偏心轴 5 相连的分隔盘 4,分隔盘的形状如图 2-5b 所示,上面开有许多矩形孔,尺寸比工件略大。工作时,工件 3 在隔离盘内既转动又滑动,于是在工件表面上形成细密均匀的网纹,来均匀地去除加工余量。为增加工件轴向的滑动速度,分隔盘上矩形槽的对称中心线与分隔盘半径方向呈 $\gamma = 6° \sim 15°$ 夹角。机械研磨生产率高,适合于大批大量生产。

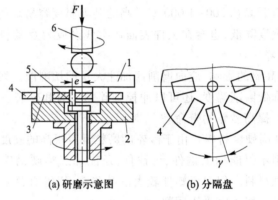

(a) 研磨示意图　　　　(b) 分隔盘

图 2-5　机械研磨示意图

1—上研磨盘;2—下研磨盘;3—工件;4—分隔盘;5—偏心轴;6—悬臂轴

研具是涂敷或嵌入磨料的载体,又是研磨的成形工具。研具材料的硬度一般比工件材料低,以便使磨料在研磨过程中嵌入研具表面,以对工件进行研磨。研具材料本身还应组织均匀,具有耐磨性,以使其磨损均匀,保持原有的几何形状精度。研磨钢件多用铸铁做研具,研磨铜、铝合金等材料可用硬木做研具。对有精密配合要求的两个零件,如柱塞泵的柱塞与泵体、液压阀芯与阀套、发动机的气门与气门座等,往往采用两个零件互为研具,用配研的方法达到配合精度的要求。

研磨剂由磨料、研磨液和辅助填料等混合而成,主要有液态研磨剂和研磨膏两种。磨料主要起机械切削作用,常用的有刚玉、碳化硅、氧化硅、氧化铬、氧化铁等,粒度为 $1 \sim 10 \ \mu m$。研磨液主要起冷却和润滑作用,并使磨粒均布在研具表面,常用油类磨削液。辅助填料是由硬脂酸、石蜡、工业用猪油、蜂蜡按一定比例混合成的混合脂,在研磨过程中起吸附磨料、防止磨料沉淀和润滑作用,还通过化学作用使工件表面形成一层极薄的氧化膜,氧化膜很容易被磨掉而不损伤基体,研磨过程中氧化膜不断地形成、被磨掉,从而加快研磨过程。

研磨余量一般不超过 $0.01 \sim 0.03$ mm,研磨前的工件应进行精车或精磨。研磨可以获得 IT5 或更高的尺寸公差等级，表面粗糙度 Ra 为 0.1~0.008 μm。研磨除了加工外圆面外，还可以加工孔、平面等。

（2）超级光磨

超级光磨也称超精加工（superfinishing），是用细粒度的磨石（粒度为 F70 或更细的刚玉或碳化硅磨料），以较低的压力（5~20 MPa）在复杂的相对运动下对工件表面进行光整加工的方法。图 2-6 为外圆面的超级光磨示意图，加工时，工件旋转（转速一般为 0.16~0.25 m/s），油石以恒力轻压于工件表面，在轴向进给（进给量为 0.1~0.15 mm/r）的同时，沿工件的轴向作高速而短幅的往复运动，每秒钟往复的次数一般为 6~25 次，行程长度为 2~6 mm。

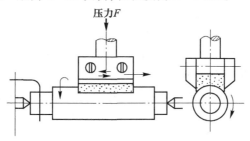

图 2-6　外圆面的超级光磨

图 2-7 表示超级光磨的加工过程。在油石和工件间注入充分的切削液（一般为 80%~90% 的煤油，其余为锭子油）。光磨的初始阶段，油石与工件表面凸峰接触，接触面积小，压强大，磨石与工件间不能形成完整的油膜，表面凸峰很快被磨平。随着尖峰高度的降低，油石同工件接触面积逐渐扩大，单位压力也随之减小，直到磨石压力不能将油膜破坏，工件与磨石被油膜分开，加工过程停止。

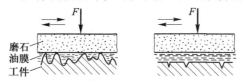

图 2-7　超级光磨过程

超级光磨的余量很小（0.005~0.02 mm），光磨后表面粗糙度 Ra 为 0.1~0.008 μm，但不能提高工件的尺寸精度及几何形状精度，该精度必须由前一道工序保证。超级光磨只是切去工件表面的微小凸峰，加工时间很短，一般为 30~60 s，所以生产率很高。

（3）抛光

抛光（polishing，buffing）是把抛光剂涂在抛光轮上，利用抛光轮的高速旋转对工件进行光整加工的方法。

抛光剂由刚玉或碳化硅等磨料加油酸、软脂酸配制而成。抛光轮是用布、毛毡或皮革等叠制而成的圆形轮子。

抛光时,将工件压于高速旋转的抛光轮上,在抛光剂介质的作用下,材料表面产生一层极薄的软膜,可以用比工件材料软的磨料切除,而不会在工件表面留下划痕。加之高速摩擦产生的高温使工件表面出现极薄的微流层,工件表面的微观凹谷被其填平,因而获得很光亮的表面(呈镜面)。

与其他的光整加工方法相比,抛光一般不用特殊设备,工具和加工方法比较简单,成本低;由于抛光轮是弹性的,能与曲面相吻合,故易于实现曲面抛光,便于对模具型腔进行光整加工;抛光轮与工件之间没有刚性的运动关系,不能保证从工件表面均匀地切除材料,只能去掉前道工序所留下的痕迹,因而仅能获得光亮的表面,不能提高精度。抛光后的表面粗糙度 Ra 为 $0.1 \sim 0.025$ μm。抛光只能用于表面装饰及金属件电镀前的准备工序。

抛光除可加工外圆面外,还可以加工孔、平面和成形面等。

4. 外圆面加工方案的分析与选择

由上述可知,外圆面的加工方法主要有车削、磨削和光整加工。对于不同加工精度和表面粗糙度要求的零件,要采用不同的加工方案。表 2-1 为外圆面常用的几种加工方案,供选择时参考。

表 2-1　外圆面的加工方案及其应用

序号	加 工 方 案	经济尺寸公差等级	加工表面粗糙度 $Ra/$μm	适用范围
1	粗车	IT12~IT11	50~12.5	适用于淬火钢以外的各种常用金属、塑料件
2	粗车—半精车	IT10~IT8	6.3~3.2	
3	粗车—半精车—精车	IT8~IT7	1.6~0.8	
4	粗车—半精车—精车—滚压(或抛光)	IT7~IT6	0.2~0.025	
5	粗车—半精车—磨削	IT7~IT6	0.8~0.4	主要用于淬火钢,也可用于未淬火钢,但不宜加工有色金属
6	粗车—半精车—粗磨—精磨	IT6~IT5	0.4~0.1	
7	粗车—半精车—粗磨—精磨—超级光磨	IT6~IT5	0.1~0.012	
8	粗车—半精车—精车—精细车	IT6~IT5	0.4~0.025	主要用于要求较高的有色金属的加工
9	粗车—半精车—精车—精磨—超精磨	IT5 以上	<0.025	极高精度的钢或铸铁的外圆面的加工
10	粗车—半精车—精车—精磨—研磨	IT5 以上	<0.1	

二、孔的加工

孔是箱体、支架、套筒、环、盘类零件上的重要表面，也是机械加工中经常遇到的表面。与外圆面加工相比，孔加工的条件差，主要是因为：

（1）刀具的尺寸受到被加工孔尺寸的限制，故刀具的刚性差，不能采用大的切削用量。

（2）刀具处于被加工孔的包围中，散热条件差，切屑排出困难，切削液不易进入切削区，切屑易划伤加工表面。所以，在加工精度和表面粗糙度要求相同的情况下，加工孔比加工外圆面困难、生产率低、成本高。

与外圆面相似，孔的技术要求大致有：① 尺寸精度，即孔径和长度的尺寸精度。② 形状精度，即孔的圆度、圆柱度及轴线的直线度。③ 位置精度，即孔与孔或孔与外圆面的同轴度，孔与孔或孔与其他表面之间的尺寸精度、平行度、垂直度等。④ 表面质量，即表面粗糙度、表层加工硬化和表层物理、力学性能要求等。

孔的加工方法很多，主要有钻孔、扩孔、铰孔、镗孔、拉孔、磨孔、孔的光整加工等。

1. 钻孔

在工件的实体部位加工孔的工艺过程称为钻孔（drilling）。钻孔使用的刀具主要是麻花钻。

钻孔常在钻床、车床上进行，也可在镗床、铣床上进行。机床的选用主要根据零件的结构、孔的尺寸、分布位置、技术要求和批量大小决定。

（1）钻孔的工艺特点

由于麻花钻头结构上的缺陷（图 1-16），加上加工条件差，使得钻孔加工有以下特点：

1）易引偏　引偏是孔径扩大或孔轴线偏移和不直的现象。由于钻头横刃定心不准，钻头刚性和导向作用较差，切入时钻头易偏移、弯曲。由此，在钻床上钻孔易引起孔的轴线偏移和不直（图 2-8a），在车床上钻孔易引起孔径扩大（图 2-8b）。

2）排屑困难　钻孔的切屑较宽，在孔内被迫卷成螺旋状，流出时与孔壁发生剧烈摩擦而刮伤已加工表面，甚至会卡死或折断钻头。

3）切削温度高，刀具磨损快　主切削刃上近钻心处和横刃上皆有很大的负前角，切削时产生的切削热多，加之钻削为半封闭切削，切屑不易排出，切削热不易传出，使切削区温度很高。

上述工艺特点使钻孔加工精度很低，一般尺寸公差等级只能达到 IT13～IT11，表面粗糙度 Ra 大于 50～12.5 μm。同时，钻削不易采用较大的切削用量，

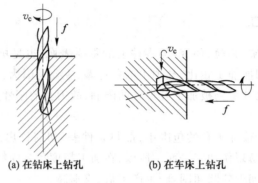

(a) 在钻床上钻孔　　　　　　(b) 在车床上钻孔

图 2-8　钻孔时的引偏

所以钻削生产率低。

实际生产中,为提高孔的加工精度可采取以下措施:

① 仔细刃磨钻头,使两个切削刃的长度相等和顶角对称,从而使径向切削力互相抵消,减少钻孔时的歪斜;在钻头上修磨出分屑槽,将宽的切屑分成窄条,以利于排屑。

② 用顶角 $2\phi = 90° \sim 100°$ 的短钻头,预钻一个锥形坑可以起到钻孔时的定心作用(图 2-9a)。

③ 用钻模为钻头导向,这样可减少钻孔开始时的引偏,特别是在斜面或曲面上钻孔时更有必要(图 2-9b)。

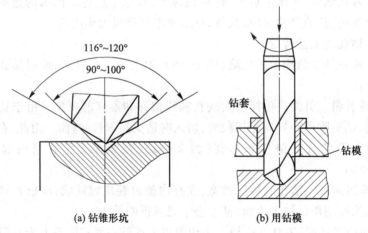

(a) 钻锥形坑　　　　　　(b) 用钻模

图 2-9　采用钻模钻孔

(2) 钻孔的应用

钻孔属于粗加工,所以钻孔可用于精度要求不高的孔的终加工,如螺栓孔、油孔等;也可用于技术要求高的孔的预加工或攻螺纹前的底孔加工。

2. 扩孔

扩孔(core drilling)是用扩孔钻(图 2-10)对工件上已有的孔进行扩大加工(图 2-11),可在钻床、车床或镗床上进行。

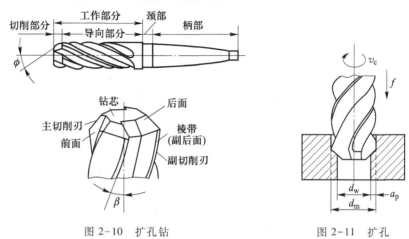

图 2-10 扩孔钻   图 2-11 扩孔

扩孔钻直径范围为 $\phi10 \sim \phi80$ mm,切削部分无横刃,刀齿数(一般为 3、4 个)和棱边比麻花钻多,扩孔时的切削余量小(一般为孔径的 1/8 左右),所需排屑槽浅,因而扩孔钻的刚度较高,工作时导向性好,故扩孔加工的质量比钻孔高,并且对孔的形状误差有一定的校正能力,是孔的一种半精加工方法。扩孔加工一般尺寸公差等级可达 IT10~IT9,表面粗糙度 Ra 为 $6.3 \sim 3.2$ μm。

对技术要求不太高的孔,可作为终加工;对精度要求高的孔,常作为铰孔前的预加工。在成批或大量生产时,为提高钻削孔、铸锻孔或冲压孔的精度和降低表面粗糙度值,也常使用扩孔钻扩孔。

3. 铰孔

铰孔(reaming)是用铰刀对孔进行精加工的过程。一般加工尺寸公差等级可达 IT9~IT7,表面粗糙度 Ra 为 $1.6 \sim 0.4$ μm。

铰孔的方式有机铰和手铰两种。铰刀的结构如图 2-12 所示。

铰孔加工质量较高的原因,除了具有扩孔的优点之外,还由于铰刀结构和切削条件比扩孔更为优越,主要是:

① 铰刀一般有 6~12 个切削刃,制造精度高;具有修光部分,其作用是校准孔径、修光孔壁;容屑槽浅,心部直径大,刚性好。

② 铰孔的余量小(粗铰为 $0.15 \sim 0.35$ mm,精铰为 $0.05 \sim 0.15$ mm),切削力较小;铰孔时的切削速度较低($v_c = 1.5 \sim 10$ m/min),产生的切削热较少。

钻头、扩孔钻和铰刀都是标准刀具,市场上均易买到。对于中等尺寸以下较

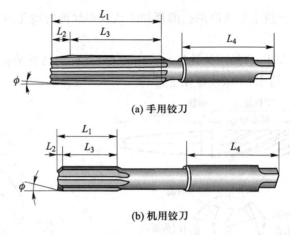

(a) 手用铰刀

(b) 机用铰刀

图 2-12　铰刀

L_1—工作部分；L_2—切削部分；L_3—修光部分；L_4—柄部

精密的孔，采用钻—扩—铰这种典型加工方案进行加工非常方便，而且此方案在单件小批乃至大批大量生产中均可采用。

钻、扩、铰只能保证孔本身的精度，而不易保证孔与孔之间的尺寸精度及位置精度。为此，可以利用钻模进行加工，或者镗孔。

4. 镗孔

利用镗刀对已有的孔进行加工的过程称为镗孔（boring）。对于直径较大的孔（一般 $D>80\sim100$ mm）、内成形面或孔内环槽等，镗削是唯一合适的加工方法。

镗孔可以在多种机床上进行。箱体、机架类零件上的孔或孔系常在卧式镗床上镗削，单件小批生产时也可在钻床或铣床上进行；回转体零件上轴线与回转体轴线重合的孔一般在车床上镗削。因此，镗孔的运动方式有如下两种。

（1）车床上镗孔

车床上镗孔时工件旋转、刀具进给，如图 2-13 所示。

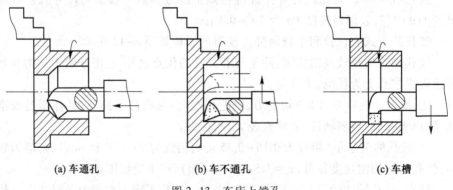

(a) 车通孔　　　　　　　　(b) 车不通孔　　　　　　　　(c) 车槽

图 2-13　车床上镗孔

（2）镗床上镗孔

1）镗床及镗削运动 根据结构和用途不同,镗床分为卧式镗床、坐标镗床、立式镗床等。图 2-14 为应用最广的卧式镗床结构简图。镗削时,镗刀刀杆随主轴一起旋转,完成主运动;进给运动可由工作台带动工件纵向移动（图2-15a）,也可由主轴带动镗刀杆轴向移动（图2-15b）完成。

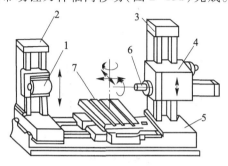

图 2-14 卧式镗床结构简图

1—尾座;2—后立柱;3—前立柱;4—主轴箱;5—床身;6—主轴;7—工作台

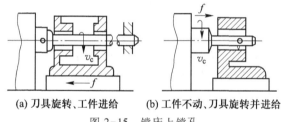

(a) 刀具旋转、工件进给　　**(b) 工件不动、刀具旋转并进给**

图 2-15 镗床上镗孔

2）镗刀 镗刀类型主要有单刃镗刀和浮动式镗刀等,如图 2-16 所示。单刃镗刀的结构与车刀类似,使用时用螺钉将其装夹在镗刀杆上。其中图 2-16a 为不通孔镗刀,刀头倾斜安装;图 2-16b 为通孔镗刀,刀头垂直安装。单刃镗刀刚性差,镗孔时孔的尺寸是由操作者调整镗刀头保证的。双刃浮动式镗刀（图 2-16c）在对角线的方位上有两个对称的切削刃,两个切削刃间的距离可以调整,刀片不需固定在镗刀杆上,而是插在镗杆的槽中并能沿径向自由滑动,依靠作用在两个切削刃上的径向力自动平衡其位置,因此可消除因镗刀安装或镗杆摆动所引起的不良影响,以提高加工质量,同时能简化操作,提高生产率。但它与铰刀类似,只适用于精加工,保证孔的尺寸公差,不能校正原孔轴线偏斜或位置偏差。

3）镗孔的工艺特点 镗孔不像扩孔、铰孔需要许多尺寸不同的刀具,而且容易保证孔中心线的准确位置及相互位置精度。镗孔的生产率低,要求较高的操作技术,这是因为镗孔的尺寸精度要依靠调整刀具位置来保证。在成批生产中通常采用专用镗床,孔之间的位置精度靠镗模的精度来保证。一般镗孔的尺

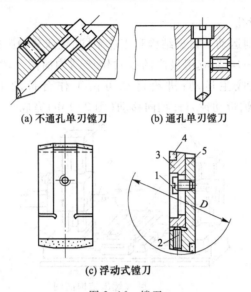

(a) 不通孔单刃镗刀　　　(b) 通孔单刃镗刀

(c) 浮动式镗刀

图 2-16　镗刀

1—螺钉;2—紧定螺钉;3—下刀片;4—硬质合金刀片;5—上刀片

寸公差等级为IT8~IT7,表面粗糙度 Ra 为 1.6~0.8 μm;精细镗时,尺寸公差等级可达 IT7~IT6,表面粗糙度 Ra 为 0.8~0.2 μm。镗孔主要适于加工机座、箱体、支架等大型零件上孔径较大、尺寸精度和位置精度要求高的孔系,也可加工单个孔、台阶孔和孔内环形槽、平面等。

5. 拉孔

拉孔(hole broaching)是用拉刀在拉床上加工孔的过程。拉刀的结构如图2-17 所示。

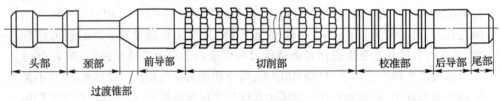

头部　　颈部　　前导部　　　　切削部　　　　　校准部　　后导部　尾部

过渡锥部

图 2-17　拉刀结构

拉削时,拉刀以切削速度 v_c 作主运动,进给运动是由后一个刀齿高出前一个刀齿(齿升量 a_f)来完成的,从而能在一次行程中一层一层地从工件上切去多余的金属层,获得所要求的表面,如图 2-18 所示。

拉孔时,工件的预制孔不必精加工,工件也不需夹紧,工件以端面靠紧在拉床的支承板上,因此工件的端面应与孔垂直,否则容易损坏拉刀。如果工件的端面与孔不垂直,则应采用球面自动定心的支承垫板来补偿,如图 2-19 所示。球形支承垫板的略微转动,可以使工件上的孔自动地调整到与拉刀轴线一致的方向。

拉削与其他切削加工方法相比,具有以下主要特点:

(1)生产率高。拉刀同时工作的刀齿多,而且一次行程就能够完成粗、精加工。

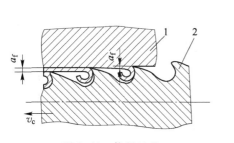
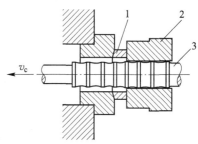

图 2-18　拉削过程　　　　　图 2-19　拉削圆孔的方法

1—工件;2—拉刀　　　　　1—球面垫板;2—工件;3—拉刀

(2)拉刀寿命长。拉削速度低,每齿切削厚度很小,切削力小,切削热也少。

(3)加工精度高,原因同上。拉削的尺寸公差等级一般可达 IT8~IT7,表面粗糙度 Ra 为 0.8~0.4 μm。

(4)拉床只有一个主运动(直线运动),结构简单,操作方便。

(5)加工范围广。拉削不但可以加工圆形及其他形状复杂的通孔,还可以加工平面及其他没有障碍的外表面,如图 2-20 所示。但是拉削不能加工台阶孔、不通孔和薄壁孔。

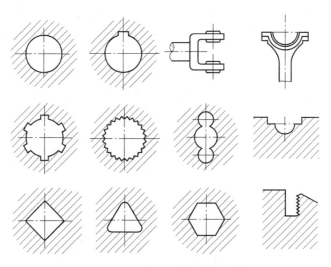

图 2-20　拉削加工的各种表面举例

（6）拉刀成本高,刃磨复杂,除标准化和规格化的零件外,在单件小批生产中很少应用。

6. 磨孔

磨孔(hole grinding)是孔的精加工方法之一,可达到的尺寸公差等级为IT8～IT6,表面粗糙度 Ra 为 1.6～0.4 μm。磨孔可以在内圆磨床或万能外圆磨床上进行。磨孔时,砂轮旋转为主运动,工件低速旋转为圆周进给运动(其方向与砂轮旋转方向相反),砂轮直线往返为轴向进给运动,切深运动为砂轮周期性的径向进给运动(图2-21)。

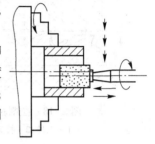

磨孔的砂轮直径较小(为孔径的 1/2～9/10),即使转速很高,其线速度也很难达到正常的磨削速度(>30 m/s);砂轮轴刚性差,不宜采用较大的进给量;再加上切削液不易注入磨削区,工件易发热变形,因此磨孔的质量和生产率均不如外圆磨削。

磨孔的工艺特点为

图 2-21　磨孔的方法

（1）可磨淬硬孔。

（2）不仅能保证孔本身的尺寸精度和表面质量,还可以提高孔轴线的直线度。

（3）同一个砂轮,可以磨削不同直径的孔。

（4）生产率比铰孔低,比拉孔更低。

7. 研磨孔

研磨孔(hole lapping)是孔的光整加工方法,需要在精镗、精铰或精磨后进行。研磨后孔的尺寸公差等级可提高到 IT6～IT4,表面粗糙度 Ra 为 0.1～0.008 μm,圆度和圆柱度亦相应提高。

研磨孔所用的研具材料、研磨剂、研磨余量等均与研磨外圆类似。在车床上研磨套类零件孔的方法如图 2-22 所示。图中研具为可调式研磨棒。研磨前,

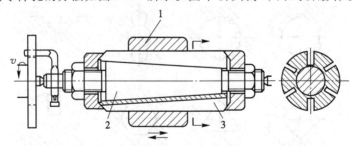

图 2-22　在车床上研磨套类零件孔的方法
1—工件(手握);2—研磨棒;3—研套

套上工件,将研磨棒安装在车床上,涂上研磨剂,调整研磨棒直径使其对工件有适当的压力,即可进行研磨。研磨时,研磨棒旋转,手握工件往复移动。

8. 珩磨孔

珩磨孔(honing)是对孔进行的较高效率的光整加工方法,需在磨削或精镗的基础上进行。珩磨后孔的尺寸公差等级可达 IT6~IT5,表面粗糙度 Ra 为0.2~0.025 μm,孔的形状精度亦相应提高。

珩磨是利用装有磨条的珩磨头(图 2-23)来加工孔的,加工时工件视其大小可安装在机床的工作台或夹具中。具有若干个磨条的珩磨头插入已加工过的孔中,由机床主轴带动旋转且作轴向往复运动(0.16~1.6 str/s)。磨条以一定的压力与孔壁接触,即可从工件表面切去极薄的一层金属。为得到较小的表面粗糙度值,切削轨迹应成均匀而不重复的交叉网纹,为使磨条与孔壁均匀接触,获得较高的形状精度,珩磨头与机床主轴应成浮动连接,使珩磨头沿孔壁自行导向。

珩磨时要使用切削液,以便润滑、散热并冲去切屑和脱落的磨粒。珩磨钢和铸铁件时,多用煤油作为切削液,加工精度较高时,可加入 20%~30%的锭子油,珩磨余量一般为 0.03~0.2 mm。

磨条材料依工件材料选择。加工钢件一般选用氧化铝;加工铸铁、不锈钢和有色金属,一般选用碳化硅。

珩磨孔多在专用的机床上进行,在单件小批生产中,也可在改装的立式钻床上进行。

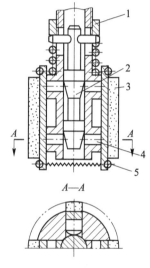

图 2-23 珩磨头
1—调节螺母;2—调整锥;3—磨条;
4—顶块;5—弹簧箍

珩磨孔的工艺特点为

(1)生产率较研磨高。原因是珩磨头往复速度较高,磨条较长且与孔的接触面积大,同时参与切削的磨粒数量多。

(2)可达到较高的尺寸精度、形状精度和较低的表面粗糙度值,但不能提高孔与其他表面的位置精度。

(3)适应性广。珩磨可加工铸铁件、淬火和不淬火的钢件以及青铜件等,但不宜加工韧性大的有色金属件。加工的孔径为 $\phi3$~$\phi500$ mm,孔的深径比可达10 以上。

珩磨孔广泛用于大批大量生产中加工发动机的气缸、液压装置的油缸筒及各种炮筒等。

9. 孔加工方案的选择

由上述可知,孔的加工方法很多,常用加工方案及其应用见表 2-2,供选择时参考。

表 2-2　在实体材料上加工孔的方案及其应用

加　工　顺　序	尺寸公差 等级	表面粗糙度 $Ra/\mu m$	主　要　用　途
钻孔	IT12～IT11	50～12.5	低精度的螺栓孔等,或为扩孔、镗孔作准备
钻—扩	IT10～IT9	6.3～3.2	精度要求不高的未淬火孔
钻孔—粗镗	IT9～IT8	3.2～1.6	直径较大的孔,如箱体、机架、缸筒类零件的未淬火孔
钻孔—粗镗—精镗	IT8～IT7	1.6～0.8	同上,精度要求更高的零件
钻—扩—机铰	IT8～IT7	1.6～0.8	孔径较小,如直径 $<\phi20$ mm 的未淬火孔
钻—扩—机铰—手铰	IT7～IT6	0.4～0.2	同上,精度要求更高的孔
钻—扩—拉孔	IT8～IT7	0.8～0.4	孔径 $>\phi8$ mm 未淬火的孔,适用于成批、大量生产
钻孔—镗—磨	IT7～IT6	0.4～0.2	适用于钢、铸铁等直径较大的孔
钻孔—$\left\{\begin{array}{l}扩 \to 铰 \to 珩磨\\ 镗 \to 磨 \to 珩磨\end{array}\right.$	IT7～IT6	0.1～0.025	直径较小的孔
			直径较大的孔,如气缸、液压缸孔
钻孔—$\left\{\begin{array}{l}扩 \to 铰\\ 镗 \to 磨\end{array}\right.$—研磨或其他光整加工	IT7～IT6	0.2～0.008	高精度孔,如阀孔

第二节　平面的加工

平面是箱体、滑轨、机架、床身、工作台及回转体等类零件的主要表面。

平面的主要技术要求有：① 几何形状精度，如平面度、直线度；② 各表面间的位置精度，如平行度、垂直度等；③ 表面质量，如表面粗糙度、表面加工硬化、残余应力及金相组织等。

平面本身无尺寸精度，但平面与平面或与其他表面间一般有尺寸精度或位置精度要求。

一、平面的加工方法

1. 车平面

平面车削适用于回转体零件的端面加工，如盘、套、齿轮、阶梯轴的端面。这些零件的端面大多数与其外圆面、内孔有垂直度要求，并且和其他端面间有平行度要求，车削能保证这些要求。

单件小批生产的中小型零件在普通车床上加工，重型零件可在立式车床上加工。车削后两平面间的尺寸公差等级一般可达 IT8～IT7，表面粗糙度 Ra 为 $6.3～1.6\mu m$。

2. 刨平面

刨平面是平面加工常用的方法，刨削时的主运动为直线往复运动，进给运动是间歇运动。常见的刨床有牛头刨床（shaper）、龙门刨床（planer）和插床（vertical shaper）。刨削加工的工艺特点如下。

（1）适应性较好，费用低　机床结构简单，操作方便。刨刀为单刃刀具，制造方便，容易刃磨出合理的几何角度。所以机床、刀具的费用低。刨削可以适应多种表面的加工，如平面、V 形槽、燕尾槽、T 形槽及成形表面等，如图 2-24 所示。在刨床上加工床身、箱体等平面，易于保证各表面之间的位置精度。

（2）生产率较低　因为刨刀回程时不切削，一般只用单刃刨刀进行加工，刨刀在切入、切出时产生较大的振动，因而限制了切削用量的提高。因此，刨削一般用在单件小批或修配生产中。但是，当加工狭长平面、长直槽时，由于减少了进给次数，以及在龙门刨床上采用多工件、多刨刀刨削，生产率也较高。

（3）加工质量较低　精刨平面的尺寸公差等级一般可达 IT9～IT8，表面粗糙度 Ra 为 $6.3～1.6\ \mu m$，但刨削的直线度较高，可达 $0.04～0.08\ mm/m$。

牛头刨床只适于加工中小型零件；龙门刨床主要用于加工大中型零件，或一次安装几个中小型零件，进行多件同时刨削。

插床又称立式牛头刨床，主要用来加工工件的内表面，如键槽（图 2-25）、花

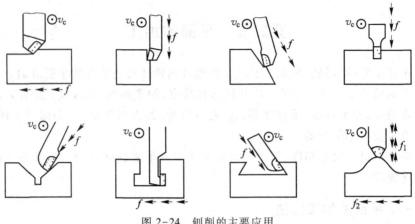

图 2-24　刨削的主要应用

键槽等,也可用于加工多边形孔,如四方孔、六方孔等,特别适于加工不通孔或有障碍台阶的内表面。

3. 铣平面

铣削(milling)也是平面的主要加工方法之一。铣削时,铣刀的旋转运动是主运动,工件随工作台的运动是进给运动。铣平面的机床,常用的有卧式或立式升降台铣床,适用于单件小批生产中加工中小型工件;龙门铣床,适用于加工大型工件或同时加工多个中小型工件,生产率较高,多应用于成批、大量生产。所用的铣刀分为周铣刀和端铣刀(图1-18)。

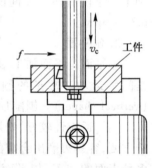

图 2-25　插键槽

(1) 平面的铣削方式

同是加工平面,既可以用端铣法,也可以用周铣法;同一种铣削方法,也有不同的铣削方式(顺铣和逆铣)。在选用铣削方式时,要充分注意它们各自的特点和适用场合,以便保证加工质量和提高生产率。

1) 端铣法

用端铣刀的端面刀齿加工平面称为端铣法(图1-18b)。端铣法可以通过调整铣刀和工件的相对位置,调节刀齿切入和切出时的切削厚度,达到改善铣削过程的目的。

2) 周铣法

用圆柱铣刀的圆周刀齿加工平面称为周铣法(图1-18a),它又分为逆铣和顺铣(图2-26)。在切削部位刀齿的旋转方向和工件的进给方向相反时,为逆铣;进给方向相同时,为顺铣。

逆铣(图2-26a)时,每个刀齿的切削厚度是从零增大到最大值。因此,刀齿在开始切削时,要在工件表面上挤压滑移一段距离后才真正切入工件,从而增加了表面层的硬化程度,不但加速了刀具后面的磨损,而且也影响了工件的表面粗糙度。此外,切削力会使工件向上抬起,有可能产生振动。

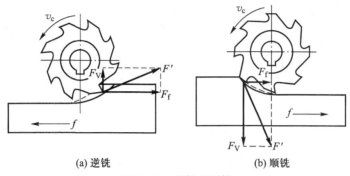

(a) 逆铣　　　　　　　　(b) 顺铣

图 2-26　逆铣和顺铣

顺铣(图 2-26b)时,每个刀齿的切削厚度是由最大减小到零,如果工件表面有硬皮,易打刀;切削力的方向使工件紧压在工作台上,所以加工比较平稳。

因此,从保证工件夹持稳固,延长刀具寿命和减小表面粗糙度值等方面考虑,以采用顺铣法为宜。但是,顺铣时忽大忽小的水平切削分力 F_f 与工件的进给方向是相同的,工作台进给丝杠与固定螺母之间一般都存在间隙(图 2-27),间隙在进给方向的前方。由于水平切削分力 F_f 的作用,会使工件连同工作台和丝杠一起向前窜动,造成进给量突然增大,甚至引起打刀。而逆铣时,F_f 与进给方向相反,铣削过程中工作台丝杠始终压向螺母,不会因为间隙的存在而引起工件窜动。目前,一般铣床上没有消除工作台丝杠与螺母之间间隙的机构,所以在生产中仍多采用逆铣法。另外,加工表面硬度较高的工件(如铸件毛坯表面),也应当采用逆铣法。

3）周铣法与端铣法的比较

① 端铣的加工质量比周铣好。周铣时,同时参加工作的刀齿一般只有 1、2 个,而端铣时同时参加工作的刀齿多,切削力变化小,因此端铣的切削过程比周铣时平稳;端铣刀的刀齿切入和切出工件时,虽然切削厚度较小,但不像周铣时切削厚度变为零,从而改善了刀具后面与工件的摩擦状况,延长了刀具寿命,并可减小表面粗糙度值;端铣时还可以利用修光刀齿修光已加工表面,因此端铣可达到较小的表面粗糙度值。

② 端铣的生产率比周铣高。这是因为端铣刀一般直接安装在铣床的主轴端部,悬伸长度较小,刀具系统的刚性好,而圆柱铣刀安装在细长的刀轴上,刀具系统的刚性远不如端铣刀;同时,端铣刀可以方便地镶装硬质合金刀片,而圆柱铣刀多采用高速钢制造。所以,端铣时可以采用高速铣削,极大地提高了生产

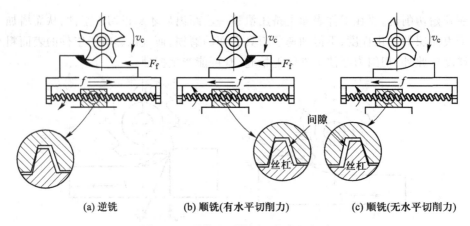

(a) 逆铣　　　　　　(b) 顺铣(有水平切削力)　　　(c) 顺铣(无水平切削力)

图 2-27　逆铣和顺铣时丝杠螺母间隙

率,同时还可以提高已加工表面的质量。

③ 周铣的适应性好于端铣。周铣便于使用各种结构形式的铣刀铣削斜面、成形表面、台阶面、各种沟槽和切断等。

由以上分析可见,端铣的优点较多,所以平面铣削大都使用端铣。

(2) 铣削的工艺特点

铣平面比刨平面有较高的生产率,这是因为铣削时有较多的刀齿参加切削,总的切削面积较刨削时大,而且主运动是连续的旋转运动,有利于采用高速切削。铣刀刀齿散热条件好,在切离工件的一段时间内,可以得到一定的冷却。铣削过程中,铣刀的刀齿切入和切出时产生冲击,同时参加工作的刀齿数的增减以及每个刀齿的切削厚度的变化,都将引起切削面积和切削力的变化,从而使得铣削过程不平稳。铣削过程的不平稳,限制了铣削加工质量和生产率的进一步提高。此外,铣刀的结构较复杂,成本高,所以一般适用于成批、大量生产。

铣平面的尺寸公差等级一般可达 IT9～IT7,表面粗糙度 Ra 为 6.3～1.6 μm,直线度可达 0.12～0.08 mm/m。

4. 拉平面

拉削(broaching)是优质高效的先进加工方法,多用于大批大量生产加工要求较高且面积不太大的平面,当拉削面积较大时,为减小拉削力,也可采用图 2-28 所

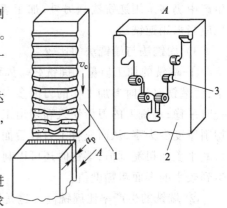

图 2-28　渐进式拉刀拉削平面
1—拉刀;2—工件;3—切屑

示的渐进式拉刀进行加工。平面拉削的工艺特点与拉孔基本相同。

5. 磨平面

磨平面是在平面磨床上对平面进行精加工的方法,常用的平面磨床有卧轴、立轴矩台平面磨床和卧轴、立轴圆台平面磨床,其主运动都是砂轮的高速旋转,进给运动是砂轮、工作台的移动,如图 2-29 所示。平面磨削有周磨和端磨两种基本方式。

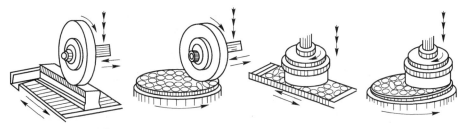

(a) 卧轴矩台平面磨床　　(b) 卧轴圆台平面磨床　　(c) 立轴矩台平面磨床　　(d) 立轴圆台平面磨床

图 2-29　平面磨床及磨削运动

周磨(图 2-29a、b)的特点是利用砂轮的圆周面进行磨削,工件与砂轮的接触面积小,发热少,排屑与冷却情况好,因此加工精度高,但生产率低,在单件小批生产中应用较广。

端磨(图 2-29c、d)的特点是利用砂轮的端面进行磨削,砂轮轴立式安装,因此刚性好,可采用较大的切削用量,而且砂轮与工件的接触面积大,故生产率高。在成批、大量生产时,一般箱体类零件、床身导轨等平面常用端磨。但端磨的精度较周磨差,磨削热较大,切削液进入磨削区较困难,易使工件受热变形,且砂轮磨损不均匀,影响加工精度。

平面磨削常作为刨削或铣削后的精加工,特别适用于磨削淬硬工件,以及具有平行表面的零件(如滚动轴承环、活塞环等)。经磨削两平面间的尺寸公差等级可达 IT6、IT5,表面粗糙度 Ra 为 0.8~0.2 μm。

6. 研磨

研磨是平面的光整加工方法之一,一般在磨削之后进行。研磨平面的研具为带有槽的平板和光滑的平板。前者用于粗研,后者用于精研。研磨时,在平板上涂以适当的研磨剂,工件沿平板的全部表面以 8 字形或直线相结合的运动轨迹进行研磨,目的是使磨料不断在新的方向起研磨作用。

研磨过程中,研磨压力和速度应适当,压力过大,表面粗糙度值则大,甚至会因磨料被压碎而划伤工件表面。一般在研磨小而硬的工件或粗研时,用较大的压力、低的速度,反之则用较小的压力、较高的速度。

研磨后两平面之间的尺寸公差等级可达 IT5~IT3,表面粗糙度 Ra 为 0.1~

0.008 μm。研磨还可以提高平面的形状精度,对于小型平面,研磨还可减小平行度误差。

平面研磨主要用来加工小型精密平板、平尺、块规以及其他精密零件的表面。单件小批生产一般用手工研磨,大批大量生产多用机器研磨。

7. 刮削平面

刮削是利用刮刀刮除工件表面薄层金属的加工方法,常在精刨和精铣的基础上进行,刮削余量一般为 0.05~0.4 mm。刮削时,切削用量小,切削力小,切削热少,故工件变形小。另外,刮削时工件表面多次反复地受到刮刀的推挤和压光作用,不仅使工件表面组织变得紧密,而且表面粗糙度值小(0.8~0.2 μm),平面的直线度可达 0.01 mm/m 或更高。刮削后的表面形成比较均匀的微浅凹坑,可储存润滑油,使滑动配合面减小摩擦,提高工件的耐磨性。刮削方法简单,不需要复杂的设备和工具,但是刮削是手工操作,其生产率低,劳动强度大。

刮削常用于单件小批生产和维修中,刮削未淬硬而要求高的固定连接平面、导轨面及大型精密平板和直尺等。

二、平面加工方案的选择

常用的平面加工方案及其应用如表 2-3 所示,主要根据毛坯种类、精度要求、平面的形状、材料性能和生产规模来选择。

表 2-3　平面的加工方案及其应用

加工方案	经济公差等级(IT)	表面粗糙度 $Ra/\mu m$	适用范围
粗车、粗刨或粗铣	IT11 以上	50~12.5	未淬火钢等材料,低精度平面、非接触平面或为精加工作准备
粗车—半精车—精车	IT9~IT7	1.6~0.8	轴类、套类、盘类等零件未淬硬的、中等精度的端面
粗车—半精车—磨削	IT7~IT6	0.8~0.2	轴类、套类、盘类等零件淬硬的、高精度的端面
粗刨—精刨	IT9~IT7	6.3~1.6	单件小批生产的中等精度的未淬硬平面,或成批生产加工狭长平面

续表

加工方案	经济公差 等级（IT）	表面粗糙度 $Ra/\mu m$	适用范围
粗铣—精铣	IT9～IT7	6.3～1.6	成批生产的中等精度的 未淬硬平面
粗刨（或粗铣）—精刨（或精铣）—磨削	IT7～IT6	0.8～0.2	精度要求较高的淬硬平 面或未淬硬平面
粗刨（或粗铣）—精刨（或精铣）—刮研	IT6～IT5	0.8～0.1	单件小批生产，精度要求 较高的未淬硬平面，或成批 生产加工狭长未淬硬平面
粗铣—拉削	IT8～IT6	0.8～0.2	大量生产，较小的平面
粗铣—精铣—磨削—研磨	5级以下	0.1～0.008	高精度平面

第三节　特形表面的加工

特形表面是指除简单几何表面以外的、但在机械零件上常见的面，如手柄、凸轮成形面、螺纹及齿形等。

一、成形面加工

与其他表面类似，成形面的技术要求也包括尺寸精度、形位精度及表面质量等方面。但是，成形面往往是为了实现特定功能而专门设计的，因此其表面形状的要求是十分重要的。加工时，刀具的切削刃形状和切削运动，应首先满足表面形状的要求。

成形面的加工方法一般有车削、铣削、刨削、拉削和磨削等。这些加工方法可归纳为以下两种基本方式。

1. 用成形刀具加工

用切削刃形状与工件轮廓相符合的刀具，直接加工出成形面。例如用成形车刀车成形面（图2-30，具有回转成形面的零件）、用成形铣刀铣成形面（图1-18k）等。

用成形刀具加工成形面，机床的运动和结构比较简单，操作也简便。但是刀

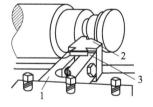

图2-30　成形刀法车成形面
1—刀夹；2—成形刀；3—夹紧部分

具的制造和刃磨比较复杂(特别是成形铣刀和拉刀),成本较高。而且,这种方法的应用受工件成形面尺寸的限制,不宜用于加工刚性差而成形面较宽的工件。

2. 利用刀具和工件作特定的相对运动加工

用靠模装置车成形面(图2-31)就是其中的一种。此外,还可以利用手动、液压仿形装置或数控装置等来控制刀具与工件之间特定的相对运动。

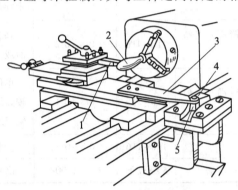

图 2-31　靠模法车成形面
1—车刀;2—工件;3—连接板;4—靠模;5—滑块

利用刀具和工件作特定的相对运动来加工成形面,刀具比较简单,并且加工成形面的尺寸范围较大。但是,机床的运动和结构都较复杂,成本也高。

成形面的加工方法应根据零件的尺寸、形状及生产批量来选择。小型回转体零件上形状不太复杂的成形面,在大批大量生产时,常用成形车刀在自动或半自动车床上加工;批量较小时,可用成形车刀在普通车床上加工。成形的直槽和螺旋槽等,一般可用成形铣刀在万能铣床上加工。尺寸较大的成形面,大批大量生产中,多采用仿形车床或仿形铣床加工;单件小批生产时,可借助样板在普通车床上加工,或者依据划线在铣床或刨床上加工,但这种方法加工的质量和效率较低;为了保证加工质量和提高生产率,在单件小批生产中,可应用数控机床加工成形面。大批大量生产中,为了加工一定的成形面,常常专门设计和制造专用的拉刀或专门化的机床,例如加工凸轮轴上凸轮的凸轮轴车床、凸轮轴磨床等。对于淬硬的成形面,或精度高、表面粗糙度值小的成形面,其精加工则要采用磨削,甚至要用光整加工。

二、螺纹加工

螺纹也是零件上常见的特形表面之一。它有多种形式,按用途不同可分为:

(1) 连接螺纹　主要用于零件间的固定连接,常用的有普通螺纹和管螺纹等,螺纹牙型多为三角形。

（2）传动螺纹　用于传递动力、运动或位移,如丝杠和测微螺杆的螺纹等,其牙型多为梯形或锯齿形。

螺纹和其他类型的表面一样,有一定的尺寸精度、形位精度和表面质量的要求。由于它们的用途和使用要求不同,技术要求也有所不同。对于连接螺纹和无传动精度要求的传动螺纹,一般只要求中径和顶径(外螺纹的大径,内螺纹的小径)的精度。对于有传动精度要求或用于读数的螺纹,除要求中径和顶径的精度外,还要求螺距和牙型角的精度。为了保证传动或读数精度及耐磨性,对螺纹表面的表面粗糙度和硬度等也有较高的要求。

常用的螺纹加工方法有攻螺纹、套螺纹、车螺纹、铣螺纹、磨螺纹和滚压螺纹等。

1. 攻螺纹和套螺纹

用丝锥加工内螺纹称为攻螺纹(tapping),俗称攻丝;用板牙加工外螺纹称为套螺纹(chasing),俗称套丝或套扣。攻螺纹和套螺纹主要用来加工直径较小的三角形螺纹。单件小批生产时,攻螺纹和套螺纹常由钳工在虎钳上进行,有时也在车床或钻床上进行。大批大量生产时,攻螺纹常在攻丝机上进行。

攻螺纹和套螺纹一般只能加工精度要求低的螺纹,常用于加工 M16 以下的普通螺纹,最大一般不超过 M50。

2. 车螺纹

车螺纹(thread turning)是加工螺纹的基本方法,其加工原理是工件每转一转,车刀在进给方向上移动一个导程的距离。车削螺纹可在各类卧式车床或专门的螺纹车床上进行,由于刀具简单,故广泛用于各种精度的未淬硬工件的螺纹加工。车螺纹的最高精度可达 4~6 级,表面粗糙度 Ra 为 3.2~0.8 μm。

螺纹车刀是成形车刀。单齿螺纹车刀的形状如图 2-32,它结构简单,适应性广,可加工各种形状、尺寸及精度的未淬硬工件的内、外螺纹,但生产率低,适用于单件小批生产。当生产批量较大时,常采用螺纹梳刀。螺纹梳刀实际上是多齿成形车刀,常用的形式如图 2-33 所示。这种车刀一次走刀就能加工出全部螺纹,效率高,适用于大批生产细牙螺纹。一般螺纹梳刀加工精度不高,不能加工精密螺纹。

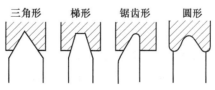

三角形　　梯形　　锯齿形　　圆形

图 2-32　单齿螺纹车刀

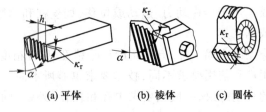

(a) 平体　　　**(b) 棱体**　　　**(c) 圆体**

图 2-33　螺纹梳刀的类型

3. 铣螺纹

铣螺纹(thread milling)比车螺纹生产率高,但螺纹精度低,在成批、大量生产中广泛采用。铣螺纹一般在专门的螺纹铣床上进行。根据所用铣刀的结构不同,铣螺纹可以有以下三种加工方式:

(1) 盘形铣刀铣螺纹　这种方法适合加工大螺距的长螺纹,如丝杠、螺杆等梯形外螺纹和蜗杆等。加工时,铣刀轴线对工件轴线的倾斜角等于螺纹升角,工件转一转,铣刀走一个工件导程,如图 2-34 所示。这种方法加工精度较低,通常作为粗加工,铣后用车削进行精加工。

(2) 梳形铣刀铣螺纹　图 2-35 为梳形铣刀铣螺纹示意图。加工时,工件每转一转,铣刀除旋转外,还沿轴向移动一个导程,工件转 1.25 转,便能切出全部螺纹(最后的 1/4 转主要是修光螺纹)。这种方法生产率高,螺距精度可达 9~8 级,表面粗糙度 Ra 为 3.2~0.63 μm。这种方法适合成批加工一般精度并且长度小而螺距不大的三角形内、外(可加工紧靠轴肩的)螺纹和圆锥螺纹。

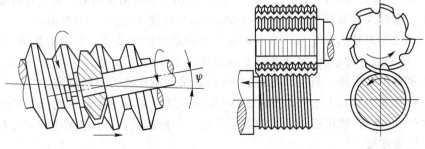

图 2-34　盘形铣刀铣螺纹　　　　　图 2-35　梳形铣刀铣螺纹

(3) 旋风铣刀铣螺纹　这是利用装在特殊旋转刀盘上的多把硬质合金刀头(一般为 1~4 把)或梳刀,从工件上高速铣出螺纹的方法,如图 2-36 所示。铣削时,铣刀盘作高速旋转(17~50 r/s),并沿工件轴线移动;工件则缓慢地转动(0.05~0.5 r/s),工件每转一转,旋风刀盘纵向移动一个导程。刀盘安装时,其轴线倾斜于工件的轴线一个螺纹升角 ψ,刀盘中心与工件的回转中心有一个偏心距 e(等于螺纹牙深加 2~4 mm),因此切削刃只在其圆弧轨迹的 1/3~1/6 圆弧上与工件接触,呈断续切削,刀头散热条件好。旋风铣生产率高,一般比盘形铣刀铣螺纹高 2~8 倍。

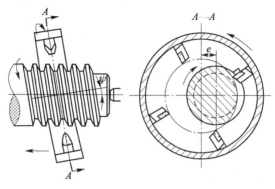

图 2-36　旋风铣刀铣外螺纹

旋风铣可以在专用的旋风铣床上进行,也可以在改装后的车床上进行,主要用于加工长度大、不淬硬的外螺纹,如丝杠、螺旋送料杆、大模数蜗杆、注塑机螺杆等长工件(直径一般为 $\phi20 \sim \phi200$ mm);也可加工大直径($\phi32$ mm 以上)的内螺纹(图2-37),如滚珠丝杠螺母、梯形丝杠螺母、环形槽等;尤其适合加工无退刀槽、有长键槽和平面的螺纹件。旋风铣加工丝杠的精度可达 9~7 级,表面粗糙度 Ra 为 3.2~0.63 μm。

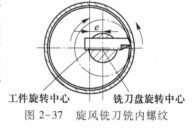

图 2-37　旋风铣刀铣内螺纹

4. 磨螺纹

磨螺纹(thread grinding)是高精度的螺纹加工方法,常用于淬硬螺纹的精加工,如精密螺杆、丝锥、滚丝轮、螺纹量规等。磨螺纹一般在螺纹磨床上进行。磨前需用车、铣等方法粗加工;对小尺寸的精密螺纹,也可不经粗加工直接磨出。按所用砂轮的截面形状,磨削螺纹有单片砂轮磨削和多线砂轮磨削两种方式,如图 2-38 所示。

单片砂轮磨削时,砂轮的轴线必须相对于工件轴线倾斜一个螺纹升角 ψ(图 2-38a),砂轮在螺纹轴向截面上的形状必须与牙槽相吻合,以获得正确的螺纹牙型。工件安装在螺纹磨床的前、后顶尖之间,工件每转一转,同时沿轴向移动一个导程;砂轮高速旋转的同时,周期性地进行横向进给,经一次或多次行程完成加工。这种方法适用于不同齿形、不同长径比的螺纹工件,机床调整和砂轮修整比较方便,并且背向力小,工件散热条件好,加工精度高,一般可达 6~5 级,加工梯形螺纹丝杠甚至可达 3 级精度,表面粗糙度 Ra 为 0.4~0.2 μm。适用于加工各种精密螺纹和滚珠丝杠副。

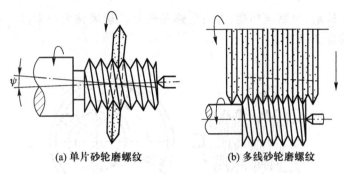

(a) 单片砂轮磨螺纹　　　　　(b) 多线砂轮磨螺纹

图 2-38　磨螺纹的方法

多线砂轮磨削时(图 2-38b),选用缓慢的工件转速和较大的横向进给,经过一次或数次行程即可完成加工。此种磨削方法生产率高,但加工精度低,砂轮修整复杂,适用于成批生产简单牙型、较低精度、刚性好的短螺纹。

5. 滚压螺纹

这种方法是在室温下,用压力使工件表面产生塑性变形而形成螺纹的一种无切屑加工方法。

(1) 搓板滚压

搓板滚压的原理见图 2-39。两块搓板都带有螺纹齿形,其截面形状与待搓螺纹牙型相符,上搓板为动板,下搓板固定不动为静板,动板作平行于静板的往复直线运动。工件在两板之间被挤压和滚动,当动板移动时,坯料表面便被挤压出螺纹。

(2) 滚子滚压

如图 2-40 所示,工件放在两个带有螺纹齿形的滚轮之间的支承板上,两滚轮等速转动,其中一轮轴心固定,另一轮作径向进给运动,工件在滚轮摩擦力带动下旋转,表面受径向挤压而形成螺纹。

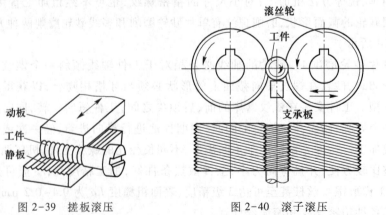

图 2-39　搓板滚压　　　　　　　　图 2-40　滚子滚压

以上两种滚压螺纹的方法中,滚子滚压的生产率低于搓板滚压,但精度高于搓板滚压。前者加工的螺纹精度一般可达 7~4 级,表面粗糙度 Ra 为 0.63~0.16 μm;后者加工的螺纹精度一般为 8~6 级,表面粗糙度 Ra 为 1.25~0.32 μm。这是因为滚丝轮热处理后可在螺纹磨床上精磨,而搓丝板热处理后精加工困难。搓板滚压可加工直径为 $\phi3~\phi24$ mm、螺纹长度小于 120 mm 的螺钉、双头螺栓、木螺钉、自攻螺钉等,滚子滚压适用于直径为 $\phi3~\phi80$ mm、螺纹长度小于 120 mm 的双头螺栓、螺钉、锥形螺纹、蜗杆、丝锥等的加工。

滚压螺纹与切削螺纹相比,主要优点是:① 提高了螺纹的强度。切削加工的螺纹纤维组织是被割断的,而滚压螺纹的纤维组织是连续的,从而提高了其剪切强度;螺纹滚压后,由于表面变形强化及表面粗糙度值降低,还可提高螺纹的疲劳强度。② 滚压螺纹比切削螺纹的生产率高。

6. 螺纹加工方法的选择

选择螺纹的加工方法时,要考虑的因素主要有工件形状、螺纹牙型、螺纹的尺寸和精度、工件材料、热处理以及生产类型等,详见表 2-4,供选用时参考。

表 2-4　螺纹的加工方法及应用

加工方法		加工精度[*]	表面粗糙度 Ra/μm	应用范围
攻螺纹		7-6	6.3~1.6	适用于各种批量生产中,加工各类零件上的螺孔,直径小于 M16 的常用手动加工,大于 M16 或大批大量生产用机动加工
套螺纹		9-8	6.3~1.6	适用于各种批量生产中,加工各类零件上的外螺纹
车削螺纹		8-4	3.2~0.4	适用于单件小批生产中,加工轴、盘、套类零件与轴线同心的内外螺纹以及传动丝杠和蜗杆等
铣削螺纹		9-6	6.3~3.2	适用于大批大量生产中,传动丝杠和蜗杆的粗加工和半精加工,亦可加工普通螺纹
滚压螺纹	搓丝	8-6	1.25~0.32	适用于大批大量生产中,加工塑性材料的外螺纹,亦可加工传动丝杠
	滚丝	7-4	0.63~0.16	
磨削螺纹		6-3	0.4~0.2	适用于各种批量的高精度、淬硬或不淬硬的外螺纹及直径大于 30 mm 的内螺纹

* 系指螺纹中径的精度等级(GB/T 197—2018)。

三、齿形加工

1. 概述

齿轮(gears)是机械传动中传递运动和动力的重要零件。齿轮的结构形式多样,应用广泛,常见齿轮传动类型如图 2-41 所示。其中直齿齿轮传动、斜齿齿轮传动和人字齿轮传动用于平行轴之间,螺旋齿轮传动和蜗轮与蜗杆的传动常用于两交错轴之间,内齿轮传动可实现平行轴之间的同向转动,齿轮与齿条传动可实现旋转运动和直线运动的转换,直齿锥齿轮传动用于相交轴之间的传动。在这些齿轮传动中,直齿圆柱齿轮是最基本的,应用也最为广泛。

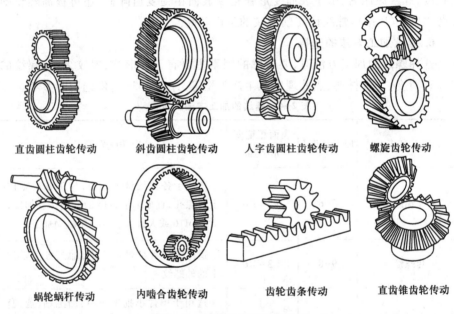

直齿圆柱齿轮传动　　斜齿圆柱齿轮传动　　人字齿圆柱齿轮传动　　螺旋齿轮传动

蜗轮蜗杆传动　　内啮合齿轮传动　　齿轮齿条传动　　直齿锥齿轮传动

图 2-41　常见齿轮传动的类型

为了保证齿轮传动的运动精确,工作平稳可靠,必须选择合适的齿形轮廓曲线。目前齿轮齿形轮廓曲线有渐开线、摆线和圆弧线型等,其中因渐开线型齿形的齿轮具有加工、安装方便,强度高,传动平稳等优点,所以应用最广。

(1) 直齿圆柱齿轮的基本参数

模数和压力角是直齿圆柱齿轮的两个基本参数。

1) 模数

如图 2-42 所示,在标准渐开线齿轮中,齿厚 s 与槽宽 e 相等的圆称为分度

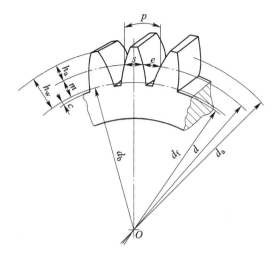

图 2-42　直齿圆柱齿轮的主要尺寸

圆,其直径以 d 表示。在分度圆上相邻两齿对应点之间的弧长称为齿距,以 p 表示。

当齿轮的齿数为 z 时,分度圆直径 d 和齿距 p 有以下关系:

$$\pi d = pz$$

或

$$d = \frac{p}{\pi} z$$

由于式中含有无理数 π,为了在计算中使齿轮各部分尺寸为整数或简单小数,令

$$\frac{p}{\pi} = m$$

则

$$d = mz$$

式中的 m 称为模数。模数 m 在设计中是齿轮尺寸计算和强度计算的一个基本参数,在制造中是选择刀具的基本依据之一。模数 m 的数值已标准化,设计齿轮时根据齿轮强度计算出的模数值应进行圆整,然后选取标准模数(机械手册)。一般机械中常用的模数有 1、1.25、1.5、2、2.5、3、4 等。

2)压力角

如图 2-43 所示,渐开线齿形上任意一点 K 的法向力 F 和速度 v_K 之间的夹角称为 K 点的压力角 α_K。由图可知:$F \perp \overline{OG}$,$v_K \perp \overline{OK}$,故

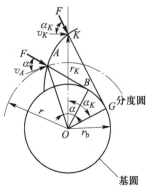

图 2-43　渐开线的压力角

$$\alpha_K = \angle KOG$$

$$\cos \alpha_K = \frac{r_\mathrm{b}}{r_K}$$

同理，齿形在分度圆上 A 点的压力角 $\alpha = \angle AOB$，

则
$$\cos \alpha = \frac{r_\mathrm{b}}{r}$$

式中：r_K、r——渐开线上 K 点及 A 点的向径；

$\quad\;\; r_\mathrm{b}$——产生渐开线的基圆半径。

由上可知，渐开线上各点的压力角不等。基圆上压力角为零，齿顶圆上的压力角最大。分度圆上 A 点的压力角为刀具齿形角，称为标准压力角，常取 $\alpha = 20°$。

渐开线齿轮正确啮合的条件是两齿轮的模数 m 和压力角 α 应分别相等。齿形加工时，刀具的模数 m 和压力角 α 必须与被加工齿轮一致。

（2）齿轮传动的精度等级及其选择

国家标准 GB/T 10095.1—2008 规定，齿轮及齿轮副分为 13 个精度等级，精度由高至低依次为 0、1、…、12 级。其中 0、1 级为远景级，目前尚难以制出。6、7、8 级为中等精度级，7 级精度为实际生产中普遍应用的基本级。9、10、11、12 级为低级精度。根据对传动性能影响的情况，标准将每个精度等级中的各项公差分为三个组别：第 Ⅰ 公差组影响传递运动的准确性，第 Ⅱ 公差组影响传动的平稳性、噪声、振动，第 Ⅲ 公差组影响载荷分布的均匀性。

齿轮的精度等级应根据传动的用途、使用条件、传动功率、圆周速度等条件选择。例如分度机构、控制系统中的齿轮传动，其传递运动的准确性要求高一些；机床和汽车等的变速箱中速度较高的传动齿轮，主要要求传动的平稳性；受力大的一些重型机械中的齿轮传动，对载荷分布的均匀性则有较高要求。常用传动齿轮精度等级选择范围见表 2-5。

表 2-5　传动齿轮精度等级选择示例

机械产品	使用条件		传动性能主要要求	精度等级
减速器	圆周速度	$v \leqslant 12$ m/s	载荷分布的均匀性	887[1]
		$v > 12 \sim 18$ m/s		877
汽车	载重车、越野车变速箱的齿轮		传动的平稳性	877
	小轿车变速箱的齿轮			766

续表

机械产品	使用条件		传动性能主要要求	精度等级
车床、钻床、镗床、铣床的变速箱的齿轮	直齿齿轮	斜齿齿轮	传动的平稳性	877
	$v<3$ m/s	$v<5$ m/s		
	$v=3\sim15$ m/s	$v=5\sim30$ m/s		766
	$v>15$ m/s	$v>30$ m/s		655
卧式车床	进给系统齿轮		传递运动的准确性	778 或 7
精密车床				677 或 6
运输机械	一般传动齿轮		载荷分布的均匀性	988 或 8
农业机械	传动齿轮		载荷分布的均匀性	9

① 表示第Ⅰ、Ⅱ、Ⅲ公差组的精度等级分别为8、8、7。

2. 齿轮齿形的加工方法

齿轮加工一般分为齿坯加工和齿形加工两个阶段。齿坯加工主要是孔、外圆和端面的加工，是齿形加工时的基准，所以要有一定的精度和表面质量。而齿形加工是齿轮加工的核心和关键。目前制造齿轮主要是用切削加工，也可以用铸造、精锻、碾压（热轧、冷轧）和粉末冶金等方法。这些方法具有生产率高、材料损耗少和成本低等优点，但精度低、表面粗糙，所以尚未被广泛采用。

用切削加工的方法加工齿轮齿形，按加工原理可分为两类：

（1）成形法　切削刃形状与被切齿形相同，齿形由切削刃直接切出的方法，如铣齿、成形法磨齿等。

（2）展成法　齿轮刀具与被切齿轮作相对啮合运动时，齿形由刀具切削刃包络而成的方法，如插齿、滚齿和剃齿等。

3. 铣齿

（1）铣齿的方法

铣齿（gear milling）是用成形铣刀在万能卧式铣床上进行的（图2-44）。铣刀（$m<10\sim16$ mm 时，可用盘状铣刀；$m>10$ mm 时，可用指状铣刀）装在刀杆上旋转作主运动，工件紧固在心轴上，心轴安装在分度头和尾座顶尖之间，工作台带动工件作直线进给运动。每铣完一个齿槽，工件退回，用分度头对工件进行分度，然后再铣下一个齿槽，直至加工出整个齿轮。

（2）铣齿的工艺特点

1）成本较低　齿轮铣刀与其他齿轮刀具相比结构简单，在普通的铣床上即可完成铣齿工作，所以铣齿的设备和刀具的费用较低。

2）生产率低　铣齿过程不是连续的，每铣一个齿，都要重复消耗切入、切

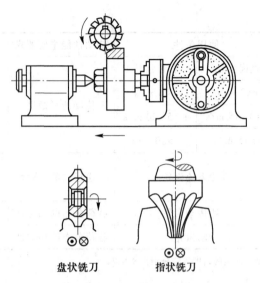

盘状铣刀　　　　指状铣刀

图 2-44　铣直齿圆柱齿轮示意图

出、退刀和分度的时间。

3) 加工精度低　铣削齿形的精度主要取决于模数铣刀的设计、制造精度和分度机构的准确性,因为铣齿时必须选用模数、压力角与被加工齿轮的模数、压力角相同的铣刀。由渐开线的形成原理可知,渐开线的形状和它的基圆大小有关,而基圆的大小又主要取决于齿轮的模数和齿数。所以,当齿轮的模数相同而齿数不同时,其渐开线的齿形是不一样的。为了获得准确的渐开线齿形,应该对同一模数的每种齿数的齿轮都准备一把专用的成形铣刀,但使用这么多的铣刀既不方便也不经济。实际生产中,把同一模数的齿轮按齿数划分成若干组,同一组只用一个刀号的铣刀加工。表 2-6 为分成 8 组时,各号铣刀加工的齿数范围。为了保证铣出的齿轮在啮合时不致卡住,各号铣刀的齿形是按该号范围内最小齿数齿轮的齿槽轮廓制作的。由此,各号铣刀加工范围内的齿轮除齿数最小的以外,其他齿数的齿轮只能获得近似的齿形,产生齿形误差。另外铣床所用分度头是通用附件,分度精度不高。所以,铣齿的加工精度较低。铣齿的加工精度为 9 级或 9 级以下,齿面粗糙度 Ra 为 6.3 ~ 3.2 μm。

表 2-6　齿轮铣刀的刀号及其适用的齿数范围

刀号	1	2	3	4	5	6	7	8
加工的齿数范围	12 ~ 13	14 ~ 16	17 ~ 20	21 ~ 25	26 ~ 34	35 ~ 54	55 ~ 134	135 以上

铣齿不但可以加工直齿、斜齿和人字齿圆柱齿轮,还可以加工齿条、锥齿轮及蜗轮等。但由于有以上工艺特点,它仅适用于单件小批生产或维修工作中加

工精度不高的低速齿轮。

4. 滚齿

（1）滚齿的原理和切削运动

滚齿（gear hobbing）是利用齿轮滚刀在滚齿机上加工齿轮的轮齿,其滚切原理是刀具和工件的运动相当于一对交错轴螺旋齿轮的啮合（图2-45a、b）。滚刀实际上是一个齿数为 1 而螺旋角很大（近 90°）的螺旋齿圆柱齿轮,此齿轮就相当于渐开线蜗杆。这个蜗杆用高速钢制造,并在垂直于螺旋线方向开出多条沟槽（即容屑槽）,从而形成多排刀齿,在铲背并刃磨后,蜗杆就变成了齿轮滚刀（图2-45d）。使滚刀与齿轮坯间保持正确的相对运动时,滚刀参与切削的刀齿运动轨迹的包络线就形成了齿轮的渐开线齿形（图 2-45c）。随着滚刀的垂直进给,即可滚切出所需的齿形。

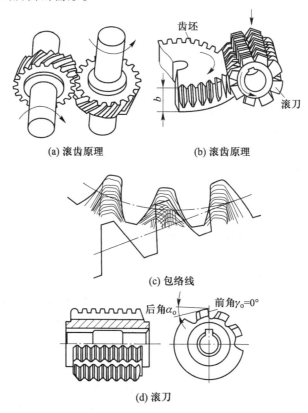

(a) 滚齿原理　　　　　(b) 滚齿原理

(c) 包络线

(d) 滚刀

图 2-45　滚齿原理

滚切齿轮的切削运动:

主运动　滚刀的旋转运动,用转速 n_0（r/min）表示。

分齿运动　滚刀与齿坯之间强制保持一对斜齿轮啮合运动关系的运动,即

$$n_w / n_o = z_o / z_w$$

式中:n_o、n_w——滚刀和被切齿坯的转速(r/min);

　　z_o、z_w——滚刀与被切齿轮的齿数。

分齿运动由滚齿机的传动系统来实现,齿坯的分度是连续的。

垂直进给运动　为切出整个齿宽,滚刀需要沿工件的轴向作进给移动,即为垂直进给运动。齿坯每转一转或每分钟滚刀沿齿坯轴向移动的距离(mm/r 或 mm/min),称为垂直进给量。

(2)滚齿的工艺特点及应用

滚齿与铣齿比较有以下特点:

1)滚刀的通用性好　一把滚刀可以加工与其模数、压力角相同而齿数不同的齿轮。

2)齿形精度及分度精度高　滚齿的精度一般可达 8~7 级,精密滚齿可以达到 6 级精度,表面粗糙度 Ra 为 3.2~1.6μm。

3)生产率高　滚齿的整个切削过程是连续的。

4)设备和刀具费用高　滚齿机为专用齿轮加工机床,其调整费时。滚刀较齿轮铣刀的制造、刃磨要困难。

滚齿应用范围较广,可加工直齿、斜齿圆柱齿轮和蜗轮等,但不能加工内齿轮和相距太近的多联齿轮。

5. 插齿

(1)插齿的原理和切削运动

插齿(gear shaping)是在插齿机上用插齿刀加工齿形的过程。其原理是刀具和工件的运动相当于一对圆柱齿轮传动,如图 2-46 所示。插齿刀实际上是一个用高速钢制造并磨出切削刃的齿轮。强制插齿刀与齿坯间啮合运动的同时,使插齿刀作上下往复运动,即可在工件上加工出轮齿来。其刀齿侧面运动轨迹所形成的包络线,即为被切齿轮的渐开线齿形(图 2-47)。完成插齿所需要的切削运动如图 2-46 所示。

主运动　插齿刀的上下往复直线运动。向下为切削行程,向上的返回行程是空行程。主运动以每分钟往复行程次数(str/min)表示。

分齿运动　插齿刀和齿坯之间被强制的啮合运动,也称为展成运动。保持一对传动齿轮的速比关系,即

$$n_w / n_o = z_o / z_w$$

式中:n_o、n_w——插齿刀和齿坯的转速;

　　z_o、z_w——插齿刀和被切齿轮的齿数。

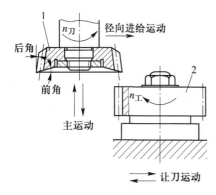

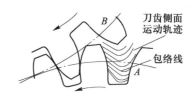

图 2-46 插齿原理

1—插齿刀;2—齿坯

图 2-47 插齿时渐开线齿形的形成

A—被切齿轮;B—插齿刀

径向进给运动 插齿刀逐渐向工件中心移动的运动,以切出全齿高。插齿刀每往复一次径向移动的距离,称为径向进给量(mm/str)。当进给到要求的深度时,径向运动停止,分齿运动继续进行,直到加工完成。

让刀运动 为了避免插齿刀在返回行程中刀齿的后面与工件的齿面发生摩擦,插齿刀返回时,齿坯沿径向让开一段距离;当切削行程开始前,齿坯恢复原位,这种运动即为让刀运动。

(2)插齿的工艺特点及应用

1)齿面粗糙度值小。插齿时,插齿刀沿齿宽连续地切下切屑,而在滚齿和铣齿时,轮齿齿宽由刀具多次断续切削而成。并且在插齿的过程中,包络齿形的切线数量比较多,所以插齿的齿面粗糙度值小,Ra 一般可达 1.6 μm。

2)插齿和滚齿的精度相当,且都比铣齿高。一般条件下,插齿和滚齿能保证 8~7 级精度,若采用精密插齿或滚齿,可以达到 6 级精度。

3)插齿和滚齿同属于展成法加工,所以选择刀具时只要求刀具的模数和压力角与被切齿轮一致,与齿数无关(最少齿数 $z \geq 17$)。

4)插齿的生产率低于滚齿而高于铣齿。因为滚齿为连续切削,插齿不仅有返回空行程,而且插齿刀的往复运动使切削速度的提高受到限制。所以,滚齿的切削速度高于插齿。由于插齿和滚齿的分齿运动是在切削过程中连续进行的,省去了铣齿那样的单独分度时间,所以插齿和滚齿的生产率都高于铣齿。

插齿多用于加工滚齿难以加工的内齿轮、多联齿轮、带台阶齿轮、扇形齿轮、齿条及人字齿轮、端面齿盘等,但不能加工蜗轮。

6. 齿形精加工

滚齿和插齿一般加工中等精度的(8~7 级)的齿轮。对于精度 7 级以上、表面粗糙度 Ra 小于 0.8 μm 或齿面需要淬火的齿轮,滚、插齿以后还需进行精加工。常用的齿形精加工的方法有剃齿、珩齿、磨齿。

（1）剃齿

剃齿（gear shaving）是利用一对交错轴斜齿轮啮合原理，在剃齿机上"自由啮合"的展成加工方法。

剃齿刀的形状（图 2-48a）类似于一个斜齿圆柱齿轮，每一个齿的两侧沿渐开线方向开有许多小槽，以形成切削刃，材料一般为高速钢。在与已经滚齿或插齿的齿轮啮合过程中，剃齿刀齿面上的许多切削刃从工件齿面上剃下细丝状的切屑，以提高齿形精度和减小表面粗糙度值。

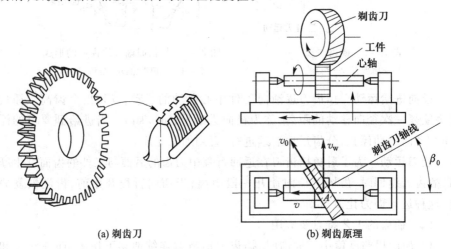

（a）剃齿刀　　　　　（b）剃齿原理

图 2-48　剃齿刀与剃齿原理

剃削直齿圆柱齿轮的原理和方法如图 2-48b 所示。工件用心轴装在机床工作台的两顶尖之间，可以自由转动；剃齿刀装在机床主轴上并带动工件时而正转，时而反转，正转时剃削轮齿的一个侧面，反转时剃削轮齿的另一个侧面。由于剃齿刀是具有螺旋角 β_0 的斜齿轮，因此要使剃齿刀与工件啮合，必须使剃齿刀轴线与工件轴线间的夹角为 β_0。此时，剃齿刀在啮合点 A 的圆周速度 v_0 可分解为沿工件圆周切线方向的分速度 v_w 和沿工件轴线方向的分速度 v。v_w 使工件旋转，v 为剃削速度，它使齿面间产生相对滑动。正是这种相对滑动，使剃齿刀从工件上切下发丝状的极细切屑，从而提高齿形精度和降低表面粗糙度值。

为了剃去全部余量，工作台在每往复行程终了时，剃齿刀需作径向进给运动。进给量一般为 0.02~0.04 mm/str。

剃齿主要用来对未淬火（35HRC 以下）的直、斜齿圆柱齿轮进行精加工，剃齿的精度取决于剃齿刀的精度。剃齿精度可达 7~6 级，齿面粗糙度 Ra 为 0.8~0.2 μm。剃齿生产率高，一般 2~4 min 便可加工好一个齿轮。剃齿机结构简单,操作方便,也可把铣床等设备改装成剃齿机使用。剃齿是目前广泛采用的齿形精加工的方法之一。但由于剃齿刀制造较困难,剃齿也不便于加工双联或多联齿轮的小齿轮等,使剃齿的应用受到一定限制。剃齿主要用于调质齿轮的精加工和淬硬齿轮淬火前的精加工。

剃齿通常用于大批大量生产中的齿轮齿形精加工,在汽车、拖拉机及机床制造等行业中应用很广泛。

（2）珩齿

珩齿（gear honing）是用珩磨轮在珩齿机上进行齿形精加工的方法,其原理和方法与剃齿相同。

珩磨轮是将金刚砂或白刚玉磨料与环氧树脂等材料合成后浇铸或热压在钢制轮坯上的斜齿轮（图 2-49）。珩齿时,珩磨轮高速旋转（1 000～2 000 r/min）,同时沿齿向和渐开线方向产生滑动进行切削,珩齿过程具有剃削、磨削和抛光的精加工的综合作用,刀痕复杂、细密。

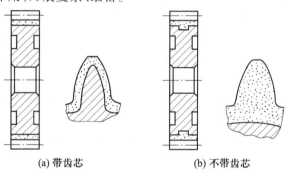

(a) 带齿芯　　　　　　(b) 不带齿芯

图 2-49　珩磨轮

珩齿适用于消除淬火后的氧化皮和轻微磕碰而产生的齿面毛刺与压痕,可有效地降低表面粗糙度值和齿轮噪声,对齿形精度改善不大。珩齿后的表面粗糙度 Ra 为 0.4～0.2 μm。

因珩齿余量很小（0.01～0.02 mm）,且多为一次切除,生产率很高,一般珩磨一个齿轮只需 1 min 左右。

（3）磨齿

磨齿（gear grinding）是用砂轮在磨齿机上对齿轮进行精加工的方法。按磨齿原理的不同,可分为成形法磨齿和展成法磨齿。

1）成形法磨齿　如图 2-50 所示,成形法磨齿与成形法铣齿的原理相同。将砂轮靠外圆处的两侧修整成与工件齿间相吻合的形状,对已切削过的齿间进行

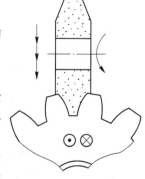

图 2-50　成形法磨齿

磨削。每磨完一齿后进行分度,再磨下一个齿。这种方法的生产率较高,较展成法磨齿高近10倍。另外,成形法磨齿可在花键磨床或工具磨床上进行,设备费用较低。但砂轮修整较复杂,且也存在一定的误差。在磨齿过程中受砂轮磨损不均以及机床的分度误差的影响,它的加工精度只能达到6级。

2)展成法磨齿　生产中常用的展成法磨齿有锥形砂轮磨齿和双碟形砂轮磨齿。

锥形砂轮磨齿　是把砂轮修整成锥形,以构成假想齿条的齿形(图2-51)。其原理是使砂轮与被磨齿轮强制保持齿条和齿轮的啮合关系,且使被磨齿轮沿假想的固定齿条作往复纯滚动的运动,边转动,边移动,砂轮的磨削部分即可包络出渐开线齿形。磨削时,砂轮作高速旋转,同时沿工件轴向作往复直线运动,以便磨出全齿宽。分别磨除齿槽的1、2两个侧面,每磨完一个齿槽,砂轮自动退离工件,工件自动进行分度。

双碟形砂轮磨齿　磨削原理与锥形砂轮磨齿相同。如图2-52所示,两个碟形砂轮倾斜一定角度,其端面构成假想齿条两个(或一个)齿的两个齿面,同时对两个齿槽的侧面1和侧面2进行磨削。工作时,两个砂轮同时磨一个齿间的两个面或两个不同齿间的左、右齿面。此外,为了磨出全齿宽,被磨齿轮需沿齿向作往复直线运动。

展成法磨齿的齿面是由齿根至齿顶逐渐磨出,不像成形法磨齿一次成形,故生产率低于成形法磨齿。但加工精度一般可达4级,表面粗糙度 Ra 为 $0.4 \sim 0.2\ \mu m$。所以,实际生产中它是齿面要求淬火的高精度齿轮常采用的一种加工方法。

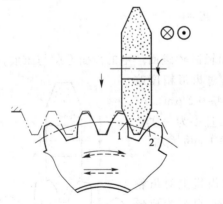 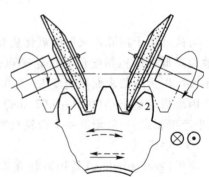

图2-51　锥形砂轮磨齿　　　　　图2-52　双碟形砂轮磨齿

7. 圆柱齿轮齿形加工方案的选择

齿形加工方法的选择,主要取决于齿轮精度、齿轮结构、热处理情况、生产批量及工厂的具体生产条件。常用的齿形加工方案见表2-7。

表 2-7 齿形加工方案及应用

齿形加工方案	精度等级	齿面粗糙度 $Ra/\mu m$	适 用 范 围
铣齿	9级以下	6.3~3.2	单件小批、修配低速机械中的传动齿轮
滚齿	8~7	3.2~1.6	各种批量生产中的直齿和螺旋齿轮及蜗轮
插齿		1.6	各种批量生产的直齿轮、内齿轮和双联齿轮,大批量小型齿条
滚(或插)齿—淬火—珩齿		0.8~0.4	各种批量生产的表面淬火的齿轮
滚齿—剃齿	7~6	0.8~0.4	各种批量生产的不淬火齿轮的精加工
滚齿—剃齿—淬火—珩齿		0.4~0.2	各种批量生产的淬火齿轮的精加工
滚(插)齿—磨齿	6~3	0.4~0.2	生产率低,加工成本高,主要用于淬硬后的高精度齿轮的精加工
滚(插)齿—淬火—磨齿			

复习思考题

1. 加工要求精度高、表面粗糙度值小的紫铜或铝合金轴外圆时,应选用哪种加工方法,为什么?

2. 外圆的粗车、半精车和精车,其作用、加工质量和技术措施有何不同?

3. 外圆磨削前为什么只进行粗车和半精车而不需要精车?

4. 磨削为什么能达到较高的精度和较小的表面粗糙度值?

5. 无心磨的导轮轴线为什么要与工作砂轮轴线斜交 α 角? 导轮周面的母线为什么是双曲线? 工件的纵向进给速度如何调整?

6. 研磨与超精加工的加工原理、工艺特点和应用场合有哪些不同?

7. 试确定下列零件外圆面的加工方案:

1) 紫铜小轴,ϕ20h7,Ra0.8 μm; 2) 45 钢轴,ϕ50h6,Ra0.2 μm。

8. 加工相同材料、尺寸、精度和表面粗糙度值的外圆面和孔,哪一个更困难些,为什么?

9. 在车床上钻孔和在钻床上钻孔产生的"引偏",对所加工的孔有何不同影响? 在随后的精加工中,哪一种比较容易纠正,为什么?

10. 扩孔、铰孔为什么能达到较高的精度和较小的表面粗糙度值?

11. 镗床镗孔与车床镗孔有何不同? 各适合于什么场合?

12. 拉孔为什么无需精确的预加工? 拉削能否保持孔与外圆的同轴度要求?

13. 内圆磨削的精度和生产率为什么低于外圆磨削,表面粗糙度值为什么也略大于外圆磨削？

14. 珩磨时,珩磨头与机床主轴为何要作浮动连接? 珩磨能否提高孔与其他表面之间的位置精度?

15. 对下列零件上的孔,选用比较合理的加工方案:

1) 单件小批生产中,铸铁齿轮上的孔,ϕ20H7,Ra1.6 μm。

2) 大批大量生产中,铸铁齿轮上的孔,ϕ50H7,Ra0.8 μm。

3) 变速箱体(铸铁)上传动轴的轴承孔,ϕ62J7,Ra0.8μm。

4) 高速钢三面刃铣刀上的孔,ϕ27H6,Ra0.2 μm。

16. 牛头刨床和龙门刨床的应用有何区别? 工件常用的装夹方法分别有哪些?

17. 为什么刨削、铣削只能得到中等精度的表面?

18. 插削适合于加工什么表面?

19. 用周铣法铣平面,从理论上分析,顺铣比逆铣有哪些优点? 实际生产中,目前多采用哪种铣削方式,为什么?

20. 试述下列零件上平面的加工方案:

1) 单件小批生产中,机座(铸铁)的底面:500 mm×300 mm,Ra3.2 μm。

2) 成批生产中,铣床工作台(铸铁)台面:1 250 mm×300 mm,Ra1.6 μm。

3) 大批大量生产中,发动机连杆(45 调质钢, 217~255 HBW)侧面:25 mm×10 mm,Ra3.2 μm。

21. 为什么车螺纹时必须用丝杠走刀?

22. 为什么标准件厂生产螺纹一般都用滚压法?

23. 旋风铣螺纹适合于何种零件?

24. 下列零件上的螺纹应采用哪种方法加工,为什么?

1) 10 000 件标准六角螺母,M10-7H。

2) 100 000 件十字头沉头螺钉,M8×30-8h,材料为 Q235A。

3) 30 件传动轴轴端的紧定螺钉,M20×1-6h。

4) 500 根车床丝杠螺纹的粗加工,螺纹为 T32×6。

25. 成形面的加工一般有哪几种方式,各有何特点?

26. 试述成形法和展成法的齿形加工原理的区别。

27. 为什么插齿和滚齿的加工精度和生产率比铣齿高? 滚齿和插齿的加工质量有什么差别?

28. 哪种磨齿方法生产率高,哪一种的加工质量好,为什么?

第三章 机械加工工艺过程的基本知识

本章学习指南

　　本章介绍了机械加工工艺过程基本概念、工件的安装和夹具、零件加工的工艺规程制定及零件的切削结构工艺性。本章内容实践性、直观性很强，是学生在完成工程训练实践环节基础上的理论提升。授课采用多媒体教学，学生学习要理论联系实际，多作练习，以取得良好的教学效果。学习本章内容时，可参阅一些其他参考文献，如邓文英等主编的《金属工艺学》（下册）（第六版）、傅水根主编的《机械制造工艺基础》及相关机械制造方面的教材和期刊。

　　在实际生产中，由于零件的生产类型、材料、结构、形状、尺寸和技术要求不同，一个零件往往不是单独在一种机床上、用某一种加工方法就能完成的，而是要经过一定的工艺过程才能完成其加工。

　　在对具体零件加工时可以采用不同的工艺方案进行。虽然这些方案都可能加工出合格零件，但从生产效率和经济效益来看，应该选择切实可行并且加工容易的最合理的加工方法。为了正确地进行机器零件的加工，不仅需要选择组成零件的每一个表面的加工方法及其所用的机床，而且需要合理地选择定位基准和安排各表面的加工顺序，即合理地制定零件的切削加工工艺过程，以确保零件加工质量、提高生产率和降低成本。

第一节　基　本　概　念

一、生产过程和工艺过程

　　通常将原材料制成各种零件并装配成机器的全过程称为生产过程。其中包括原材料的运输、保管、生产准备、制造毛坯、切削加工、装配、检验及试车、油漆和包装等。

　　在生产过程中，直接改变生产对象的形状、尺寸、表面质量、性质及相对位置等，使其成为成品或半成品的过程，称为工艺过程。如毛坯的制造（包括铸造工艺、锻压工艺、焊接工艺等)、机械加工、热处理和装配等。工艺过程是生产过程的核心组成部分。

采用机械加工的方法按一定顺序直接改变毛坯的形状、尺寸及表面质量,使其成为合格零件的工艺过程,称为机械加工工艺过程。它是生产过程的重要内容。

二、机械加工工艺过程的组成

零件的机械加工工艺过程由许多工序组合而成,每个工序又可分为若干个安装、工位、工步和走刀。

(1) 工序　工序是机械加工工艺过程的基本单元,是指由一个或一组工人在同一台机床或同一个工作地,对一个或同时对几个工件所连续完成的那一部分工艺过程。工作地、工人、工件与连续作业构成了工序的四个要素,若其中任一要素发生变更,则构成了另一道工序。一个工艺过程需要包括哪些工序,是由被加工零件的结构复杂程度、加工精度要求及生产类型所决定的。如图 3-1 所示的阶梯轴,因不同的生产批量,就有不同的工艺过程及工序,如表 3-1 与表 3-2 所列。

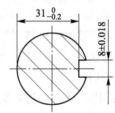

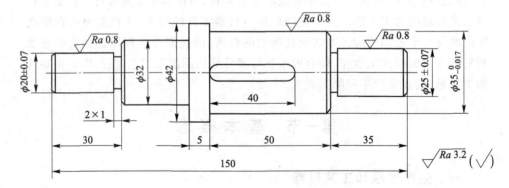

图 3-1　阶梯轴

表 3-1　单件生产阶梯轴的工艺过程

工序号	工序名称和内容	设备
1	车端面,打中心孔,车外圆,切退刀槽,倒角	车床
2	铣键槽	铣床

续表

工序号	工序名称和内容	设备
3	磨外圆	磨床
4	去毛刺	钳工台

表 3-2　大批量生产阶梯轴的工艺过程

工序号	工序名称和内容	设备
1	铣端面,打中心孔	铣钻联合机床
2	粗车外圆	车床
3	精车外圆、倒角,切退刀槽	车床
4	铣键槽	铣床
5	磨外圆	磨床
6	去毛刺	钳工台

（2）安装　在一道工序中,工件在加工位置上至少要装夹一次,但有的工件也可能会装夹几次,工件每经一次装夹后所完成的那部分工序称为安装。如表3-2中的第2、3及5工序,需调头经过两次安装才能完成其工序的全部内容。多一次装夹就多一次安装误差,又增加了装卸辅助时间,所以应尽可能减少装夹次数。

（3）工位　为减少装夹次数,常采用多工位夹具或多轴(多工位)机床,使工件在一次安装中先后经过若干个不同位置顺次进行加工。工件在机床上占据每一个位置所完成的那部分工序称为工位。

（4）工步　工步是加工表面、切削刀具和切削用量(仅指主轴转速和进给量)都不变的情况下所完成的那一部分工艺过程。变化其中的一个就是另一个工步。

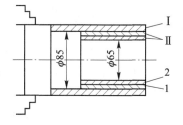

图 3-2　车削阶梯轴
Ⅰ—第一工步(车 ϕ85 mm);
Ⅱ—第二工步(车 ϕ65 mm);
1—第二工步第一次走刀;
2—第二工步第二次走刀

如图 3-2 所示,车削阶梯轴 ϕ85 mm 外圆面为第一工步,车削 ϕ65 mm 外圆面为第二工步。这是因为加工的表面变了。有时为了提高生产率,把几个待加工表面用几把刀具同时加工,这也可看作一个工步,称为复合工步,如图3-3所示。

（5）走刀　在一个工步中,如果要切掉的金属层很厚,可分几次切削,每切削一次就称为一次走刀。如图3-2所示,车削阶梯轴的第二工步中就包含了两次走刀。

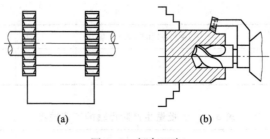

(a)　　　　　　　　　　(b)

图 3-3　复合工步

三、生产纲领和生产类型

（1）生产纲领　生产纲领是指企业在计划期内应当生产的产品产量和进度计划。零件在计划期为一年的生产纲领 N 可按下式计算：

$$N = Qn(1+\alpha)(1+\beta)$$

式中：N——零件的年产量，件/年；

Q——产品的年产量，台/年；

n——每台产品中该零件的数量，件/台；

α、β——备品率和废品率，%。

当零件的生产纲领确定后，还要根据车间的情况按一定期限分批投产，每批投产的数量，称为生产批量。

（2）生产类型　根据生产纲领的大小和产品品种的多少，机械制造企业的生产可分为单件生产、成批生产和大量生产三种生产类型。

1）单件生产　产品的种类多而同一产品的产量很小，工作地点的加工对象完全不重复或很少重复，例如重型机器、专用设备或新产品试制都属于单件生产。

2）成批生产　其主要特征是工作地点的加工对象周期性地进行轮换。普通机床、纺织机械等的制造多属此种生产类型。按照批量的大小，成批生产又可分为小批生产、中批生产和大批生产三种类型。

3）大量生产　其产品数量很大，大多数工作地点长期进行某一零件的某一道工序的加工。如汽车、轴承、自行车等的制造多属此种生产类型。

由于小批生产与单件生产的工艺特点十分接近，大批生产与大量生产的工艺特点比较接近，因此在实际生产中往往相提并论，即单件小批生产和大批大量生产，而成批生产仅指中批生产。

生产类型取决于产品（零件）的年产量、尺寸大小及复杂程度。表 3-3 列出了各种生产类型的生产纲领及工艺特点。

表 3-3　各种生产类型的生产纲领及工艺特点　　　　单位:件

纲领及特点		单件生产	小批	中批	大批	大量生产
产品类型	重型机械	<5	5~100	100~300	300~1 000	>1 000
	中型机械	<20	20~200	200~500	500~5 000	>5 000
	轻型机械	<100	100~500	500~5 000	5 000~50 000	>50 000
工艺特点	毛坯的制造方法及加工余量	自由锻造,木模手工造型,毛坯精度低,余量大		部分采用模锻,金属模造型,毛坯精度及余量中等	广泛采用模锻、机器造型等高效方法;毛坯精度高,余量小	
	机床设备及机床布置	通用机床按机群式排列,部分采用数控机床及柔性制造单元		通用机床和部分专用机床及高效自动机床,机床按零件类别分工段排列	广泛采用自动机床、专用机床,采用自动线或专用机床流水线排列	
	夹具及尺寸保证	通用夹具,标准附件或组合夹具;划线试切保证尺寸		通用夹具,专用或成组夹具;定程法保证尺寸	高效专用夹具,定程及自动测量控制尺寸	
	刀具、量具	通用刀具,标准量具		专用或标准刀具、量具	专用刀具、量具,自动测量	
	零件的互换性	配对制造,互换性差,多采用钳工修配		多数互换,部分试配或修配	全部互换,高精度偶件采用分组装配、配磨	
	工艺文件的要求	编制简单的工艺过程卡片		编制详细的工艺规程及关键工序的工序卡片	编制详细的工艺规程、工序卡片、调整卡片	
	生产率	传统加工方法,生产率低,数控机床可提高生产率		中等	高	
	成本	较高		中等	低	
	对工人的技术要求	需要技术熟练的工人		需要一定熟练程度的技术工人	对操作工人的技术要求较低,对调整工人的技术要求较高	
	发展趋势	采用数控机床、加工中心及柔性制造单元		采用成组工艺,用柔性制造系统或柔性自动线	用计算机控制的自动化制造系统、车间或无人工厂,实现自适应控制	

注:重型机械、中型机械和轻型机械可分别以轧钢机、柴油机和缝纫机作代表。

应当指出,生产类型对零件工艺规程的制定影响很大。此外,生产同一产品,大量生产一般具有生产率高、成本低、质量可靠、性能稳定等优点。因此,应大力推广产品结构的标准化、系列化,以便于组织专业化的大批大量生产,从而提高经济效益。推行成组技术,以及采用数控机床、柔性制造系统和计算机集成制造系统等现代化的生产手段及方式,实现机械产品多品种、单件小批生产的自动化,是当前机械制造工艺的重要发展方向。

第二节　工件的安装和夹具

一、工件的安装

在进行机械加工之前,必须将工件放在机床的工作台或夹具上,使它占有正确的位置,称为定位。工件在定位之后,为了使它在切削过程中不致因切削力、重力和惯性力的作用而偏离正确的位置,还需把它夹紧。工件从定位到夹紧的全过程称为安装(应与工序中的安装相区别)。安装工件时,一般是先定位后夹紧,而在三爪自定心卡盘上安装工件时,定位与夹紧是同时进行的。工件的安装方式对于零件的加工质量、生产率和制造成本都有较大的影响。

在不同的生产条件下,工件的安装方式是不同的,主要有两种安装方式:

(1) 直接安装法　工件直接安放在机床工作台或者通用夹具(如三爪自定心卡盘、四爪单动卡盘、平口钳、电磁吸盘等标准附件)上,有时不另行找正即夹紧,例如利用三爪自定心卡盘或电磁吸盘安装工件;有时则需要根据工件上某个表面或划线找正工件,再行夹紧,例如在四爪单动卡盘或在机床工作台上安装工件。用这种方法安装工件时,找正比较费时,且定位精度主要取决于所用工具或仪表的精度以及工人的技术水平,定位精度不易保证,生产率较低,所以通常仅适用于单件小批生产。

(2) 专用夹具安装法　为某一零件的加工而专门设计和制造夹具,无需进行找正就可以迅速而可靠地确定工件对机床和刀具的正确相对位置,并可迅速夹紧。利用专用夹具加工工件,既可保证加工精度,又可提高生产率,但没有通用性。专用夹具的设计、制造和维修需要一定的投资,所以只有在成批生产或大批大量生产中,才能取得比较好的效益。

二、机床夹具的分类和组成

1. 夹具的种类

夹具一般是加工工件时,为完成某道工序,用来正确迅速安装工件的装置。它对保证加工精度、提高生产率和减轻工人劳动量有很大作用。

机床夹具(jig and fixture for machine tool)可根据其使用范围分为通用夹具、专用夹具、组合夹具、通用可调夹具和成组夹具等类型。

机床夹具还可按其所使用的机床和产生夹紧力的动力源等进行分类。根据所使用的机床可将夹具分为车床夹具、铣床夹具、钻床夹具(钻模)、镗床夹具(镗模)、磨床夹具和齿轮机床夹具等,根据产生夹紧力的动力源可将夹具分为手动夹具、气动夹具、液压夹具、电动夹具、电磁夹具和真空夹具等。单件小批生产时主要使用手动夹具,而成批和大批大量生产则广泛采用气动、电动或液压夹具等。

图 3-4 所示是加工轴套上的径向孔用的钻床夹具。夹具的各部分装在夹具体上,工件以其内孔和端面在夹具的定位心轴上定位,钻模板上装有快换钻套,用于钻头的对刀和导向,防止引偏。钻套的轴心线相对于定位心轴端面的位置,保证了工件径向孔到端面的距离 l。螺母用以夹紧工件。

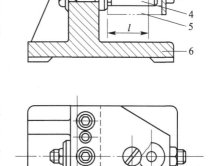

图 3-4 钻床夹具
1—钻套;2—钻模板;3—螺母;4—心轴;
5—工件;6—夹具体

2. 夹具的组成

专用夹具一般由以下几部分组成:

(1)定位元件 夹具上与工件选定的定位基准面接触,用以确定工件正确位置的零件。工件以平面定位时,用支承钉和支承板作定位元件,如图 3-5 所示。

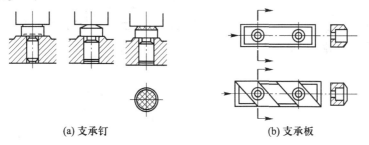

(a) 支承钉   (b) 支承板

图 3-5 平面定位用的定位元件

工件以外圆柱面定位时,用 V 形块和定位套筒作定位元件,如图 3-6 所示。工件以孔定位时,用定位心轴和定位销作定位元件。图 3-7a 为用圆柱销定位,

图 3-7b 为用菱形销定位。

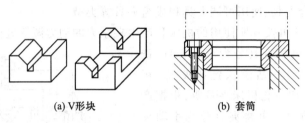

(a) V形块   (b) 套筒

图 3-6   外圆柱面定位用的定位元件

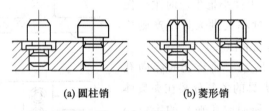

(a) 圆柱销   (b) 菱形销

图 3-7   定位销

（2）夹紧机构   工件定位后,为了防止工件由于受切削力等外力的作用而产生位移,而将其夹牢紧固的机构。常用的夹紧机构有螺栓压板(图 3-8a)、偏心压板(图 3-8b)、斜楔夹紧机构、铰链夹紧机构等。

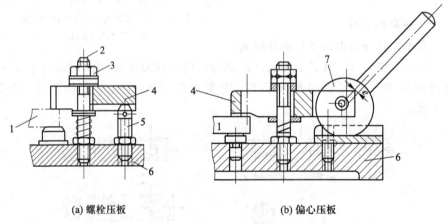

(a) 螺栓压板   (b) 偏心压板

图 3-8   夹紧机构

1—工件;2—螺栓;3—螺母;4—移动压板;5—调节支承;6—夹具体;7—偏心轮

（3）导向元件   用来对刀和引导刀具进入正确加工位置的零件,例如图 3-4所示夹具上的钻套。其他导向元件还有导向套、对刀块等。钻套和导向套主要用在钻床夹具和镗床夹具上,对刀块主要用在铣床夹具上。

（4）夹具体和其他部分　夹具体是夹具的基准零件,用它来连接并固定定位元件、夹紧机构和导向元件等,使之成为一个整体,并通过它将夹具安装在机床上。

根据加工工件的要求,有时还在夹具上设有分度机构、导向键、平衡铁和操作件等。

工件的加工精度在很大程度上取决于夹具的精度和结构,因此整个夹具及其零件都要具有足够的精度和刚度,并且结构要紧凑,形状要简单,装卸工件和清除切屑要方便等。

在机械加工中,无论采用直接安装法或夹具安装法,工件都必须正确定位,以保证被加工面的精度。为此要在工件上选择合理的定位基准面。

三、基准及其选择

在零件的设计和加工过程中,经常要用到某些点、线、面来确定其要素间的几何关系,这些作为依据的点、线、面称为基准。基准根据其作用不同,分为设计基准和工艺基准两大类。

（1）设计基准　设计基准是设计时在零件图样上所使用的基准。以设计基准为依据来确定各几何要素之间的尺寸及相互位置关系,如图3-9a所示,齿轮内孔、外圆和分度圆的设计基准是齿轮的轴线,两端面可以认为是互为基准。又如图3-9b所示机体零件,表面2、3和孔4轴线的设计基准是表面1,孔5轴线的设计基准是孔4的轴线。

（2）工艺基准　工艺基准是在制造零件和装配机器的过程中所使用的基准。工艺基准又分为定位基准、度量基准和装配基准,它们分别用于工件加工时的定位、工件的测量检验和零件的装配。这里仅介绍定位基准。

工件在加工时,用以确定工件对于机床及刀具相对位置的表面称为定位基准。例如,车削图3-9a所示齿轮轮坯的外圆和左端面时,若用已经加工过的内孔将工件安装在心轴上,则孔的轴线就是外圆和左端面的定位基准。

必须指出的是,工件上作为定位基准的点或线,总是由具体表面来体现的,这个表面称为定位基准面。例如,图3-9a所示齿轮孔的轴线,实际并不存在,而是由内孔表面来体现的,所以确切地说,上例中的内孔是加工外圆和左端面的定位基准面。

合理选择定位基准,对保证加工精度、安排加工顺序和提高加工生产率有着重要的影响。从定位的作用来看,它主要是为了保证加工表面的位置精度。因此,选择定位基准的总原则,应该是从有位置精度要求的表面中进行选择。

最初工序中所用的定位基准是毛坯上未经加工的表面,称为粗基准。在其后各工序加工中所用的定位基准是已加工的表面,称为精基准。

1）粗基准的选择　粗基准的选择应保证所有加工表面都具有足够的加工

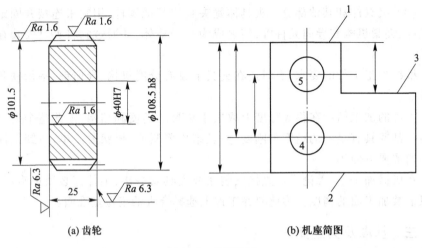

(a) 齿轮 　　　　　　　　　　　(b) 机座简图

图 3-9　设计基准

余量,而且各加工表面对不加工表面具有一定的位置精度。其选择的原则如下:

① 选取不加工的表面作粗基准。如图 3-10 所示,以不加工的外圆表面作为粗基准,既可在一次安装中把绝大部分要加工的表面加工出来,又能够保证外圆面与内孔同轴以及端面与孔轴线垂直。如果零件上有好几个不加工的表面,则应选择与加工表面相互位置精度要求高的表面作粗基准。

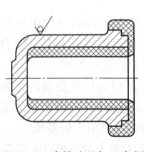

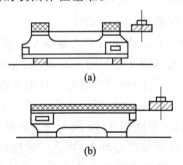

图 3-10　套筒法兰加工实例 　　　　图 3-11　床身加工的粗基准

② 选取要求加工余量均匀的表面为粗基准。这样可以保证作为粗基准的表面加工时,余量均匀。例如车床床身(图 3-11),要求导轨面耐磨性好,希望在加工时只切去较小而均匀的一层余量,使其表层保留均匀一致的金相组织和物理力学性能。若先选择导轨面作粗基准,加工床腿的底平面(图 3-11a),然后再以床腿的底平面为基准加工导轨面(图 3-11b),这样就能达到目的。

③ 对于所有表面都要加工的零件,应选择余量和公差最小的表面作粗基

准,以避免余量不足而造成废品。如图 3-12
所示阶梯轴,表面 B 加工余量最小,应选择表
面 B 作为粗基准。

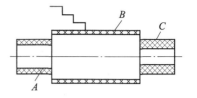

图 3-12　阶梯轴的加工

④ 为使工件定位稳定,夹紧可靠,要求所
选用的粗基准尽可能平整、光洁,不允许有锻
造飞边、铸造浇冒口切痕或其他缺陷,并有足
够的支承面积,装夹稳定。

⑤ 在同一尺寸方向上,粗基准通常只允许在第一道工序中使用一次,不应
重复应用。粗基准一般都很粗糙,重复使用同一粗基准,所加工的两组表面之间
的位置误差会相当大,因此粗基准一般不得重复使用。

2) 精基准的选择　精基准的选择应保证加工精度和装夹可靠方便。其选
择的原则如下:

① 尽可能选择尺寸较大的表面作为精基准,以提高安装的稳定性和
精确性。

② 遵守"基准重合"的原则。即尽可能选用设计基准为定位基准,这样可以
避免定位基准与设计基准不重合而产生定位误差。

③ 遵守"基准统一"的原则。零件上的某些精确表面,其相互位置精度往往
有较高的要求,在精加工这些表面时,要尽可能选用同一定位基准,以利于保证
各表面间的相互位置精度。例如,车削和磨削阶梯轴时,均采用顶尖孔定位,以
保证各表面间的同轴度、垂直度。

④ 遵守"互为基准"的原则。当工件上两个加工表面之间的位置精度要求
比较高时,可以采用两个加工表面互为基准反复加工的方法。例如,车床主轴
前、后支承轴颈与主轴锥孔间有严格的同轴度要求,常先以主轴锥孔为基准磨主
轴前、后支承轴颈表面,然后再以前、后支承轴颈表面为基准磨主轴锥孔,最后达
到图样规定的同轴度要求。

⑤ 遵守"自为基准"的原则。当有的表面精加工工序要求余量小而均匀
(如导轨磨)时,可利用被加工表面本身作为定位基准,这称为自为基准原则。
此时的位置精度应由先行工序保证。

在生产实际中,工件上定位基准面的选择不一定能完全符合上述原则,这就
要根据具体情况进行分析,并加以灵活运用。

四、工件在夹具中的定位

(1) 工件的六点定位原理　任何一个工件,在其位置尚未确定前,均具有六
个自由度,即沿空间三个直角坐标轴 x、y、z 方向的移动与绕它们的转动,分别以
$\vec{x}$、$\vec{y}$、$\vec{z}$、$\hat{x}$、$\hat{y}$、$\hat{z}$ 表示,如图 3-13a 所示。要使工件在机床夹具中正确定位,必须

限制或约束工件的这些自由度,如图 3-13b 所示。采用六个定位支承点合理布置,使工件有关定位基准面与其相接触,每一个定位支承点限制了工件的一个自由度,便可将工件六个自由度完全限制,使工件在空间的位置被唯一地确定。这就是通常所说的工件的六点定位原理。其中:三个支承点在 xOy 平面上,限制 $\vec{x}$、$\vec{y}$ 和 $\vec{z}$ 三个自由度;两个支承点在 xOz 平面上,限制 $\vec{y}$ 和 $\vec{z}$ 两个自由度;最后一个支承点在 yOz 平面上,限制 $\vec{x}$ 一个自由度。

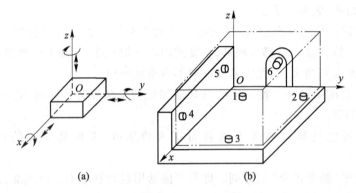

图 3-13　工件的六点定位

如图 3-14 所示,与连杆底面接触的支承板限制工件的三个自由度 $\vec{x}$、$\vec{y}$、$\vec{z}$,相当于三个支承点;小头孔中的短圆柱销限制工件的两个自由度 $\vec{x}$、$\vec{y}$,相当于两个支承点;与大头侧面接触的圆柱销限制工件一个自由度 $\vec{z}$,相当于一个支承点,这样可使工件得到完全定位,这就是通常采用的"一面两销"定位。

工件定位时,其六个自由度并非在任何情况下都要全部加以限制,要限制的只是那些影响工件加工精度的自由度。如图 3-15 所示,若在工件上铣键槽,要求保证工序尺寸 x、y、z 及键槽侧面和底面分别与工件侧面和底面平行,那么加工时必须限制全部六个自由度,采用完全定位,如图 3-15a 所示。若在工件上铣阶梯,要求保证工序尺寸 y、z 及其两平面分别与工件底面、侧面平行,那么加工时只要限制除 $\vec{x}$ 以外的另五个自由度就够了,因为 $\vec{x}$ 对工件的加工精度并无影响,如图 3-15b 所示。若在工件上铣顶平面,仅要求保证工序尺寸 z 及与底面平行,那么只限制 $\vec{x}$、$\vec{y}$

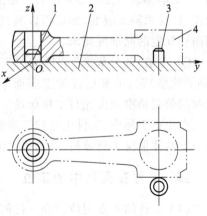

图 3-14　连杆的定位
1—短销;2—支承板;3—圆柱销;4—连杆

和$\overset{\curvearrowright}{z}$三个自由度就行了,如图3-15c所示。按加工要求,允许有一个或几个自由度不被限制的定位称为不完全定位。在实际生产中,工件被限制的自由度数一般不少于三个。

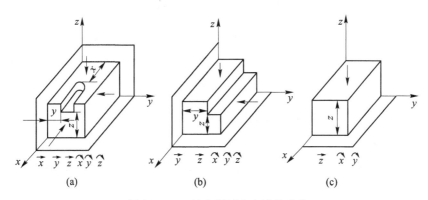

图3-15　工件应限制自由度的确定

按工序的加工要求,工件应该限制的自由度而未予限制的定位,称为欠定位。在确定工件定位方案时,欠定位是绝对不允许的。

工件的同一自由度被两个或两个以上的支承点重复限制的定位,称为过定位。在夹具中,当用一组定位元件限制工件的自由度时,就可能出现过定位。如图3-16所示,长销限制了工件的$\vec{x}$、$\vec{y}$、$\overset{\curvearrowright}{x}$、$\overset{\curvearrowright}{y}$四个自由度,支承板限制了$\overset{\curvearrowright}{x}$、$\overset{\curvearrowright}{y}$和$\vec{z}$三个自由度,其中$\overset{\curvearrowright}{x}$、$\overset{\curvearrowright}{y}$被两个定位元件重复限制,这就产生了过定位。由于工件孔与其端面、长销与支承板平面均有垂直度误差,工件装入夹具后,其端面与支承板平面不可能完全接触,造成工件定位误差。这种现象称为定位干涉。若用外力(如夹紧力)迫使工件端面与

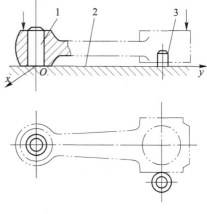

图3-16　连杆的过定位情况
1—长销;2—支承板;3—挡销

支承板接触,则会造成长销或连杆弯曲变形。所以在通常情况下,应尽量避免出现过定位。

(2)常见定位方式及定位元件　工件在夹具中的定位,是通过工件上选定的定位基准面与夹具定位元件的工作表面接触或配合实现的。工件上被选作定位基准的表面常有平面、圆柱面、圆锥面、成形表面(如导轨面、齿形面等)及它

们的组合。所采用的定位方法和定位元件的具体结构应与工件基准面的形式相适应。

第三节　零件机械加工工艺规程的制定

零件机械加工工艺规程是规定零件机械加工工艺过程和方法等的工艺文件。它是在具体的生产条件下,将最合理或较合理的工艺过程,用图表(或文字)的形式制成文本,用来指导生产、管理生产的文件。

一、机械加工工艺规程的内容及作用

工艺规程的内容一般有零件的加工工艺路线、各工序基本加工内容、切削用量、工时定额、检验项目及方法、采用的机床和工艺装备(刀具、夹具、量具、模具)等。工艺规程的主要作用如下:

(1)工艺规程是指导生产的主要技术文件。合理的工艺规程是建立在正确的工艺理论和实践基础上的,是科学技术和实践经验的结晶。因此,它是获得合格产品的技术保证,一切生产和管理人员必须严格遵守。当然,允许按严格的程序对其予以改进,使其更加完善。

(2)工艺规程是生产组织管理工作、计划工作的依据。原材料的准备、毛坯的制造、设备和工具的购置、专用工艺装备的设计制造、劳动力的组织、生产进度计划的编排以及生产成本的核算等工作都是依据工艺规程来进行的。

(3)工艺规程是新建或扩建工厂或车间的基本资料。在新建、扩建或改造工厂或车间时,需依据产品的生产类型及工艺规程来确定机床和其他设备的种类、规格和数量,工人的工种、数量及技术等级,车间面积及机床的布置等。

二、制定工艺规程的原则、原始资料

1. 制定工艺规程的原则

制定工艺规程的原则是:在保证产品质量的前提下,以最快的速度、最少的劳动消耗和最低的费用,可靠加工出符合设计图样要求的零件。同时,还应在充分利用本企业现有生产条件的基础上,尽可能保证技术上先进、经济上合理,并且有良好的劳动条件。

2. 制定工艺规程的原始资料

(1)产品的零件图样及装配图样。零件图样标明了零件的尺寸和形位精度以及其他技术要求,装配图样有助于了解零件在产品中的位置、作用,所以它们是制定工艺规程的基础。

(2)产品的生产纲领。

（3）产品验收的质量标准。

（4）本厂现有生产条件，如机床设备、工艺装备、工人技术水平及毛坯的制造生产能力等。

（5）国内、外同类产品的生产工艺资料。

三、制定工艺规程的步骤

1. 零件图样分析

首先，要熟悉整个产品（如整台机器）的用途、性能和工作条件，结合装配图了解零件在产品中的位置、作用、装配关系及其精度等技术要求对产品质量和使用性能的影响；然后从加工的角度，对零件进行工艺分析。主要内容有：

（1）检查零件的图样是否完整和正确。如视图是否足够、正确，所标注的尺寸、公差、表面粗糙度和技术要求等是否齐全、合理。并要分析零件主要表面的精度、表面质量和技术要求等在现有的生产条件下能否达到，以便采取适当的措施。

（2）审查零件的结构工艺性是否合理，是否能经济、高效、合格地加工出来。

（3）分析零件材料的选取是否合理。零件材料的选择应立足于国内，尽量采用我国资源丰富的材料，不要轻易地选用贵重材料。另外还要分析所选的材料会不会使工艺变得困难和复杂。

在机械零件的设计、制造与修理过程中，合理选择材料是一项十分重要的工作。零件材料的选择主要应考虑使用性能、加工工艺性能以及经济性三方面的要求。零件材料的选择应遵循以下原则：

① 使用性原则　在选材时要保证零件在使用条件下工作，并有预期的寿命原则，简称使用性原则。使用性能在大多数情况下常以最关键的力学性能指标来体现。力学性能指标的确定需要正确分析零件工作条件、载荷性质等。此外，由于零件的工作温度和环境条件不同，还需考虑其物理性能和化学性能。例如，在某些特殊情况下工作的零件要求有较好的导电性、导热性、导磁性和耐蚀性以及合适的热膨胀系数、密度等。

② 工艺性原则　所选用的材料能保证顺利地加工成合格的零件，是选材的工艺性原则。金属材料的常用加工方法有铸造、压力加工、焊接、切削加工和热处理。零件的加工过程不同，有时只需使用一种加工方法，有时又需要几种加工方法同时使用。选择较好的工艺性能可以降低零件的制造成本。

③ 经济性原则　选择的材料有良好的经济性，能带来较好的经济效益，是选材的经济性原则。选择材料时，除首先考虑满足零件的使用性能以及加工工艺性能外，还要考虑经济性。零件的总成本包括原材料的价格、加工费及其他费用。对于一些只要求表面性能高的零件，可选用普通钢材制造、采用表面强化处

理来达到使用目的。在考虑经济性时,不能孤立地看材料费用的高低,而应联系加工费用和零件制造过程中的综合经济效益来评价材料的经济性。例如,某厂有一批轴承座,材料由 35 钢锻造改为 HT200 铸造,材料费下降 41%,加工费节约 35%。材料和加工费两项比原先方案下降 36%。此外,在选材时应考虑我国的资源条件和生产供应情况。

　　齿轮在机器中主要担负传递功率与调节速度的功能,有时也起改变运动方向的作用。它在工作时通过齿面的接触传递动力,周期性地受弯曲应力和接触应力作用;在啮合的齿面上承受一定的摩擦;有些齿轮在换挡、起动或啮合不均匀时还承受冲击力。因此要求齿轮材料应具有较高的抗弯强度、疲劳强度和接触疲劳强度;齿面有较高的硬度和耐磨性,齿轮心部要有足够的强度和韧性。齿轮通常采用钢材锻造,主要钢种为调质钢和渗碳钢。调质钢主要用于制造对耐磨性要求比较高、冲击韧性要求一般的硬齿面(>40HRC)齿轮。如车床、钻床、铣床等机床的变速箱齿轮通常采用 45、40Cr 等钢制造,经调质后表面高频淬火,再低温回火。渗碳钢主要用于制造高速、重载、冲击比较大的硬齿面(>55HRC)齿轮,如汽车变速箱齿轮和汽车驱动桥齿轮等。材料常用 20CrMnTi、20CrMnMo等,经渗碳、淬火和低温回火后得到表面硬而耐磨、心部强韧耐冲击的性能。20CrMnMo 用来制造电力机车主动齿轮。

　　轴的主要作用是支撑传动零件并传递运动和动力。轴类零件要传递一定的扭矩、承受一定的弯曲应力和挤压应力,轴颈处易磨损,还要承受一定的冲击。因此用于制造轴类零件的材料应具有下列性能要求:优良的综合力学性能、高的疲劳抗力和良好的耐磨性。根据轴的不同受力情况,选材分类情况如下:承受交变应力和动载荷的轴类零件(如船用推进器轴、锻锤锤杆和机车车辆车轴等)应选用淬透性好的调质钢,如 30CrMnSi、40MnVB、40CrMn 钢等;主要承受弯曲和扭转应力的轴类零件(如变速箱传动轴、发动机曲轴、机床主轴等)可选用合金调质钢,如汽车主轴常采用 40Cr、45Mn2 等钢;高精度、高速传动的轴类零件(如镗床主轴)常选用氮化钢 38CrMoALA 等;对中、低速内燃机曲轴以及连杆、凸轮轴等,还可以用球墨铸铁,不仅可满足力学性能要求,而且制造工艺简单、成本低。

　　主轴箱、变速箱、进给箱、滑板箱、缸体缸盖、机床床身等都可视为箱体类零件。箱体类零件大多结构复杂,一般都是用铸造方法来生产。受力较大,要求高强度、高韧性、在高温高压下工作的箱体类零件(如汽轮机机壳)可选用铸钢;受冲击力不大,而且主要承受静压力的箱体可选用灰铸铁;受力不大、要求自重轻或导热性良好的箱体(如汽车发动机的缸盖)可选用铸造铝合金制造。受力很小的箱体可选用工程塑料制造,受力较大但形状简单的箱体可采用焊接结构。

2. 毛坯选择

机械加工的加工质量、生产率和经济效益在一定程度上取决于所选用的工件毛坯。常用的毛坯类型有型材、铸件、锻件、冲压件和焊接件等。影响毛坯选择的因素很多，如零件的材料、结构和尺寸、零件的力学性能要求和加工成本等。

毛坯的选择主要依据以下几方面的因素：

（1）零件的材料及力学性能。零件的材料一旦确定，毛坯的种类就大致确定了。例如，材料为铸铁，就应选铸造毛坯；钢质材料的零件，一般可用型材；当零件的力学性能要求较高时要用锻造；有色金属常用型材或铸造毛坯。

（2）零件的结构形状及尺寸。例如，直径相差不大的阶梯轴零件可选用棒料做毛坯，直径相差较大时，为节省材料，减少机械加工量，可采用锻造毛坯。尺寸较大的零件可采用自由锻，形状复杂的钢质零件则不宜用自由锻。箱体、支架等零件一般采用铸造毛坯，大型设备的支架可采用焊接结构。

（3）生产类型。大量生产时，应采用精度高、生产率高的毛坯制造方法，如机器造型、熔模铸造、冷轧、冷拔、冲压加工等。单件小批生产则采用木模手工造型、焊接、自由锻等。

（4）毛坯车间现有生产条件及技术水平以及通过外协获得各种毛坯的可能性。

3. 拟订工艺路线

拟订工艺路线，就是把加工工件所需的各个工序按顺序合理地排列出来，它主要包括以下内容。

（1）定位基准的选择。正确选择定位基准，特别是主要的精基准，对保证零件加工精度、合理安排加工顺序起决定性的作用。所以，在拟定工艺路线时首先应考虑选择合适的定位基准。

（2）零件表面加工工艺方案的选择。由于表面的要求（尺寸、形状、表面质量、力学性能等）不同，往往同一表面的加工需采用多种加工方法完成。某种表面采用各种加工方法所组成的加工顺序称为表面加工工艺方案。在确定加工方案时，除了表面的技术要求外，还要考虑零件的生产类型、材料性能及本单位现有加工条件等。

（3）加工阶段的划分。对于那些加工质量要求高或比较复杂的零件，通常将整个工艺路线划分为以下几个阶段：

1）粗加工阶段 主要任务是切除毛坯的大部分余量，并制出精基准。该阶段的关键问题是如何提高生产率。另外，此阶段还可决定工件继续加工的可能性。

2）半精加工阶段 任务是减小粗加工留下的误差，为主要表面的精加工做好准备,同时完成零件上各次要表面的加工。

3) 精加工阶段 任务是保证各主要表面达到图样规定要求。这一阶段的主要问题是如何保证加工质量。

4) 光整加工阶段 主要任务是降低表面粗糙度值和进一步提高精度。

划分加工阶段的好处是按先粗后精的顺序进行机械加工,可以合理地分配加工余量以及合理地选择切削用量,充分提高粗加工机床的效率,长期保持精加工机床的精度,并减少工件在加工过程中的变形,避免精加工表面受到损伤;粗精加工分开,还便于及时发现毛坯缺陷,同时有利于安排热处理工序。

(4) 加工顺序的安排。加工顺序的安排对保证加工质量、提高生产率和降低成本都有重要作用,是拟定工艺路线的关键之一。可按下列原则进行:

1) 切削加工顺序的安排

① 先基准后其他 即选作精基准的表面应在一开始的工序中就加工出来,以便为后续工序的加工提供定位精基准。

② 先粗后精 先安排粗加工,中间安排半精加工,最后安排精加工和光整加工。

③ 先主后次 先安排零件的装配基面和主要工作表面,这些主要表面的技术要求较高,加工工作量较大;后安排键槽、紧固用的光孔和螺纹孔等次要表面的加工。

④ 先面后孔 对于箱体、支架、连杆、底座等零件,其主要表面的加工顺序是先加工用做定位的平面和孔的端面的加工,然后再加工孔。

2) 热处理工序的安排

零件加工过程中的热处理按应用目的,大致可分为预备热处理和最终热处理。

预备热处理 预备热处理的目的是改善力学性能、消除内应力、为最终热处理作准备,它包括退火、正火、调质和时效处理。铸件和锻件,为了消除毛坯制造过程中产生的内应力,改善机械加工性能,在机械加工前应进行退火或正火处理;对大而复杂的铸造毛坯件(如机架、床身等)及刚度较差的精密零件(如精密丝杠),需在粗加工之前及粗加工与半精加工之间安排多次时效处理;对于一般铸件,只需在粗加工前或后进行一次人工时效处理(对于要求不高的零件为了减少重件的往返搬运,有时仅在毛坯铸造后安排一次时效处理);调质处理的目的是获得均匀细致的索氏体组织,为零件的最终热处理作好组织准备,同时它也可以作为最终热处理,使零件获得良好的综合力学性能,一般安排在粗加工之后进行。

最终热处理 最终热处理的目的主要是为了提高零件材料的表面硬度及耐

磨性,它包括淬火、渗碳及氮化等。淬火及渗碳淬火通常安排在半精加工之后、精加工之前进行;氮化处理由于变形较小,通常安排在精加工之后。

3)辅助工序的安排

辅助工序包括检验、清洗、去毛刺、防锈、去磁及平衡去重等。其中检验是最主要的、也是必不可少的辅助工序,零件加工过程中除了安排工序自检之外,还应在下列场合安排检验工序:

① 粗加工全部结束之后、精加工之前;

② 工件转入、转出车间前后;

③ 重要工序加工前后;

④ 全部加工工序完成后。

在特种检验中,X 射线探伤或超声波探伤用于检验毛坯的内部质量,应安排在机械加工之前;磁力探伤、荧光检验用于检验工件表层质量,通常安排在精加工阶段;密封性检验、零件的平衡和零件的重量检验等一般安排在工艺过程的末尾。

在工艺过程中还要考虑安排去毛刺、倒棱、去磁、清洗等辅助工序,忽视辅助工序将会给后续加工和装配工作带来困难。例如,工件上的毛刺和尖角棱边,容易割破工人的手指,还会给装配带来困难;研磨、珩磨等光整加工后的零件,不经清洗就去装配,残留在工件上的砂粒会加剧零件的磨损。在采用磁力夹紧的平面磨工序之后,一定要安排去磁工序,避免进入装配的零件带有磁性。

4. 机床设备及工艺装备的选择

(1)机床设备的选择

机械加工所选择的机床的精度应与工件要求的加工精度相适应,所选择的机床的生产率与生产类型相适应,机床的规格与加工工件的尺寸相适应,选择的机床应符合现场的实际情况,合理选用数控机床。一般情况下,单件小批生产时选择通用机床和工装,大批大量生产时选择专用机床、组合机床和专用工装,数控机床可用于各种生产类型。

(2)工艺装备的选择

① 夹具的选择。单件小批生产时采用各种通用夹具和机床附件,如卡盘、虎钳、分度头等,有组合夹具的,可采用组合夹具;大批大量生产时为提高劳动生产率应采用专用高效夹具;多品种中、小批生产可采用可调夹具或成组夹具;采用数控加工时夹具要敞开,其定位、夹紧元件不能影响加工走刀。

② 刀具的选择。生产中一般优先采用标准刀具。若加工工序集中时,应采用各种高效的专用刀具、复合刀具和多刃刀具。刀具的类型、规格和精度等级应

符合加工要求。数控加工对刀具的刚性及寿命要求较普通加工严格,应合理选择各种刀具、辅具(刀柄、刀套、夹头)。

③ 量具的选择。单件小批生产应广泛采用通用量具,如游标卡尺、百分尺和千分表等;大批大量生产应采用各种量规和高效的专用检验夹具和量仪等。量具的精度必须与加工精度相适应。

5. 确定切削用量及时间定额

在实际生产中,可以根据毛坯具体形状和尺寸通过查阅相关手册确定时间定额和切削用量。

6. 确定重要工序的检验项目及检验方法

对比较重要的工序需要确定其具体的检验项目和检验方法,以确保质量。

7. 填写工艺文件

零件的机械加工工艺过程确定之后,应将有关内容填写在工艺卡片上,这些工艺卡片总称为工艺文件。生产中常用的工艺文件有下列三种形式:

(1)机械加工工艺过程卡片。机械加工工艺过程卡片是以工序为单位,简要说明零件整个加工工艺过程的一种工艺文件。内容包括工序号、工序名称、工序内容、加工车间、设备及工艺装备、各工序时间定额等,其格式见表3-4。在单件小批生产中,常以机械加工工艺过程卡片直接指导生产。

(2)机械加工工序卡片。机械加工工序卡片是针对每道工序所编制的、用来具体指导工人进行生产的工艺文件。它通过工序简图详细说明了该工序的加工内容、尺寸及公差、定位基准、装夹方式、刀具的形状及其位置等,并注明切削用量、工步内容及工时。工序卡片多用于大批大量生产中,每个工序都要有工序卡片,其格式见表3-5。

成批生产中的主要零件或一般零件的关键工序有时也要有工序卡片。

(3)机械加工工艺(综合)卡片。机械加工工艺卡片是以工序为单位,比较详细地说明零件加工工艺过程的一种工艺文件,简称工艺卡。它不但包含了工艺过程卡片的内容,而且详细说明了每一工序的工位及工步的工作内容,对于复杂工序,还要绘出工序简图,标注工序尺寸及公差等。机械加工工艺卡片是用来指导工人生产和帮助技术管理人员掌握整个加工过程的主要技术文件,常用于成批生产和小批生产中比较重要的零件,其格式见表3-6。

生产中所用的工艺文件的格式有多种形式,可视具体情况和参照相关规定来编制。

表 3—4　机械加工工艺过程卡片

机械加工工艺过程卡片		产品型号		零件图号		共　页	第　页
		产品名称		零件名称			(6)
材料牌号		毛坯种类	毛坯外形尺寸	每毛坯可制件数	每台件数	备注	
		(1)	(2)	(3)	(4)	(5)	

工序号	工序名称	工序内容	车间	工段	设备	工艺装备	工时	
							准终	单件
(7)	(8)	(9)	(10)	(11)	(12)	(13)	(14)	(15)

			设计（日期）	审核（日期）	标准化（日期）	会签（日期）
标记	处数	更改文件号	签字	日期	标记 处数 更改文件号 签字 日期	

描图

描校

底图号

装订号

表 3-5 机械加工工序卡片

机械加工工序卡片	产品型号		零件图号		
	产品名称		零件名称		共 页 第 页

车间 (1)	工序号 (2)	工序名称 (3)	材料牌号 (4)		
毛坯种类 (5)	毛坯外形尺寸 (6)	每毛坯可制件数 (7)	每台件数 (8)		
设备名称 (9)	设备型号 (10)	设备编号 (11)	同时加工工件数 (12)		
夹具编号 (13)	夹具名称 (14)		切削液 (15)		
工位器具编号 (16)	工位器具名称 (17)		工序工时 准终 (18)	单件 (19)	

工步号 (20)	工步内容 (21)	工艺设备 (22)	主轴转速 (r/min) (23)	切削速度 (m/min) (24)	进给量 (mm/r) (25)	背吃刀量 mm (26)	进给次数 (27)	工步工时 机动 (28)	辅助 (29)

	设计（日期）	审核（日期）	标准化（日期）	会签（日期）
标记 处数 更改文件号 签字 日期				
标记 处数 更改文件号 签字 日期				

描图
描校
底图号
装订号

表 3-6　机械加工工艺（综合）卡片

工厂		机械加工工艺卡片	产品型号		零（部）件图号			共　页
			产品名称		零（部）件名称			第　页

| 材料牌号 | | 毛坯种类 | | 毛坯外形尺寸 | | 每毛坯件数 | | 每台件数 | | 备注 | |

| 工序 | 装夹 | 工步 | 工序内容 | 同时加工零件数 | 背吃刀量/mm | 切削用量 | | | 设备名称及编号 | 工艺装备名称及编号 | | 技术等级 | 工时定额 | |
| | | | | | | 切削速度/（m/min） | 每分钟转数或往复次数 | 进给量/（mm或 mm/双行程） | | 夹具刀具量具 | | | 单件 | 准终 |

| | | | 编制（日期） | 审核（日期） | 会签（日期） | |
| 标记 | 处数 | 更改文件号 | 签字 | 日期 | 标记 | 处数 | 更改文件号 | 签字 | 日期 |

第四节　零件的切削结构工艺性

零件的结构工艺性(technolability, technological efficiency of design of part)是指在满足使用要求的前提下,制造的可行性和经济性。它是零件在毛坯制造、切削加工、热处理及装配与维修等过程中,评价零件设计优劣的重要技术经济指标之一。

零件的工艺性涉及零件结构设计、尺寸标注、技术要求、材料等多方面的内容,还与零件的制造方法、生产批量和工厂技术装备水平有关。有时功能完全相同而结构不同的零件,它们的制造方法与制造成本往往相差很大,因此为了使所设计的零件能多快好省地加工出来,就必须要考虑零件的结构工艺性的问题。

关于切削零件的结构工艺性分析,主要考虑以下几个方面内容。

一、合理确定零件的技术要求

不需要加工的表面不要设计成加工面,要求不高的表面不应设计为高精度和表面粗糙度值低的表面,否则会使成本提高。

二、遵循零件结构设计的标准化

1. 尽量采用标准化参数

在确定零件的孔径、锥度、螺纹孔径和螺距、齿轮模数和压力角、圆弧半径、沟槽等参数时,尽量选用有关标准推荐的数值,这样可使用标准的刀具、夹具、量具,减少专用工装的设计、制造周期和费用。

2. 尽量采用标准件

螺钉、螺母、轴承、垫圈、弹簧、密封圈等零件一般由标准件厂生产,根据需要选用即可,不仅可缩短设计制造周期,使用、维修方便,而且较经济。

3. 尽量采用标准型材

只要能满足使用要求,零件毛坯尽量采用标准型材,不仅可减少毛坯制造的工作量,而且由于型材的性能好,可减少切削加工的工时及节省材料。

三、合理标注尺寸

零件图上标注的尺寸除了满足使用要求外,还必须考虑加工方法问题。如果标注得不合理,对保证产品的使用性能和零件机械加工的难易程度都有很大的影响。

对需要满足结构设计要求的尺寸(通常是影响装配精度的尺寸),应按装配

尺寸链计算出的尺寸及公差进行标注。其余的尺寸则应按工艺要求标注,具体有以下几个方面:

(1) 按加工顺序标注尺寸,尽量减少尺寸换算,并能方便准确地进行测量。图 3-17a 所示零件的尺寸标注是符合这一原则的。如果按照图 3-17b 的方式标注尺寸,既无法测量,也不符合加工顺序要求。

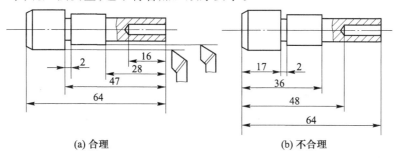

(a) 合理　　　　　　　　　　　　(b) 不合理

图 3-17　考虑加工顺序和便于测量

(2) 从实际存在的和易测量的表面标注尺寸,且在加工时应尽量使工艺基准与设计基准重合。如图 3-18a 所示键槽和平面的加工,是以中心线或已加工去除的上母线为基准标注的尺寸,不但不便于测量,而且也为夹具设计增加了困难。如按图 3-18b 所示标注尺寸,则既便于测量,夹具的定位装置也简单,又保证了基准重合。

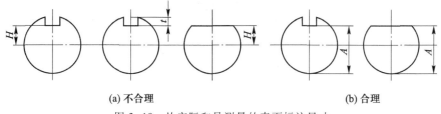

(a) 不合理　　　　　　　　　　　　(b) 合理

图 3-18　从实际和易测量的表面标注尺寸

(3) 零件各非加工面的位置尺寸应直接标注,而非加工面与加工面之间只能有一个联系尺寸。如图 3-19 所示,图 a 中的注法不合理,只能保证一个尺寸符合要求,其余尺寸就可能会超差。设计基准为底面 K ,如果加工时以不加工表面 P 为定位基准,按尺寸 A 加工 K 面,需同时间接保证尺寸 C、D、E,对于铸造件来说,难以保证其公差。图 b 所示只有一个不加工面(P)与加工面(K)建立尺寸关系,其余不加工表面之间的尺寸联系均由铸造保证,这样标注是合理的。零件上的尺寸公差、几何公差与表面粗糙度的标注,应根据零件的功能经济合理地标注。总的原则是:在满足使用性能要求的前提下,尺寸精度应低一些,表面粗糙度值应大一些。

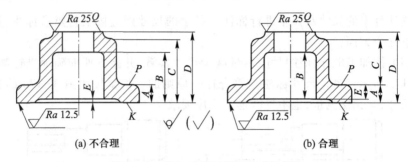

图 3-19　非加工表面位置尺寸的标注

四、零件结构要便于加工

（1）设计的零件结构，要便于安装，定位准确，加工稳定可靠。

（2）尽量减小毛坯余量和选用可加工性好的材料。

（3）各要素的形状应尽量简单，加工面积要尽量小，规格应尽量统一。

（4）要尽量采用标准刀具进行加工，且刀具易进入、退出和顺利通过加工表面。

（5）加工面和加工面之间、加工面和不加工面之间均应明显分开，加工时应使刀具有良好的切削条件，以减少刀具磨损和保证加工质量。

表 3-7 为零件结构切削加工工艺性的实例，可供分析时参考。

表 3-7　零件结构工艺性对比

零件结构		说明
工艺性不好	工艺性好	
		便于安装找正，增加工艺凸台，可以精加工后切除
		在平板侧面增设装夹用的凸缘或孔，便于可靠地夹紧，也便于吊装和搬运

零 件 结 构		说明
工艺性不好	工艺性好	
		工件与卡爪的接触面积增大,安装较易
		一次安装可同时加工几个表面
		改进后可在一次安装中加工出来
		磨削时,各表面间的过渡部分应设计出越程槽
		刨削时,在平面的前端要有让刀的部位

续表

零件结构		说明
工艺性不好	工艺性好	
		留有较大的空间,以保证快速钻削的正常进行
		避免在曲面或斜壁上钻孔,以免钻头单边切削
		避免深孔钻削,效率低,散热排屑条件差
		孔的位置不能距壁太近,改进后可采用标准刀具,并保证加工精度
		车螺纹时,要留有退刀槽,可使螺纹清根,操作相对容易,避免打刀

零 件 结 构		说明
工艺性不好	工艺性好	
		加工面在同一高度,一次调整刀具可加工两个平面,生产率高,易保证精度
		使用同一把刀具可加工所有退刀槽
		插齿时要留有退刀槽,这样大齿轮可滚齿或插齿,小齿轮可以插齿加工
		应尽量减少加工面积,节省工时,减小刀具损耗,且易保证平面度要求
		同一端面上的尺寸相近螺纹孔改为同一尺寸螺纹孔,便于加工和装配

零件结构		说明
工艺性不好	工艺性好	
		内壁孔出口处有阶梯面,钻孔时孔易偏斜或钻头折断,内壁孔出口处平整,钻孔方便,易保证孔中心位置度
		将阶梯轴两个键槽设计在同一方向上,一次装夹即可加工两个键槽
		一端留空刀,钻孔时间短,钻头寿命长,钻头不易偏斜
		轴上的过渡圆角尽量一致,便于加工
		改进后可用两种材料,并改善了热处理工艺性

复习思考题

1. 什么是生产过程、工艺过程、工序和安装?

2. 生产类型有哪几种? 汽车、电视机、金属切削机床、大型轧钢机的生产各属于哪种生产类型? 各有何特征?

3. 机械加工中,工件的安装方法有哪几类? 各适用于什么场合?

4. 什么是夹具? 按其用途不同,夹具分为哪几类? 各适用于什么场合?

5. 何谓基准? 根据作用的不同,基准分为哪几种?

6. 何谓粗基准和精基准? 试述粗、精基准的选择原则。

7. 试选择图 3-20 所示三个零件的粗、精基准。其中图 a 所示齿轮,$m = 2$,$z = 37$,毛坯为热轧棒料;图 b 所示液压油缸,毛坯为铸铁件,孔已铸出;图 c 所示飞轮,毛坯为铸件。均为批量生产,图中除了标有不加工符号的表面外,均为加工表面。

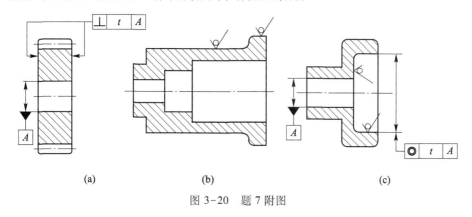

(a)　　　　　(b)　　　　　(c)

图 3-20　题 7 附图

8. 何谓工件的六点定位原理? 加工时工件是否都要完全定位?

9. 试分析图 3-21 所示零件的结构工艺性的好坏,并加以改进。

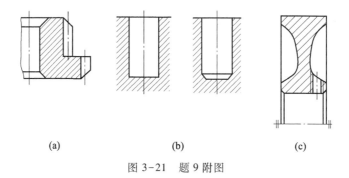

(a)　　　　　(b)　　　　　(c)

图 3-21　题 9 附图

10. 机械加工工艺规程的内容和作用是什么？如何制定其步骤？

11. 零件的工艺分析有哪几方面内容？

12. 划分加工阶段有什么好处？

第四章 特种加工

本章学习指南

本章主要介绍了有别于传统切削加工方法的几种特种加工方法及其工艺、应用特点。这些方法可应用于高精度、形状复杂的工件加工,不仅对金属材料,而且对各种非金属材料、难加工材料都可应用,为第五章非金属材料的机械加工打下了基础,也为学生了解现代机械制造技术和方法打下基础。本章内容具有一定的实践性,授课应以多媒体教学为主,结合生产实际介绍并辅以练习与自学相结合。学习本章可阅读一些特种加工方面的教材及相近教材特种加工的有关章节,如傅水根主编的《机械制造工艺基础(金属工艺学冷加工部分)》、余承业等编著的《特种加工新技术》。

特种加工就是当传统切削加工方法对产品(或材料)无法实施或保证不了规定的精度要求时而应用物理的(力、热、声、光、电)或化学的方法进行加工的手段。

特种加工与传统切削加工方法在原理上的主要区别为

1)用机械能以外的其他能量去除工件上多余的材料,以达到图样上全部技术要求。

2)打破传统的硬刀具加工软材料的规律,刀具硬度可低于被加工材料的硬度,可谓"以柔克刚"。

3)在切削加工中,工具与工件不受切削力的作用。

由于以上特点,特种加工可解决常规切削方法难以解决的或无法解决的加工问题,已成为机械制造中一种重要的加工方法。目前,在航天、电子、电动机、电器、仪表、汽车等制造工业部门得到了广泛的应用,并为新产品设计打破了许多受加工手段限制的禁区,为新材料的研制提供了很好的应用基础。

特种加工已有半个多世纪的发展史,但对其分类还没有明确的规定,通常按能量的类型和加工机理可分为以下几类。

1)电能与热能作用方式:电火花成形与穿孔加工(EDM)、电火花线切割加工(WEDM)、电子束加工和等离子束加工(PMA)。

2）电能与化学能作用方式：电解加工（ECM）、电铸加工（ECM）和刷镀加工。

3）化学能与机械能作用方式：电解磨削（ECG）、电解珩磨（ECH）。

4）声能与机械能作用方式：超声波加工（USM）

5）光能与热能作用方式：激光加工（LBM）。

6）电能与机械能作用方式：离子束加工（IBM）。

7）液流能与机械能作用方式：挤压珩磨（AFH）和水射流切割（WJC）。

生产中应用较多的是电火花加工、电解加工、超声波加工、激光加工、电子束和离子束加工。本章将对以上加工方法重点介绍。

第一节　电火花加工

电火花加工（electrical discharge machining，EDM）是20世纪40年代开始研究并逐步应用于生产的一种利用电、热能进行加工的方法。

一、电火花加工的原理

电火花加工利用工具电极和工件电极间瞬时火花放电所产生的高温来熔蚀材料，因此又称放电加工或电蚀加工。电火花加工的工作原理如图4-1所示，工具接负极，工件接正极，两极均浸在有一定绝缘度的流体介质（通常用煤油或矿物油）中。在液体介质中的两电极接脉冲电源时，使所供电能大部分转为热能，两极之间的间隙内（由自动进给调节装置可调至0.01~0.05 mm）形成了一个瞬时的高温热源，其温度可达5 000~10 000℃。由于通道截面积很小，脉冲电压加到两极之间，便将极间最近点的液体介质击穿，放电通道中的瞬时高温使材料熔化和气化。单个脉冲能使工件表面形成微小凹坑，而无数个脉冲的积累将工件上的高点逐渐熔蚀。随着工具电极不断地向工件作进给运动，工具电极的形状便被复制在工件上。加工过程中所产生的金属微粒则被流动的工作液流带走。同时，总能量的一小部分也释放到工具电极上形成一定的工具损耗。

进行电火花加工应具备以下条件：

（1）工具电极和工件电极之间必须保持一定的间隙。这可由自动进给调节装置调节。间隙可在几微米至几百微米之间，如太小则易短路，太大则极间电压不能击穿两极间介质而不能形成火花放电。

（2）必须采用脉冲电源。因火花放电必须是瞬时的脉冲放电，放电延续一段时间（通常10^{-7}~10^{-8} s）后，需停歇一段时间（图4-2），这样才能使放电所产生的热量来不及传导扩散到其余部分，而集中于微小区域。不连续放电是为了避免像电弧放电那样使表面烧伤，而无法保证加工精度和表面质量。

（3）必须在有一定绝缘性能并循环流动的工作液中进行火花放电，这有利

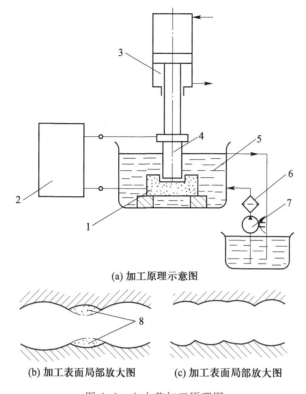

(a) 加工原理示意图

(b) 加工表面局部放大图　　(c) 加工表面局部放大图

图 4-1　电火花加工原理图

1—工件；2—脉冲电源；3—自动进给调节装置；4—工具；5—工作液；

6—过滤器；7—工作液泵；8—被蚀除的材料

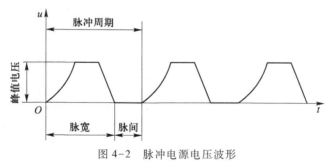

图 4-2　脉冲电源电压波形

于产生脉冲性火花放电，并排除放电间隙中的电蚀物，还可以对电极及工件表面起较好的冷却作用。

二、电火花加工的特点

（1）可加工任何高强度、高硬度、高韧性、高熔点的难切削加工的导电材料，不受被加工材料的物理、力学性能影响,如淬火钢、硬质合金、不锈钢、工业纯铁、导电陶瓷、立方氮化硼、人造聚晶金刚石等。在一定条件下,还可加工半导体材料及非导电材料。

（2）工具的硬度可以低于被加工材料的硬度。

（3）加工时无显著机械切削力,工具电极并不回转,有利于小孔、窄槽、型孔、曲线孔及薄壁零件加工,也适合于精密细微加工。

（4）脉冲参数可任意调节,加工中只要更换工具电极或采用阶梯形工具电极就可以在同一机床上连续进行粗、半精和精加工。

（5）通常效率低于切削加工,可先用切削加工粗加工,再用电火花精加工。

（6）放电过程中有一部分能量消耗于工具电极而导致电极消耗,对成形精度有一定影响。

三、电火花加工的应用范围

电火花加工在各行各业应用日益广泛,尤其对一些结构复杂、精度及工艺要求较严的工件,在传统加工方式难以达到要求的情况下,电火花加工是一种有效的加工方法,如穿孔加工、型腔加工、线切割加工、电火花磨削与镗磨加工、电火花展成加工、表面强化、非金属电火花加工或用于打印标记、刻字、跑合齿轮啮合件、取出折断在零件中的丝锥或钻头等。

1. 穿孔加工

常指贯通的等截面或变截面的二维型孔的电火花加工,如各种型孔（圆孔、方孔、多边孔、异形孔）、曲线孔（弯孔、螺旋孔）、小孔、微孔等的加工,如图4-3所示。

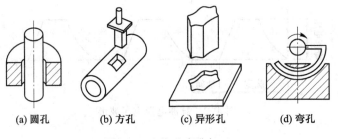

(a) 圆孔　　　(b) 方孔　　　(c) 异形孔　　　(d) 弯孔

图 4-3　电火花穿孔加工

穿孔加工的尺寸精度主要取决于工具电极的尺寸和放电间隙。工具电极的截面轮廓尺寸要比预定加工的型孔尺寸均匀地缩小一个加工间隙,其尺寸精度要比工件高一级,表面粗糙度值应比工件的小。一般电火花加工后尺寸公差可达 IT7 级,表面粗糙度 Ra 达 1.25 μm。

电火花加工较大孔时,一般先预制孔,留合适余量(单边余量为 0.5 ～ 1 mm),余量太大,生产率低,电火花加工时不好定位。

直径小于 0.2 mm 的孔称为细微孔,国外目前可加工出深径比为 5、直径为 ϕ0.015 mm 的细微孔。在我国一般可加工出深径比为 10、直径为 ϕ0.05 mm 的细微孔。但加工细微孔的效率较低,因为工具电极制造困难,排屑也困难,单个脉冲的放电能量需有特殊的脉冲电源控制,对伺服进给系统要求更严。因此,加工细微孔的工具电极材料和工具电极的制造要求较严。

电火花穿孔加工发展较快的是高速小孔的加工。小孔加工电极截面小,容易变形,孔的深径比大,排屑困难。在加工时可采用管状电极,内通高压工作液,如图 4-4 所示。工具电极在回转的同时又作轴向进给运动,速度可达 60 mm/min,远高于切削加工中小直径麻花钻头钻孔。此法适合 ϕ0.3 ～ ϕ3 mm 小孔,并可避免小直径钻头($d \leqslant 1$ mm)易折断问题。此法还适用于斜面和曲面上加工小孔,并可达较高尺寸精度和形状精度。

2. 电火花型腔加工

一般指三维型腔和型面加工,如挤压模、压铸模、塑料模及胶木模等型腔的加工及整体式叶轮、叶片等曲面零件的加工。以上型腔多为不通孔加工,且形状复杂,致使工作液难以循环,排出蚀除渣困难,因此比穿孔加工困难。为了改善加工条件,有时在工具电极中间开有冲油孔,以便冷却和排出加工产物,如图 4-5 所示。

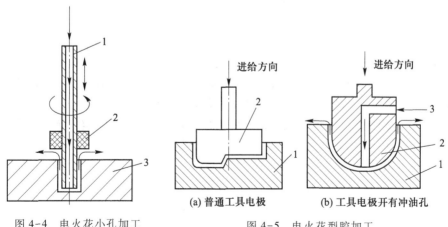

图 4-4　电火花小孔加工
1—管形工具电极;
2—导向器;3—工件

图 4-5　电火花型腔加工
1—工件;2—工具电极;3—工作液

(a) 普通工具电极　　　(b) 工具电极开有冲油孔

由于复杂的型腔各处深浅、圆角大小不一,且使工具电极损耗不均,对加工精度影响很大,目前生产中主要采用单电极平动法、多电极更换法和分解电极加工法等,可提高加工速度,加大蚀除量,电极损耗小,并能保证所要求的精度和表面粗糙度。

3. 电火花线切割加工

电火花线切割加工简称"线切割",它是通过线状工具电极按规定的轨迹与工件间相对运动,切割出所需工件的。加工时(图 4-6),用一根作正反向交替运动的细金属丝(通常直径为 $\phi0.05 \sim \phi0.25$ mm 的钼丝或黄铜丝)作工具电极。在电极丝与工件之间通以脉冲电流且注以工作液介质,电极丝一边卷绕一边与工件之间发生火花放电,使工件产生电蚀而进行切割加工。根据工件与电极丝的相对运动,可以加工出各种不同形状的二维曲线轮廓。如切割内封闭结构,钼丝先穿过工件上预加工的工艺小孔,再经导轮由储丝筒带动作正反向的往复运动。

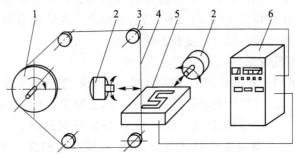

图 4-6　电火花线切割加工原理图
1—储丝筒;2—工作台驱动电动机;3—导轮;4—电极丝;5—工件;6—脉冲电源

与电火花成形加工不同的是,电极丝在切割时,只有当电极丝和工件之间保持一定的轻微接触压力时,才形成火花放电。

线切割时,由于电极丝不断移动,其损耗很小,因此加工精度较高,其平均加工精度可达 0.01 mm,比电火花成形加工高效,加工表面粗糙度 Ra 可达 1.6 μm 甚至更小。目前,我国生产和使用的主要机种是采用高速往复走丝方式,一般走丝速度为 $8 \sim 10$ m/s,这也是我国独有的电火花线切割加工模式。国外主要机种多采用慢速走丝方式,特点是电极丝作低速单向运动,通常走丝速度低于 0.2 m/s。线切割机床普遍采用计算机数字控制(CNC)装置。

电火花线切割加工与成形穿孔加工比较,有以下特点:

(1)由于加工表面的轮廓是由 CNC 装置控制的复合运动所获得,所以可切割复杂表面。

(2)可加工细微的几何形状、切缝和很小的内角半径。电极丝在加工中不断运动,使单位长度金属丝损耗较少,对加工精度影响小。

（3）无需特定形状的工具电极，降低了生产成本，节约了准备工时。

（4）在电参数相同的情况下，比穿孔加工生产率高，自动化程度高，操作使用方便。

（5）加工同样的工件，其总蚀除量少，材料利用率高，对加工贵重金属有着重要意义。

（6）线切割的缺点是不能加工不通孔类零件和阶梯成形表面。

生产中也常用电火花磨削和镗削加工，如 DK6825 数控旋转电火花机床就是利用数控的伺服技术专用脉冲电源及旋转工具电极来解决各种超硬导电材料的磨削加工问题的。工作时工件可作旋转和往复运动，还可由旋转运动和轴向运动组合成螺旋运动。图 4-7 即为 DK6825 数控旋转电火花机床的加工范围。电火花磨削的尺寸公差等级可达 IT8 ~ IT6，表面粗糙度 Ra 可达 0.4 μm。电火花镗削时，工具电极只作往复运动和进给运动，工件作旋转运动。电火花镗磨设备比电火花磨削设备简单，但生产率较低。圆柱度可达 0.005 ~ 0.003 mm，表面粗糙度 Ra 可小于 0.4 μm，目前小孔加工中较多应用。图 4-8 为电火花镗磨示意图。

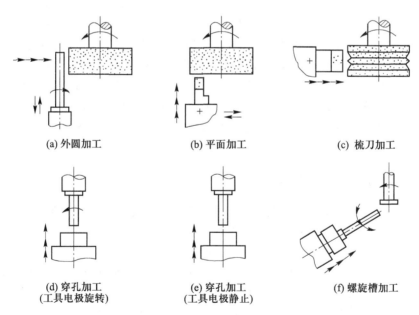

(a) 外圆加工　　　　　　(b) 平面加工　　　　　　(c) 梳刀加工

(d) 穿孔加工　　　　　　(e) 穿孔加工　　　　　　(f) 螺旋槽加工
(工具电极旋转)　　　　　(工具电极静止)

图 4-7　DK6825 数控旋转电火花机床加工范围

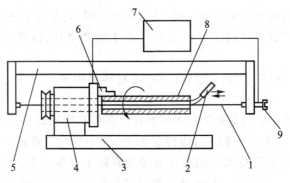

图 4-8　电火花镗磨
1—电极丝(工具电极);2—工作液管;3—工作台;4—电动机;
5—弓形架;6—三爪自定心卡盘;7—脉冲电源;8—工件;9—螺钉

第二节　电解加工

电解加工(electrochemical machining,ECM)属于电化学加工方法,是继电火花加工之后发展较快、应用较广泛的一种特种加工方法。我国于 20 世纪 50 年代将这一工艺成功地应用到军工领域炮管腔线的加工研究中,不久又推广到船厂发动机叶片型面和锻模型面的加工,以后在广大科技人员的共同努力下,电解加工已在许多方面取得了突破性的进展,如涡轮叶片、整体涡轮、锻模型腔以及齿轮、花键、异形孔等复杂型面、型孔的加工中,同时也设计了各种新型的电解加工机床。目前国内外都已将电解加工作为国防航空及机械制造业中不可缺少的重要工艺手段。

一、电解加工的原理

电解加工是利用金属在电解液中发生阳极溶解的原理去除工件上多余的材料将零件加工成形的一种方法。电解加工示意图如图 4-9 所示。零件加工时,工件接电源正极(阳极),按一定形状要求制成的工具接负极(阴极),两极之间保持较小的间隙(通常为 0.02~0.7 mm),利用电解液泵在间隙中间通以高速(5~50 m/s)流动的电解液,在工件与工具之间施加一定电压。

电解加工的原理如图 4-10 所示,图中的细竖线表示通过阳极(工件)和阴极(工具)间的电流。竖线的疏密程度表示电流密度的大小。电解加工开始时,工件阳极与工具阴极的形状不同,工件表面上的各点至工具表面的距离不等,因而各点的电流密度不等。阳极与阴极距离较近的地方通过的电流密度较大,电解液的流速也较高,阳极溶解的速度也就较快,如图 4-10a 所示。由于工具相对工件不断进给,工件表面就不断被溶解,电解产物不断被电解液冲走,直至工件表面形成与工具表面基本相似的形状为止,如图 4-10b 所示。

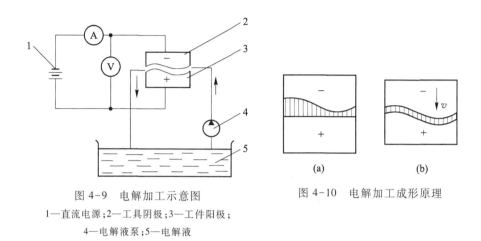

图 4-9　电解加工示意图

1—直流电源;2—工具阴极;3—工件阳极;

4—电解液泵;5—电解液

图 4-10　电解加工成形原理

电解加工过程没有机械加工中的切削力和切削热作用,也没有电火花加工中热的影响,电解液经过滤可重复使用。

电解加工时电极间的反应是相当复杂的,这主要是因为工件一般不是纯金属,而是各种金属的合金,其金相组织也不完全一致,所用的电解液往往也不是该金属盐的溶液,而且还可能含有多种成分。电解液可分为中性盐溶液、酸性溶液、碱性溶液三大类,中性盐溶液的腐蚀性小,使用时较安全,故应用最普遍。最常用的有 NaCl、$NaNO_3$ 和 $NaClO_3$ 三种电解液,下面仅介绍 10%~20% 的 NaCl 水溶液作电解液加工低碳钢工件时,其主要的电化学反应:

$$水溶液:H_2O \rightleftharpoons H^+ + OH^-$$

$$(工件阳极)离解并与电解液反应:Fe - 2e^- \longrightarrow Fe^{2+}$$

$$Fe^{2+} + 2OH^- \longrightarrow Fe(OH)_2 \downarrow$$

$$工具(阴极)反应:2H^+ + 2e^- \longrightarrow H_2 \uparrow$$

从以上反应可以看出,在电解加工过程中,由于外电源的作用使工件的 Fe 原子失去电子,以 Fe^{2+} 的形式与电解液中的 OH^- 化合生成 $Fe(OH)_2$ 而沉淀。由于 $Fe(OH)_2$ 在水中的溶解度很小,起初为墨绿色的絮状物,时间一长就逐渐被电解液及空气中的氧氧化生成黄褐色的 $Fe(OH)_3$ 沉淀物。沉淀物不断被电解液带走,而阴极不断得到电子,与水中的 H^+ 结合而游离出氢气。在整个过程中,仅有工件(阳极)和水逐渐消耗,而工具和 NaCl 并不消耗,因此在理想情况下,工具可长期使用,电解液不断过滤干净并经常补充适量的水,也可长期使用。

二、电解加工的特点

（1）不受材料本身强度、硬度和韧性的限制，可加工高强度、高硬度和高韧性等难切削的金属材料，如淬火钢、钛合金、硬质合金、不锈钢、耐热合金等。

（2）能以简单的进给运动一次加工出形状复杂的型面和型腔。

（3）加工中无切削力和切削热的作用，所以不产生由此引起的变形和残余应力、加工硬化、毛刺、飞边、刀痕等，适合于加工易变形或薄壁零件。

（4）加工过程中工具电极理论上无损耗，可长期使用。

（5）生产率较高，为电火花加工的 5～10 倍以上，在某些情况下比切削加工的生产率还高。

（6）电解液对机床有腐蚀作用，电解产物的处理和回收困难。

三、电解加工的应用

电解加工主要应用于以下几个方面：

1. 型腔加工

各种模具的型腔大多采用电火花加工，因为电火花加工的精度比电解加工的精度高，但其生产率低，因此在一些对模具消耗较大、精度要求不太高的矿山机械、农机、拖拉机等所需的锻模已逐渐采用电解加工。

2. 叶片加工

叶片是喷气发动机、汽轮机中的重要零件，叶身型面形状比较复杂，要求精度高，加工批量大，采用机械加工难度大，生产率低，加工周期长，而采用电解加工则不受叶片材料硬度和韧性的限制，在一次行程中就可加工出复杂的叶身型面，生产率高，表面粗糙度值小，电解加工整体叶轮在我国已得到普遍应用。

3. 电解倒棱去毛刺

机械加工中去毛刺的工作量很大，尤其是去除硬而韧的金属毛刺，需要很多的人力，电解倒棱去毛刺可以大大提高工效。

此外，电解加工还可以进行深孔的扩孔加工，各种形状复杂、尺寸较小的四方、六方、椭圆、半圆等形状的型孔的不通孔或通孔的加工以及抛光等。

第三节　超声波加工

一般情况下，电火花加工和电解加工都只能加工金属导电材料，无法加工不导电的非金属材料，而超声波加工不仅能加工硬质合金、淬火钢等脆硬金属材料，而且更适合加工玻璃、陶瓷、半导体、锗和硅片等不导电的非金属脆硬材料，同时还可以用于清洗、焊接和探伤等。

一、超声波加工的原理

超声波加工(ultrasonic machining,USM)是利用工具端面作超声频振动,通过磨料悬浮液加工硬脆材料的一种加工方法,其加工原理如图4-11所示。加工时在工具头与工件之间加入液体与磨料混合的悬浮液,并在工具头振动方向加上一个不大的压力,超声波发生器产生的超声频电振荡通过换能器转变为超声频的机械振动,变幅杆将振幅放大到 0.01~0.15 mm,再传给工具,并驱动工具端面作超声振动,迫使悬浮液中的悬浮磨料在工具头的超声振动下以很大速度不断撞击抛磨被加工表面,把加工区域的材料粉碎成很细的微粒,从材料上被打击下来。虽然每次打击下来的材料不多,但由于每秒钟打击 16 000 次以上,所以仍存在一定的加工速度。与此同时,悬浮液受工具端部的超声振动作用而产生的液压冲击和空化现象促使液体钻入被加工材料的隙裂处,加速了破坏作用,而液压冲击也使悬浮工作液在加工间隙中强迫循环,使变钝的磨料及时得到更新。

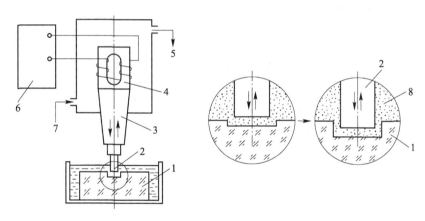

图 4-11　超声波加工原理
1—工件;2—工具;3—变幅杆;4—换能器;5—冷却水;
6—超声波发生器;7—冷却水;8—磨料悬浮液

由此可见,超声波加工是磨料在超声波振动作用下的机械撞击和抛磨作用与超声波空化作用的综合结果,其中磨料的连续冲击是主要的。

所谓空化作用是指当工具端面以很大的加速度离开工件表面时,加工间隙内形成负压和局部真空,在液体内形成很多微空腔,当工具端面又以很大的加速度接近工件表面时,空腔闭合引起极强的液压冲击波,可以强化加工过程。

二、超声波加工的特点

（1）由于去除被加工材料是靠机械撞击、抛磨和空化作用，因此超声波加工适合于加工各种硬脆材料，特别是一些不导电的非金属材料，如玻璃、陶瓷、石英、硅、玛瑙、宝石、金刚石及各种半导体等，也能加工导电的硬质金属材料（如淬火钢、硬质合金），但生产率低。

（2）由于超声波加工主要靠瞬时的局部冲击作用，故工件表面的宏观切削力很小，切削应力、切削热更小，因此可获得较高的加工精度（尺寸精度可达0.02~0.005 mm）和较低的表面粗糙度值（Ra 为 0.2~0.05 μm），被加工表面无残余应力、烧伤等现象，也适合加工薄壁、窄缝和低刚度零件。

（3）在加工过程中不需要工具和工件作比较复杂的相对运动，因此易于加工各种复杂形状的型孔、型腔和成形表面等，超声波加工设备结构一般比较简单，操作维修方便。

（4）工具可用较软的材料做成较复杂的形状。

三、超声波加工的应用

超声波加工的生产率虽然比电火花加工和电解加工低，但其加工精度和表面质量都优于它们，更重要的是可以加工它们难以加工的半导体和非金属的硬脆材料，如玻璃、陶瓷、石英、硅、玛瑙、宝石、金刚石等，而且对于电火花加工后的一些淬火钢、硬质合金冲模、拉丝模、塑料模等，最后还经常用超声波抛磨、光整加工。

1. 型孔和型腔的加工

超声波目前主要应用在脆硬材料的圆孔、型孔、型腔、套料、微细孔等的加工，如图 4-12 所示。

2. 切割加工

对于难以用普通加工方法切割的脆硬材料，如陶瓷、石英、硅、宝石等，用超声波加工具有切片薄、切口窄、精度高、生产率高、经济性好等优点。

3. 超声波清洗

其原理主要是基于清洗液在超声波作用下产生空化效应的结果。空化效应产生的强烈冲击液直接作用到被清洗的部位，使污物遭到破坏，并从被清洗表面脱落下来。此方法主要用于几何形状复杂、清洗质量要求高而用其他方法清洗效果差的中小精密零件，特别是工件上的小深孔、微孔、弯孔、不通孔、沟槽、窄缝等部位的精清洗，生产率和净化率都很高。目前，在半导体和集成电路元件、仪器仪表零件、电真空器件、光学零件、医疗器械等的清洗中应用。

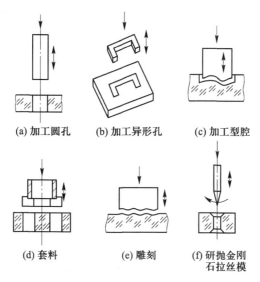

(a) 加工圆孔　　　(b) 加工异形孔　　　(c) 加工型腔

(d) 套料　　　　(e) 雕刻　　　(f) 研抛金刚
　　　　　　　　　　　　　　石拉丝模

图 4-12　型孔与型腔加工

4. 超声波焊接

超声波焊接就是利用超声振动作用去除工件表面的氧化膜,使工件露出本体表面,使两个被焊工件表面在高速振动撞击下摩擦发热并亲和粘在一起。它可以焊接塑料及表面易生成氧化膜的铝制品,还可以在陶瓷等非金属表面挂锡、挂银,从而改善这些材料的焊接性。

5. 复合加工

超声波在加工硬质合金、耐热合金等硬质金属材料时加工速度低,工具损耗大。为了提高加工速度和降低工具损耗,采用超声波、电解加工或电火花加工相结合来加工喷油嘴、喷丝板上的孔或窄缝,这样可大大提高生产率和质量。还可以利用超声振动来研磨抛光电火花加工或电解加工之后的模具表面和拉丝模小孔,使表面粗糙度值进一步降低。另外在切削加工中引入超声波振动(例如对耐热钢、不锈钢等硬韧材料进行车削、钻孔、攻螺纹时),可以降低切削力,降低表面粗糙度值,延长刀具使用寿命及提高生产率等。

第四节　高能束加工

随着科学技术的发展,许多行业的高、精、尖产品对零件的加工要求越来越高。如火箭发动机的燃料喷嘴、柴油机喷嘴、人造纤维的喷丝头、精密仪表上的宝石轴承等都要求尺寸在 $1 \sim 20~\mu m$,其边缘清晰度仅为几微米,而对于微电子学领域中元件的加工精度、表面质量的要求更高。这对于传统的机械加工非常困难甚至难以实现。人们在生产实践中,发展了高能密度束流加工技术,解决了以上技术难题。常用的高能束加工方法主要是激光加工、电子束加工、离子束加工等。高能束加工有以下共同特点:

1)加工速度快,热流输入少,对工件热影响极少,工件变形小。

2)束流能够聚焦且有极高的能量密度,激光加工、电子束加工可使任何坚硬、难熔的材料在瞬间熔融汽化,而离子束加工是以极大能量撞击零件表面,使材料变形、分离破坏。

3)工具与工件不接触,无工具变形及损耗问题。

4)束流控制方便,易实现加工过程自动化。

一、激光加工

1. 激光加工的原理和特点

(1)激光加工(laser beam machining,LBM)原理

激光是通过入射光子来激发处于亚稳态的较高能级的原子、离子或分子跃迁到低能级时完成受激辐射所发出的加强光。所以激光与普通光相比具有强度高、方向性好、相干性和单色性好等特点。由于激光的单色性好和具有很小的发散角,因此可通过光学系统将激光束聚焦成尺寸与光波波长相近的极小光斑,其功率密度可达 $10^7 \sim 10^{11} \text{W/cm}^2$,温度可达 10 000 ℃,将材料在瞬间($10^{-3}$ s)熔化和蒸发,工件表面不断吸收激光能量,凹坑处的金属蒸气迅速膨胀,压力猛然增大,熔融物被产生的强烈冲击波喷溅出去。所以说激光加工是在光热效应下产生的高温熔融和冲击波的综合作用过程。目前生产中利用激光进行各种材料的打孔、切割、焊接和打标等加工。

图 4-13 为固体激光打孔的加工原理图。激光器是激光加工设备的核心,它能把电能转换成激光束输出。常用的激光器有固体和气体两大类。固体激光器常由主体光泵(激励源)及谐振腔(由全反射镜、部分反射镜组成)、工作物质(一些发光材料,如掺钕钇铝石榴石、红宝石、钕玻璃等)、聚光器、聚焦透镜等组成。图中激光器的工作物质为钇铝石榴石,当其受光泵(激励脉冲氙灯)的激发后,其粒子由低能级激发到高能级,在一定条件下,少量激发粒子受激辐射跃迁使得光放大,然后通过谐振腔内的全反射镜和部分反射镜的反馈作用产生振荡,此时由谐振腔的一端输出激光。由激光器发射的激光再通过透镜聚焦形成高能光束照射到工件的加工表面,即可对工件进行加工。

(2)激光加工的特点

1)激光加工属非接触加工,无明显机械力,也无工具损耗,工件不变形,加工速度快,热影响区小,可达高精度加工,易实现自动化。

2)因功率密度是所有加工方法中最高的,所以不受材料限制,几乎可加工

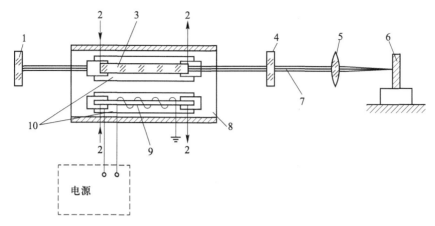

图 4—13 固体激光器中激光的产生与加工原理

1—全反射镜；2—冷却水；3—钇铝石榴石；4—部分反射镜；5—透镜；

6—工件；7—激光束；8—聚光器；9—光泵；10—玻璃管

任何金属与非金属材料。

3）激光加工可通过惰性气体、空气或透明介质对工件进行加工，如可通过玻璃对隔离室内的工件进行加工或对真空管内的工件进行焊接。

4）激光可聚焦形成微米级光斑，输出功率大小可调节，常用于精密细微加工，最高加工精度可达 0.001 mm，表面粗糙度 Ra 可达 0.4～0.1 μm。

5）能源消耗少，无加工污染，在节能、环保等方面有较大优势。

2. 激光加工的应用范围

（1）激光打孔 激光打孔主要用于特殊材料或特殊工件上的孔加工，如仪表中的宝石轴承、陶瓷、玻璃、金刚石拉丝模等非金属材料和硬质合金、不锈钢等金属材料的细微孔的加工。激光打孔的效率非常高，功率密度通常为 $10^7～10^8$ W/cm^2，打孔时间甚至可缩短至传统切削加工的百分之一以下，生产率大为提高。激光打孔的尺寸公差等级可达 IT7，表面粗糙度 Ra 可达 0.16～0.08 μm。

（2）激光焊接 详见上册第六章第二节。

（3）激光切割 激光切割与激光打孔原理基本相似，是利用聚焦以后的高功率密度（$10^5～10^7$ W/cm^2）激光束连续照射工件，光束能量以及活性气体辅助切割过程附加的化学反应热能均被材料吸收，引起照射点材料温度急剧上升，到达沸点后材料开始汽化，并形成孔洞，且光束与工件相对移动，使材料形成切缝，切缝处熔渣被一定压力的辅助气体吹除，其切割的原理图如图 4—14 所示。

激光切割是激光加工中应用最广泛的一种，其切割速度快、质量高、省材料、热影响区小、变形小、无刀具磨损、没有接触能量损耗、噪声小、易实现自动化，而且还可穿透玻璃切割真空管内的灯丝，由于以上诸多优点，深受各制造领域欢

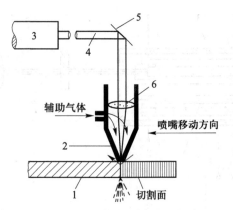

图 4-14　激光切割原理图

1—被割材料;2—喷嘴;3—激光器;4—激光束;5—反射镜;6—透镜

迎,不足之处是一次性投资较大,且切割深度受限。

(4) 激光表面热处理　当激光能量密度在 $10^3 \sim 10^5$ W/cm² 时,对工件表面进行扫描,在极短的时间内加热到相变温度(由扫描速度决定时间长短),工件表层由于热量迅速向内传导快速冷却,实现了工件表层材料的相变硬化(激光淬火)。

与其他表面热处理比较,激光热处理工艺简单,生产率高,工艺过程易实现自动化。一般无需冷却介质,对环境无污染,对工件表面加热快,冷却快,硬度比常温淬火高 15%~20%,耗能少,工件变形小,适合精密零件局部表面硬化及内孔或形状复杂零件表面的局部硬化处理。但激光表面热处理设备费用高,工件表面硬化深度受限,因而不适合大负荷的重型零件。

(5) 其他应用　近年来,各行业中对激光合金化、激光抛光、激光冲击硬化法、激光清洗模具技术也在不断深入研究及应用中。

二、电子束和离子束加工

近年来在精密微细加工方面发展较快的新兴特种加工为电子束和离子束加工。电子束多用于打孔、焊接、光刻加工等。离子束则主要用于刻蚀、镀膜及离子注入等。

1. 电子束加工

(1) 电子束加工原理

电子束加工(electron beam machining,EBM)是在真空条件下,利用电子枪中产生的电子经加速、聚焦后能量密度为 $10^6 \sim 10^9$ W/cm² 的极细束流高速冲击到工件表面上极小的部位,并在几分之一微秒时间内,其能量大部分转换为热能,使工件被冲击部位的材料温度达到几千摄氏度,致使材料局部熔化或蒸发,来去除材料。图 4-15 为电子束加工原理示意图。

（2）电子束加工的特点

1）高功率密度 电子束半径可达到微米级，因此使照射材料表面温度高达数千摄氏度，致使材料熔化和汽化，因此去除材料主要靠瞬时蒸发。由于属非接触式加工，工件不受机械力作用，很少产生宏观应力变形，同时也不存在工具损耗问题。

2）电子束强度、位置、聚焦可精确控制 强度和束斑大小控制误差可达 1% 以下，位置的控制准确度可达 0.1 μm，电子束通过磁场和电场可在工件上以任何速度行进，便于自动化控制。

3）环境污染少 由于电子束加工在真空环境（真空度为 $10^{-2} \sim 10^{-4}$ Pa）下进行，使加工部位不受污染，不易氧化，适合加工纯度要求很高的半导体材料及易氧化的金属材料。

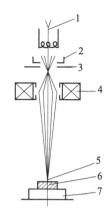

图 4-15 电子束加工原理图
1—发射阴极；2—控制栅极；
3—加速阳极；4—聚焦系统；
5—电子束斑点；6—工件；
7—工作台

（3）电子束加工的应用范围

电子束加工据其功率密度和能量注入时间的不同，可分别用于打孔、切割、焊接、刻蚀、热处理和光刻等加工。

1）电子束打孔 电子束可用来加工不锈钢、耐热钢、宝石、陶瓷、玻璃等各种材料上的小孔、深孔。最小加工直径可达 0.003 mm，最大深径比可达 10。像机翼吸附屏的孔、喷气发动机套上的冷却孔，此类孔数量巨大（高达数百万），且孔径微小，密度连续分布而孔径也有变化，非常适合电子束打孔，另外还可在塑料和人造革上打许多微孔，令其像真皮一样具有透气性。

一些合成纤维为增加透气性和弹性，其喷丝头型孔往往制成异形孔截面（图 4-16），可利用脉冲电子束对图形扫描制出。除此之外还可凭借偏转磁场的变化使电子束在工件内偏转方向加工出弯曲的孔，如图 4-17 所示。

2）电子束切割 可对各种材料进行切割，切口宽度仅有 3~6 μm。利用电子束再配合工件的相对运动，可加工所需要的曲面。

3）光刻 当使用低能量密度的电子束照射高分子材料时，将使材料分子链被切断或重新组合，引起分子量的变化，即产生潜像，再将其浸入溶剂中将潜像显影出来。把这种方法与其他处理工艺结合使用，可实现在金属掩膜或材料表面上刻槽。

4）其他应用 用计算机控制，对陶瓷、半导体或金属材料进行电子刻蚀加工，异种金属焊接，电子束热处理等。

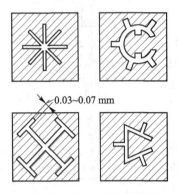

0.03~0.07 mm

图 4-16　用电子束加工的孔　　　　图 4-17　电子束加工内部曲面和弯孔

2. 离子束加工

（1）离子束加工原理

与电子束加工类似,离子束加工(ion beam machining,IBM)也是在真空条件下利用离子源(离子枪)产生的离子经加速聚焦形成高能的离子束流投射到工件表面,使材料变形、破坏、分离以达到加工目的。因为离子带正电荷且质量是电子的千万倍,且加速到较高速度时,具有比电子束大得多的撞击动能,因此离子束撞击工件将引起变形、分离、破坏等机械作用,而不像电子束是通过热效应进行加工。图 4-18 为离子束加工原理示意图。

（2）离子束加工的特点

1）加工精度高。因离子束流密度和能量可得到精确控制。

2）在较高真空度下进行加工,环境污染少。特别适合加工高纯度的半导体材料及易氧化的金属材料。

3）加工应力小,变形极微小,加工表面质量高,适合于各种材料和低刚度零件的加工。

（3）离子束加工的应用范围

离子束加工方式包括离子刻蚀、离子镀膜及离子溅射沉积和离子注入等。

1）离子刻蚀　当所带能量为 0.1~5 keV、直径为十分之几纳米的氩离子轰击工件表面时,此高能离子所传递的能量超过工件表面原子(或分子)间键合力时,材料表面的原子(或分子)被逐个溅射出来,以

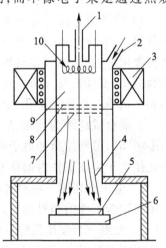

图 4-18　离子束加工原理
1—真空抽气口;2—氩气入口;
3—电磁线圈;4—离子束流;5—工件;
6、7—阴极;8—阳极;9—电离室;
10—灯丝

达到加工目的,如图4-19a所示。这种加工本质上属于一种原子尺度的切削加工,通常又称为离子铣削。离子束刻蚀可用于加工空气轴承的沟槽、打孔、加工极薄材料及超高精度非球面透镜,还可用于刻蚀集成电路等的高精度图形。

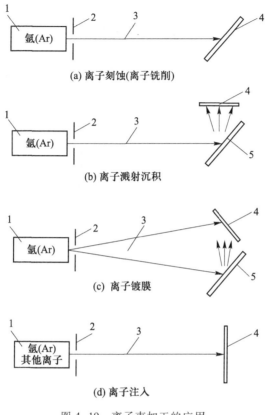

图 4-19　离子束加工的应用

1—离子源;2—阴极;3—离子束;4—工件;5—靶材

　　2）离子溅射沉积　　此法也是采用能量为 0.1~5keV 的氩离子轰击某种材料制成的靶材,将靶材原子击出并令其沉积到工件表面上并形成一层薄膜,如图 4-19b所示。实际上此法为一种镀膜工艺。

　　3）离子镀膜　　离子镀膜一方面是把靶材射出的原子向工件表面沉积,另一方面还有高速中性粒子打击工件表面以增强镀层与基材之间的结合力(可达 10~20 MPa),原理如图 4-19c 所示。由于此法适应性强、膜层均匀致密、韧性好、沉积速度快,目前已获得广泛应用。

　　4）离子注入　　如图 4-19d 所示,用 5~500 keV 能量的离子束,直接轰击工件表面,由于离子能量相当大,可使离子钻进被加工工件材料表面层,改变其表面层的化学成分,从而改变工件表面层的力学、物理性能。此法不受温度及注入何种元素及粒量限制,可根据不同需求注入不同离子(如磷、氮、碳等)。注入表面元素的均匀性好,纯度高,其注入的粒量及深度可控制,但设备费用大、成本高、生产率较低。

复习思考题

1. 何谓特种加工?有哪些主要方法?为什么特种加工能用来加工难加工的材料和形状复杂的工件?

2. 电火花线切割加工有何特点?

3. 电解加工有何特点?

4. 超声波加工的基本原理是什么?超声波加工主要用于加工哪些材料?

5. 激光加工应用的技术基础是什么?可以从中获得哪些启示?

6. 何为高能束加工?通常分为哪几类?说明电子束加工和离子束加工的工作原理和特点。

第五章　非金属材料的机械加工

本章学习指南

　　本章的第一、二节,在讲述了陶瓷、玻璃与石材的基本加工方法的基础上,介绍了近年来出现的一些新型加工工艺。与其他材料相比,无机非金属材料的硬度较大,难以加工。因此需用硬度更高的金刚石刀具或磨具进行切割或磨抛加工。此外,一些新型的加工方法(如超高压水射流法、超声波法、激光法等)应用在石材或陶瓷的加工中,可以得到更高精度。第二节主要讲授了塑料的加工,目的是了解塑料的特点、塑料加工的方法,掌握各种切削要素对塑料的机械加工的影响,重点是掌握塑料加工的几何参数的选择。第三节讲授了复合材料的加工,从材料性能上看,复合材料与相应的基体材料既有区别,又有联系。反映到机械加工上,也有类似的特点。比如玻璃纤维增强热塑性树脂基复合材料,其加工可以参考热塑性塑料,但由于玻璃纤维的存在,其切削性能又有所不同。

　　本部分内容具有较强的应用性,学习中应注重与金属材料的机械加工和特种加工相对照比较,注意前后知识的综合应用;为了提高分析问题、解决问题的能力,还要注意密切联系生产实际,重视实验环节;学习本章之前,应具有必要的生产实践的感性认识和专业基础知识,故应在金工实习和工程材料等课程后进行学习。

第一节　无机非金属材料的机械加工

一、陶瓷的加工

　　陶瓷(ceramics)是一种通过高温烧结而成的无机非金属材料,具有耐高温、耐腐蚀、耐磨损及抗热冲击等优点。近年来,随着陶瓷增韧强化技术的进步以及机械加工方法的开发,陶瓷的应用范围迅速扩大。

1. 加工方法

　　按照供给能量的方式,可将目前陶瓷的加工方法进行分类,具体情况如图5-1所示。这些加工方法中,机械加工方法的效率高,因而在工业上获得广泛应用,特别是金刚石砂轮磨削、研磨和抛光较为普遍。

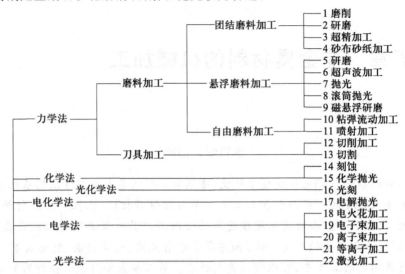

图 5-1　陶瓷材料的常用加工方法分类

进行表面精加工时,可采用图 5-1 中 1～5、7～10 和 15 所示的方法,其他加工方法大多适用于打孔、切割或微加工等。切割大多用金刚石砂轮进行磨削切割,打孔是按照不同孔径进行超声波加工、研磨或磨削方式加工。

2. 陶瓷加工的主要问题

陶瓷加工虽然有许多方法,但加工成本高,加工效率低,加工精度差,其主要原因之一是陶瓷的硬度非常高。

对于陶瓷,未烧体或焙烧体主要用切削加工进行粗加工,烧结后用磨削进行精加工。根据情况不同,也可以不经加工,直接磨削加工烧结体使之达到设计精度。

就加工过程而言,陶瓷与金属零件加工几乎是相似的,但陶瓷的加工余量则大得多。未烧体或焙烧体陶瓷粗加工时,易于出现强度不足或表面加工缺陷问题,或由于装夹不充分等原因而不能获得所要求的最终加工形状。由于烧结时不能保持收缩均匀,在粗加工时就要使尺寸不要太靠近最终尺寸,所以留有的精加工的余量就大;精加工时余量则需有几毫米甚至十几毫米。加工余量大,生产率降低,生产成本升高。

陶瓷加工的另一个问题是加工刀具费用大。陶瓷的切削加工需使用高价的烧结金刚石、立方氮化硼(CBN)刀具,精加工也是以金刚石砂轮为主,因此刀具费用要高出金属切削所用刀具数十倍至百倍。此外,陶瓷的强度对于加工条件是敏感的,难以实现高效率加工。

3. 加工技术

（1）机械加工

机械加工是陶瓷材料的传统加工技术，也是应用范围最广的加工方法。机械加工主要是指对陶瓷材料进行车削、切割、磨削、钻孔等。其工艺简单，加工效率高，但由于陶瓷材料的高硬、高脆，因此机械加工难以加工形状复杂、尺寸精度高、表面粗糙度值小、高可靠性的工程陶瓷部件。图5-2为切割、磨削、钻削加工示意图。

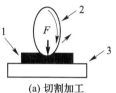

(a) 切割加工

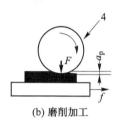

(b) 磨削加工

1）陶瓷材料的切削加工

切削加工是利用金刚石、CBN、硬质合金等超硬刀具对陶瓷材料进行平面加工，通常采用湿法切削，即不断向刀具喷射切削液。由于加工过程中材料表面受到机械应力作用，因而容易在材料表面产生凹坑、崩口、表面及表下层微裂纹。刀具、切削液的选择，刀具切削进给速度、进给量等工艺参数的优化，是陶瓷材料切削加工的研究热点问题。

2）陶瓷材料的磨削、抛光加工

陶瓷烧结体表面，由于在成形、烧结以及加工过程中引入大量凹痕、微裂纹等缺陷，在工程使用及力学性能测试之前通常需经过磨削、研磨和抛光处理。

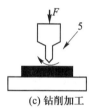

(c) 钻削加工

图5-2　陶瓷的机械加工示意图
1—工件；2—刀具；3—工作台；
4—砂轮；5—钻头

削、研磨和抛光处理。磨料、磨削液的选择，作用压力和相互滑移速度的控制是该加工方法的关键。

3）陶瓷材料的钻孔加工

陶瓷发动机、航天航空、化工机械等工程领域应用的陶瓷零件，通常需要进行孔洞的钻削加工。尤其带有螺纹的孔洞加工是陶瓷材料加工工艺中要求极高的工艺操作。目前机械钻削方法只能加工数毫米的陶瓷孔洞。微小孔洞的加工需要超声、激光、放电加工，以及机械加工等加工技术的复合加工。

（2）特种加工

研究表明：当单相或陶瓷/陶瓷、陶瓷/金属复合材料的电阻小于100 Ω·m时，陶瓷材料可以进行放电加工。放电加工是制备高尺寸精度、低表面粗糙度值、复杂形状高性能陶瓷元件很有应用前景的加工技术，深入研究放电加工工艺控制步骤，设计和制备导电性能和力学性能俱佳的复相陶瓷材料是该方法未来发展的关键。

陶瓷材料超声波加工常用的磨料是碳化硼、碳化硅和氧化铝等。一般选用的工作液为水，为提高材料表面的加工质量，也可用煤油或机油作液体介质。部分陶瓷材料超声波加工的工艺参数如表5-1所示。

表5-1　部分陶瓷材料采用超声波加工的参数

制品名称	磨　料		加工速度/(mm/min)
	磨料	磨料目数	
石英	SiC	320	5.5
单晶 ZrO_2	SiC	320	3.5
红宝石	SiC	280	0.8
Al_2O_3	SiC	280	3.6
Si_3N_4	B_4C	280	3.0
SiC	B_4C	280	3.0

在陶瓷材料上采用激光钻孔和切割，一般所需激光功率为 150 W～15 kW。目前已能加工直径为 4～5μm、深径比达 10 以上的微孔。

（3）复合加工

针对不同陶瓷材料及其不同热力学、物化性能，传统机械加工技术不断完善，同时新型加工技术层出不穷。近年来，各种复合加工技术在实验室及工程领域得到广泛重视和应用。复合加工技术包括化学机械加工、电解磨削、超声机械磨削、电火花磨削、超声电火花复合加工、电解电火花复合加工、电解电火花机械磨削复合加工等。工程实践表明：复合加工技术可提高材料的加工效率和改善加工后材料的表面质量，是陶瓷材料加工技术发展的趋势之一。

下面以化学机械加工中的化学机械效应（chemmechanical）来说明复合加工的优势。

在陶瓷材料的磨削、切削过程中，喷射的磨削、切削液通过与加工件表面的相互化学键合，对材料的去除率及表面粗糙度有显著的影响。由于加工摩擦产生的机械能，引发许多复杂的化学反应。这种所谓的"化学机械效应"直接影响机械加工过程中的摩擦因数、刀具或砂轮的磨损率、材料表面的粗糙度及力学性能、材料的去除率等。Liang H.等研究了切削液、磨削液与蓝宝石、氧化铝多晶材料、单晶硅、氮化硅、碳化硅和硅玻璃等在加工中的化学机械作用。研究表明，硼酸和硅酸的水溶液分别作为不同陶瓷材料的切削液，其钻孔效率比水和商用切削液提高 50% 左右。Jahanmir S.等发现，在加工氧化铝多晶材料时，硼酸替代水作切削液，钻孔率提高，而硼酸对蓝宝石和硅基陶瓷材料则未发现相同的效应。估计可能是硼酸与氧化铝多晶材料的无定形晶界相反应，促使晶粒间发生断裂,提高了材料加工过程中的去除率。另一种化合物硅酸不与氧化铝相互作用,却可提高单晶硅、氮化硅、碳化硅材料的加工性能,目前该化学机械作用的机理还不清楚。

二、玻璃的加工

玻璃是人类最早发明的人造材料之一,具有悠久的历史,随着科学技术的不断发展,玻璃的种类越来越多。除了传统应用领域的日用装饰、汽车工业等外,当代玻璃制品的应用已经渗透到许多新的工业领域,如航空航天、微电子等尖端领域。

一般来说,经过成形后的玻璃制品表面粗糙或有杂质覆盖,必须经过必要的后加工才能达到使用的技术要求。有些玻璃制品在使用过程中,需要和其他部件连接、黏结或配合,对制品的形状和尺寸均有严格要求,需要进行精确加工。玻璃制品的加工可分为机械加工、热加工和表面处理三大类,其中玻璃的机械加工主要有研磨、抛光、切割和钻孔等。

1. 玻璃的研磨和抛光

研磨的目的,是将制品粗糙不平的部分或成形时的余留玻璃磨去,使制品具有需要的形状、尺寸或平整的面。开始时使用粗磨料研磨,效率高,然后逐级使用细磨料,直至玻璃表面的毛面状态变得较细致,再用抛光料进行抛光,使毛面玻璃表面变得光滑、透明,并具有光泽。研磨、抛光是两个不同的工序,这两个工序合起来,俗称磨光。经研磨、抛光后的玻璃制品称磨光玻璃。

许多学者认为,研磨时磨料在磨盘负载下对玻璃表面进行划痕和剥离的机械作用,在玻璃表面形成微裂纹,经多次循环作用,玻璃被研磨成一层凹陷的毛面,并带有一定深度的裂纹层,如图5-3所示。使用的磨粒越细,玻璃的毛面状态越细致。抛光中,水解是主要作用。抛光料中的水既起着冷却作用,同时又与玻璃的新生表面产生水解作用,生成硅胶,起抛光盘和抛光液的作用,有利于剥离。抛光时,除将凹陷层(3~4 μm)全部除去外,还需将凹陷层下面的裂纹层(10~15 μm)也抛光除去。所以,抛光后毛面玻璃表面变得光滑、透明,并具有光泽。抛光磨去的厚度比研磨时磨除的厚度要小得多(仅为研磨时磨去厚度的1/20~1/40),但抛光过程所需的时间比研磨过程所需的时间要多得多。

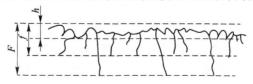

图5-3 研磨玻璃断面(凹陷层及裂纹层)

h—平均凹陷层;f—平均裂纹深;F—最大裂纹深

影响玻璃研磨、抛光过程的主要工艺因素有：

（1）研磨、抛光料的性能

由于玻璃研磨时，机械作用是主要的，所以磨料的硬度必须大于玻璃的硬度。常用的研磨料有金刚砂、刚玉、碳化硅、石英砂等。一般来说，磨料的硬度大，研磨效率高，如金刚砂和碳化硅的研磨效率都比石英砂高得多。但硬度大的磨料使研磨表面的凹陷深度较大。磨料的粒度大可提高磨除量，但降低了玻璃的研磨质量。为此，在研磨开始时，采用粒度大的磨料，然后再用细磨料逐级研磨。

常用的抛光材料有红粉（氧化铁）、氧化铈、氧化铬、氧化钍等。对抛光材料的要求，除了有较高的抛光能力外，必须不含硬度大、颗粒大的杂质，以免玻璃表面划伤。抛光料悬浮液的浓度对抛光效率亦有影响。刚开始抛光时，采用较高的浓度，提高抛光效率，抛光一段时间后，浓度需逐级降低。

（2）研磨、抛光盘的转速和压力

研磨、抛光盘的转速和压力与抛光效率之间存在着正比关系。转速和压力增大，研磨、抛光的效率提高，但同时必须增加研磨或抛光料的给料量，否则会降低抛光效率，甚至引起擦痕等缺陷。

（3）研磨、抛光盘材料

研磨盘材料硬度大，能提高研磨效率。铸铁材料的研磨效率为1，有色金属为0.6，而塑料仅为0.2。但硬度大的研磨盘使研磨表面的凹陷深度加深。因此，最后一级粒度的磨料用塑料盘就可大大缩短抛光时间。

一般抛光盘都用毛毡制作，也可用呢绒、马兰草根等，粗毛毡或半羊毛毡的抛光效率高，细毛毡和呢绒的抛光效率低。

2. 玻璃的切割

切割是利用玻璃的脆性和残余应力，在切割点加一刻痕造成应力集中，使之易于折断。对不太厚的板、管，均可用金刚石、合金刀或其他坚韧工具在表面刻痕，再折断。为了增强切割处应力集中，也可在刻痕后再用火焰加热，更便于切割。如玻璃杯成形后有多余之料帽，可用合金刀沿圆周刻痕，再用扁平火焰沿圆周加热，即可割去。

对厚玻璃可用电热丝在切割的部位加热，用水或冷空气使受热处急冷产生很大的局部应力，形成裂口，进行切割。同理，对刚拉出的热玻璃，只需用硬质合金刀在管壁处划一刻痕，即可折为两段。

利用局部产生应力集中形成裂口进行切割时，必须考虑玻璃中本身残余应力大小，如玻璃本身应力过大，刻痕时破坏了应力平衡，就会导致发生破裂。

对于大块厚玻璃或加工精度要求高的制件，可采用金刚石锯片或碳化硅锯片来切割。金刚石锯片是把金刚石颗粒嵌在圆锯片边缘锯齿部分而成，结合剂用青铜,冷却剂用水或煤油。碳化锯片是把碳化硅的各种粗细颗粒和酚醛树脂结合在一起,经成形加压硬化后制成,切割时还需加冷却液。切割方法根据用途可分为外圆切割、内圆切割、带锯切割等。

3. 玻璃的钻孔

仪器玻璃、光学玻璃制品常常需要钻孔以满足使用时的需要。钻孔的方法有研磨钻孔、钻床钻孔、冲击钻孔、超声波钻孔等。

研磨钻孔是用铜或黄铜棒(大型的孔可用管)压在玻璃上转动,通过碳化硅等磨料及水的研磨作用使玻璃形成所需要的孔,孔径范围一般为 3~100 mm。

钻床加工是用碳化钨或硬质合金钻头,操作与一般金属钻孔相似,孔径范围为 3~15 mm,钻孔速度比金属慢,用水、轻油、松节油冷却。

超声波钻孔是利用超声波发生器使加工工具发生振幅 20~50 μm、频率16~30 kHz 的振动,在振动工具和玻璃之间注入含有磨料的加工液,使玻璃穿孔。超声波加工设备示于图 5-4。采用超声波加工,精密度高,可以同时钻多孔,钻孔速度也快,可达每分钟数百毫米以上。

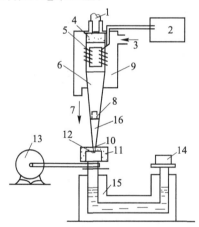

图 5-4　超声波加工设备示意图

1—主轴;2—超声波振荡器;3—喷雾冷却水;4—海绵;5—磁致伸缩振子;6—锥体;7—冷却水出口;8—固定磨头的法兰盘;9—容器;10—工具;11—混合液容器;12—被加工的玻璃;13—带动加工物旋转的电动机;14—砝码;15—油压装置;16—磨头

冲击钻孔是利用电磁振荡器使钻孔凿子连续冲击玻璃表面而形成孔。如将 150 W 的电磁振荡器通上 100 V 的电压,使硬质合金材料的凿子转速达到 2 000 r/min 左右,给玻璃面以每分钟 6 000 次的冲击,只要 10 s 的时间就可钻得直径 2 mm、深 5 mm 的小孔。

三、石材的加工

天然石材(nature stones)作为建筑物的装饰材料,以其自然本色、绚丽多彩、美观耐用、豪华气派的特点,成为现代高档建筑装饰的理想选择。我国石材资源极为丰富,目前已探明的花岗石储量达千亿立方米,有150多个花色品种,大理石储量为2 000亿立方米,有390多个花色品种,其资源储量及花色品种占世界首位。

近年来,随着建筑业和装饰装修业的发展,对石材制品的需求越来越大,石材加工也由平面板材为主向平面板材、圆柱、多面体、曲面体、雕刻品等多品种石材制品发展。采用凿子和錾子等进行剥落和研磨的手工方式加工石材的传统方法,有着悠久的历史,但粉尘和劳动强度大,工效低,尺寸精度和表面质量较差。从20世纪70年代至今,陆续研制出各种专用机械加工石材设备,如金刚石绳锯、金刚石锯切机、立式雕刻机、多功能数控加工中心等,其工作效率大大超过了手工加工,并且实现了石材的工业化批量生产。

(一) 石材的切割加工

1. 金刚石锯切机加工

金刚石锯切工具(diamond sawing tools)由于其优越的切削性能和抗磨损性能,在石材等许多工业中得到广泛应用。金刚石锯片锯切石材是目前比较成熟的石材加工工艺,但由于金刚石锯片造价较高,其使用寿命直接影响石材的加工成本。因此,在正确选择锯片的同时,应采用合理的锯切工艺参数,以提高锯片使用寿命和切割效率。

(1) 金刚石锯片的磨损

金刚石锯片(diamond blade)的磨损性能是反映锯切工艺参数合理性、锯切工具性能、石材可锯切加工性的重要指标之一。

典型的金刚石磨损过程为:金刚石出刃→达到工作高度→破碎→结合剂磨蚀→金刚石再出刃→磨粒破碎→磨粒完全脱落。

金刚石磨粒的磨损过程中,不断进行的微破碎、局部破碎过程使得新的切削刃不断产生,锯片处于锋利切削状态,切削效率高,切削功率消耗降低,但锯片使用寿命降低;金刚石的不断磨平和抛光,会使切削刃钝化,切削力增大,切割效率降低,而锯片的使用寿命有所提高。

(2) 锯切工艺参数选择

锯切工艺参数中,锯切速度对锯片磨损性能影响最大,它主要是通过引起锯切温度和机械载荷的变化,导致金刚石磨粒产生不同形态的磨损。在低速区,机械载荷对锯片磨损起着主要作用,增大锯切速度,单颗金刚石磨粒切削厚度及有效切削面积减小,因此机械载荷随之减小,锯片径向磨损减小,金刚石磨损形态以磨平、脱落为主;在高速区,机械载荷冲击及热载荷对锯片磨损有决定性影响,随着锯切速度的提高,热载荷及机械载荷冲击作用增大,锯片磨损加剧,金刚石磨粒以破碎形式居多。

锯切深度和进给速度的改变主要是通过引起机械载荷的变化影响锯片磨损性能。增大锯切深度或进给速度,单颗金刚石磨料切削厚度随之增大,切削载荷增大,锯片磨损加剧。此外,增大锯切深度,还会使金刚石磨粒与岩石接触弧长随之增大,由于摩擦作用,金刚石磨损形态以磨平为主,切削刃变钝,从而使切削载荷增大,锯切过程不稳定。在相同锯切率情况下,采用大锯切深度、小进给速度时,金刚石磨粒的切削厚度相对减小,切削路径长,金刚石磨粒的磨损形式以热载荷作用导致的磨平为主,而破碎的磨粒数减少;采用小锯切深度、大进给速度时,金刚石磨粒的切削厚度增大,切削路径短,此时,金刚石磨粒的磨损形式以机械载荷及其冲击作用导致的金刚石破碎为主。

此外,锯片本身的形状,如直径、齿数、槽宽等,以及石材的材质、冷却液的选择等对锯切过程也有着重要的影响。因此,在石材的锯切加工中,需对多方面因素综合考虑,以获得最理想的锯切效果。

（3）石材锯切机加工方法

1）圆筒切机加工 用金刚石圆筒切机可进行石材的圆柱面加工,图5-5为圆筒切机的结构示意图。将荒料固定在料车7上,由进给电动机4带动进给传动轴3转动,并带动横梁6作垂直方向进给运动。同时,主电动机2经传动带带动金刚石圆筒刀具1作旋转切割运动。进给电动机采用无级调速,其速度范围为0.9~9 mm/min。圆筒金刚石刀具刚度大,加工精度好,效率高。

2）仿形切机加工 仿形切机可进行石材曲面的加工,图5-6为其结构简图。根据所需曲面形状,用其他材料制作同形样板5,并固定在横梁6上;与锯片3同直径的靠轮4由电动机驱动沿样板5作曲面运动,并控制液压缸9上下位移,以带动金刚石锯片3的主轴作垂直进给运动。金刚石锯片3由电动机带动,作主切削运动。锯片的进给运动由主轴横向进给运动和液压缸垂直运动合成。因此,石材横向廓形由样板的形状所决定。当靠模轮在样板上完成一次横向行程后,由电动机带动横梁6沿纵向导轨8运动,其纵向位移距离等于锯片宽度,然后再进行横向切割,重复上述动作即可切出所需尺寸的石材曲面。仿形切削适于大批大

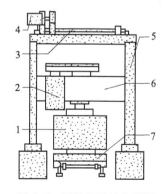

图 5-5 圆筒切机结构简图

1—圆筒刀具;2—主电动机;3—进给传动丝杠;
4—进给电动机;5—立柱;6—横梁;7—料车

量生产,可以切割各种凹凸曲面。

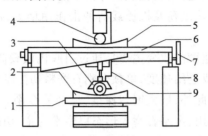

图 5-6　仿形切机结构简图

1—工作台;2—石料;3—锯片;4—靠轮;5—样板;
6—横梁;7—操作台;8—纵向导轨;9—液压缸

　　3) 数控机床加工　加工石材的数控机床主要有数控车床和数控铣床。图 5-7为数控车床的结构简图。金刚石刀具由计算机控制,可实现三个坐标方向的运动和坐标轴联动,以加工各种异形曲面。操作人员可直接在计算机的屏幕上对被加工石材的图样进行造型设计,按加工顺序在屏幕上演示全部加工运动轨迹(可进行剪裁、编辑和修改)并根据其廓形编程。符合要求后,将设计的石材廓形转换成数控加工程序,输入到机床的控制系统中,控制系统发出位移和速度指令,以控制机床伺服系统的运动。伺服系统通过伺服电动机驱动滚珠丝杠转动,带动刀架完成各坐标方向的运动,实现各种曲面的加工。数控机床加工精度高,但相应的加工成本也高。

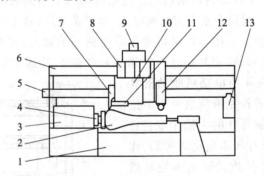

图 5-7　数控车床结构简图

1—床身;2—工件;3—主轴箱;4—主轴;5—桥架马达;
6—横梁;7—金刚石切片;8—切片升降导轨;9—切片升降电动机;
10—横向运动电动机;11—金刚石切片动力头;
12—磨头;13—纵向桥架

2. 金刚石绳锯加工

在对大型的石材进行切割加工时,常会受到金刚石锯片的直径及其设备的限制。用线锯可切割较大的石块,开始时在钢丝上加入磨料进行切割,但钢丝会很快被磨损而断裂。后来采用在钢丝上电镀金刚石粉代替碳化硅磨料切割石材,但也只能切割软石材,效果不够理想。近年来开发的金刚石绳锯对切割石材找到了一条高效之路,它不受切割深度、形状及加工设备的限制。

(1) 金刚石绳锯结构

金刚石绳锯(diamond wire saw)由弹性橡胶套、载体金属丝网、金刚石环块与连接件组成,其结构如图 5-8 所示。金刚石环块安装在金属丝网上,两环块间垫以特殊橡胶套,用来保护金属丝网,同时使绳锯有较高的柔性。金刚石环块可用电镀法将金刚石颗粒固定在环上,也可用烧结法制备。烧结法制备的金刚石环块更耐磨损,并有自锐性,使用寿命较长。金属丝网使绳锯具有足够的强度。在丝网中供冷却液,使其容易进入切削区内,以冷却润滑金刚石环块,并能清除磨屑使锯切顺利进行。

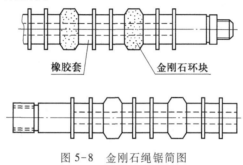

橡胶套　　　金刚石环块

图 5-8　金刚石绳锯简图

(2) 绳锯的安装

金刚石绳锯长度一般根据需要来选定。因其较长,多做成很多分段,绳锯是由各分段间利用其端面紧固用的钢套(或铜套)管螺纹连接,并将绳锯张紧。绳锯在安装前要检查各个环块的外径,使其大小均匀一致,其误差要小于 0.2 mm,目的是保证全长上各金刚石环块均匀磨损。绳锯总长应是所需长度的 1~1.5 倍,使其能宽松地安装在设备上为宜。但另一方面要尽可能短,以防止工作时弹跳使绳锯损坏(图 5-9)。

在安装绳锯前,先在矿山岩石上用特制钻具钻孔。钻孔要求:在绳锯水平方向孔径为 80 mm,垂直方向孔径为 34 mm。绳锯穿过孔并装在主动轮上,然后用张紧轮张紧并缓慢转动,当绳锯消除弯曲不离开工件时即可开始切削。

在天然石材加工中,直径为 6 mm 的绳锯常用于台式设备上。用大型设备切割大型石材,可选用直径 16 mm 的绳锯。

金刚石绳锯已在石材加工、建筑、土木工程中成功使用,但其缺点是绳锯为柔性刀具,加工尺寸精度较差,表面粗糙度值大。

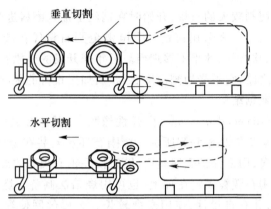

图 5-9　金刚石绳锯工作示意图

3. 超高压水射流加工

利用超高压水射流技术切割石材,具有加工效率高、噪声低、无粉尘污染、石材切缝窄、加工表面质量好、易实现微机自动控制等特点。同时可以方便地切割不同硬度、不同厚度的石材,特别是对于形状复杂的异形石材加工,更具有优越性。

超高压水射流(ultrahigh pressure water jet)加工设备主要由以下几部分组成:①供水系统,由水泵、电动机、水箱、过滤器等组成,其作用是提高水压至 3 MPa,并供给增压系统。②增压系统,在液压泵的作用下,将水压由 3 MPa 增大到 300~400 MPa。③蓄能器,其作用是积存一定量的高压水,以吸收来自增压器的脉冲水流和工作时断续引起的冲击,保证工作时获得连续、稳定的超高压水流。④喷嘴及运动控制系统,主要采用宝石制造的喷嘴,其直径根据石材硬度及厚度选择,一般选择 0.15~0.75 mm。同时采用磨料添加装置,使磨料与水混合,共同对石材进行切割。磨料一般采用石榴石。

超高压水射流切割石材的原理如图 5-10 所示。当超高压水射流进入混合室时,其流速可达到音速的 2~3 倍,在磨料入口处产生很大的负压,抽吸来自磨料仓中的石榴石磨料。石榴石磨料在水射流的作用下产生较大的冲击能量,经磨料水射流喷嘴射出对被加工石材表面产生很大的冲击力,冲击强度与射流速度的平方成正比。当这

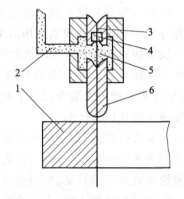

图 5-10　超高压水射流工作原理
1—石材;2—磨料;3—高压水;
4—高压水喷嘴;5—混合室;
6—磨料水喷嘴

种冲击强度达到和超过石材的抗压强度极限时,在射流冲击处形成粉末状的石材切屑,沿着磨料水射流喷嘴的运动方向,在石材上形成切口。

超高压水射流切割石材时,切割参数的选择对切割质量有重要的影响。当磨料水射流的压力增加时,其流速增加,磨料的冲击动能增大,石材的切割深度也随之增大。喷嘴移动速度增大,磨料水射流切割能力降低。喷嘴靶距增大,磨料水射流集束性降低,切割能力降低。所以应选择合理的切割参数以提高切割效率。

（二）石材的研磨

任何石材要达到一定的表面质量要求,都必须经过研磨。研磨工序一般分为粗磨、半细磨、细磨、精磨、抛光五道工序。抛光是石材研磨加工的最后一道工序,这道工序将使装饰石材表面具有最大的反射光线能力以及良好的光滑度,并使石材固有的花纹色泽最大限度地显示出来。

1. 石材的研磨方法与工具

目前,石材的抛光方法主要有两种:一种方法是用散状磨料与液体或软膏混合成抛光悬浮液或抛光膏作为抛光剂,用适当的装置加到磨具或工件上进行抛光。所用磨料有金刚石微粉、碳化硅微粉和白刚玉微粉等。不同的磨料要配合采用不同材质的磨具。使用碳化硅磨料时要用灰铸铁磨具,而使用金刚石磨料时则最好用镀锡磨具。另一种方法是用黏结磨料,即把金刚石、碳化硅或白刚玉微粉作磨料与结合剂,以烧结、电镀或者黏结的方法制成磨块,再将其固定到磨盘上制成抛光磨头。小磨块一般用沥青或硫黄等材料黏接,大磨块则用燕尾槽连接到磨盘上。

采用散状磨料进行抛光的缺点是:磨料要用人工或用计量装置加到工件上,因此磨料分布不均匀,而且需要由技术熟练的技工操作才能达到高质量标准。而采用抛光磨头则具有许多优点:磨料分布均匀,抛光质量好而且质量稳定,易于实现连续作业,抛光效率高,一般抛光时间比用散状金刚石磨料减少 30%。

石材磨削的实质是在人力或机械力的作用下,回转的磨盘对石料不断垂直给进,两者在接触区内相互摩擦、磨损,把板材表面层的凹凸面逐渐磨平。由于花岗石类岩石一般比较坚硬,磨具的硬度一定要超过石材的硬度。一般情况要采用六套磨具来完成磨削、研磨过程。前两个磨具要进行强制定位磨削,起找平和控制板材的厚度的作用;后面的磨具分别进行粗磨、细磨、抛光等工序。

根据直径大小,磨块形状、数量和布置方式,磨料所用黏结剂以及磨料粒度等的不同,磨头有不同的结构。磨头直径在 4～12 in 范围内分多种,最常用的是 10 in。磨块形状有直条形、长椭圆形、伞形、环形等,以直条形和长椭圆形最为普遍。磨块数量视磨头直径和磨块大小而定,从数块到十来块。磨块的布置方式以放射状为最常见,但也有按螺旋线方式布置的。磨料所用黏结剂有金属黏结剂、树脂黏结剂、菱苦土和聚合物等。各厂家选用磨料粒度的范围不一。对金刚石磨料来说,从粗磨磨头用的 30 目到抛光磨头用的几个微米都有。

日本大阪大学机械工程系 Mamoru Nakayarna 等人研究花岗石石材研磨技术时所用的磨头直径为 6 in,结构如图 5-11 所示。图 5-11a 为采用粉末冶金黏结剂(金属黏结剂)的金刚石磨块的磨头结构,磨块为直条形。这种磨头用于粗磨,金刚石粒度分别为 40 目、60 目和 100 目。图 5-11b 为适宜于采用热固性树脂黏结剂的金刚石磨块的磨头结构,磨块为长椭圆形。这种磨头用于细磨和抛光。细磨时分别用 200 目和 500 目(相当于 74 μm 和 30 μm)的金刚石,抛光时则分别采用 1 000 目和 2 000 目(相当于 15~25 μm 和 6~10 μm)的金刚石。

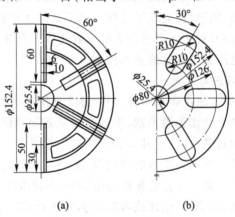

(a)   (b)

图 5-11 花岗石石材研磨所用的磨头结构

20 世纪 90 年代初,英国 HASELTINE LAKE 公司改进了磨头的结构,提高了它的工作性能,将原先的五道工序减少为两道工序。第一道工序用的磨头是用 120/140 目的金刚石以铜焊或电镀或烧结的方法固结到金属盘上制成。第二道工序用的磨头是用 200/300 目的金刚石以树脂黏结剂制成伞形磨块,再将此伞形磨块以模压方法或用黏结剂粘合到支承盘上制成,如图 5-12 所示。伞形块的总面积一般占磨头面积的 2%~5%。采用上述改进的磨头节省了加工时间,并且降低了成本。

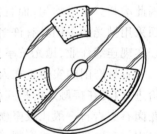

图 5-12 花岗石石材研磨
所用的磨头结构

2. 石材研磨质量的影响因素

石材的锯切面往往粗糙不平,留有深浅不同的裂隙。研磨的目的是消除裂隙,使之成为光滑、平整的表面。由于研磨是经过粗磨、细磨、抛光等步骤进行的,每一道工序的质量都直接影响最终的结果,因此每道工序都应达到质量要求。

　　石材的品种很多,其物理性质、化学成分、晶粒粗细和矿物晶体组分的差异等都对研磨质量有影响。由于石材的晶质不同,在研磨时会形成不均匀的表面。晶粒较大的石材,研磨的不均匀性比晶粒小的石材明显,所以小晶粒石材比大晶粒石材易于研磨。

　　抛光磨头进给速率对抛光质量影响很大,研究表明,随着抛光磨头进给速率的提高,石材表面光泽度会下降,但进给速率过低则会加快磨头磨损和降低生产效率。

　　抛光磨头的运行方式要和粗磨、细磨磨头的运行方式配合进行。磨头运行方式有纵向、横向和疏密程度之分,如图 5-13 所示。一般来说,粗磨时采用 A 运行方式,细磨时采用 A+B 运行方式,抛光时则采用 A+B+C+D 运行方式,根据具体情况可重复再磨一次而获得较高的表面光泽度。

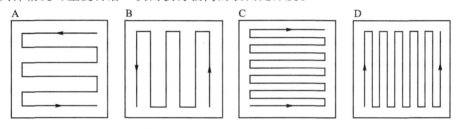

图 5-13　磨头的运行方式

(三) 石材的雕刻

　　雕刻(caving)石材制品也是装饰石材的一个重要品种。传统的手工雕凿是使用手锤和凿子,其生产效率低、加工质量差,而且加工中的破损率较高,限制了雕刻石材的发展。采用气动凿可以大大提高生产率,在凿刻粗加工阶段,可使用冲击力较大的气动凿,在精细雕刻阶段,可使用冲击频率较高、冲击力较小的气动凿。而近年来研制的超声波精雕系统又使石材的雕刻进入了新的阶段。

　　超声波石材精雕系统由超声波发生器、换能器、变幅杆及凿具四部分组成,如图 5-14 所示。雕刻不同的石材使用不同材料的凿具。例如,雕刻大理石使用 YG8 硬质合金凿具比较适宜,而雕刻花岗石则使用 YD15 硬质合金凿具较好。

　　超声波精雕系统是将超声波发生器产生的超声波通过换能器、变幅杆转变成硬质合金凿具的机械振动,利用凿具高频振动冲击将石材碎成粉末,只要控制凿头,按所需表面的切线方向缓慢移动,往返重复,所需表面就会雕凿出来。

　　由于超声波精雕系统振动的频率高而振幅小,所以雕刻的表面粗糙度值小。实验结果表明,超声波精雕系统雕凿花岗石,表面粗糙度 Ra 在 2.5 μm 左右。超声波精雕系统适用于石材的精雕生产。

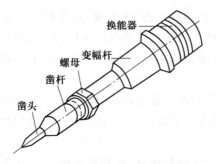

图 5-14 超声波石材精雕系统示意图

第二节 高分子材料的加工

通过切削加工来达到形状及精度要求的高分子材料零件,主要是工程塑料零件。工业上使用的塑料零件大多是用注塑方法制成的。但是,在以下情况下需要经过切削加工,方能获得更精确、更复杂的零件,满足使用要求。

(1) 对于以板材、棒材和管材供货的原材料,需经过切断、截料方能成为零件。

(2) 当产品批量较小,花费大量基本投资进行设计与制造注塑模具和模压模具成本高时,用切削方法加工零件来代替传统的成形方法较为适宜。在有些情况下,甚至完全用机械加工方法获得塑料零件也是合算的,因为这样可以利用现有的金属切削设备。

(3) 只有用车削、钻削、扩孔、磨孔和攻螺纹等方法进行切削加工,方能达到机器零件要求的尺寸精度和表面粗糙度数值。

(4) 清理塑料坯件的浇口、冒口、飞边、毛刺和注塑成形时产生的伤疤等,只有用机械加工方法才能修复。

塑料制品或制件的机械加工,可分为单刃工具加工和多刃工具加工两大类。单刃工具加工有车、刨、无齿锯加工等。多刃工具加工有剪、铣、冲、钻、攻螺纹、有齿锯加工等。

一、塑料的单刃切削

用单刃刀具加工塑料称为塑料的单刃切削,主要有车、刨、刮、无齿锯加工等。单刃切削各种塑料工件所使用的刀具的材料应为能磨出锋利刃口的刀具材料,如碳素工具钢、合金工具钢、高速钢和硬质合金,精加工时可选用金刚石或陶瓷刀具。

1. 热塑性塑料的单刃加工

常用的热塑性塑料有聚氯乙烯、聚乙烯、聚苯乙烯、氟塑料等,要根据它们各自的特点和加工要求来选择切削条件。

（1）切削工艺特点

与其他材料相比,热塑性塑料的切削特点如下:

1）切削力小 试验证明,在相同的切削条件下,切削 45 钢的主切削力 F_z 是切削热塑性塑料的 14 倍,切削热固性塑料的主切削力 F_z 是切削热塑性塑料的 2 倍。

2）导热系数小,切削区域温度低 由于切削力小,所以切削所消耗的功也少,产生的热量少。但由于塑料的导热系数仅是钢材的 $1/175 \sim 1/458$,相应的,切削区域温度有所提高,但和钢材的切削比起来是很低的。

3）断屑难 在车削热塑性塑料时,通常形成带状切屑,它往往缠绕在工件和刀具上,有时会挤压成硬团,在车刀由刀架伸出量较小的情况下它将压向工件,影响加工精度,甚至使切削工作不能进行,因而必须及时排出。

4）弹性模量小 热塑性塑料的弹性模量仅是普通碳钢的 1%,是热固性塑料的 80%,切削时在切削力的作用下产生的弹性变形较大。

5）线膨胀系数大 热塑性塑料的线膨胀系数是热固性塑料和钢材的 4 倍。在高速切削时,必须考虑加工后的工件收缩量,尤其是用成形刀具切削时。

6）熔点低 热塑性塑料熔点低,切削时,切削区域内的温度达不到熔点时工件材料就开始变软,并粘附于刀具的前面和后面上,影响正常切削;同时,由于材料的软化,造成材料的涂抹现象,影响表面的光滑程度并有时使已加工表面产生裂纹。

为了提高刀具的使用寿命和降低切削温度,最好是研磨刀具的前面和后面,或者在前、后面上涂耐热耐磨材料。经过研磨的前面和后面不但减少了摩擦、降低了切削温度,而且可以使切屑顺利排出。

（2）刀具前角 γ_o 的选择

切削各种塑料的合理前角 γ_o 应根据下述原则来选择:

1）首先要保证已加工表面质量 如果被切削的塑料熔点低时,则应采用较大的前角。否则由于前角小,切削区域内的温度高,被切削的材料容易软化,致使已加工表面产生涂抹现象而降低加工质量。

2）不同加工要求时合理的前角不同 精加工时,要求刀具刃口锋利,振动小,为此应选择较大的前角。粗加工时,由于切除切屑的截面积较大,产生的切削力相对也大,应选择较小的前角,一般为 $0° \sim 10°$。

3）不同塑料品种的刀具前角应有区别 对于各种热塑性塑料的车削,刀具前角变化不大;对于其他塑料的切削,如要形成不连续切屑,则选择较小的前角。

4）成形车刀要选择较小的前角 用成形车刀车削成形塑料工件时,为了防止车刀刃形畸变,必须取较小的前角才能保证加工精度。

车削热塑性塑料的刀具前角取临界前角值。临界前角值一般为 $15° \sim 20°$。

（3）刀具后角 α_o 的选择

后角 α_o 的选择原则：

1）首先考虑加工表面质量。后角越大，表面质量越好，在其他因素允许的情况下，应尽量选取较大的后角。

2）被加工塑料线膨胀系数越大，选用的后角 α_o 应越大，这样可以避免由于加工表面膨胀而与刀具后面摩擦严重。

3）粗加工时，为了提高刃口强度和散热面积应选较小的后角，精加工则选用较大的后角。

（4）切削用量的选择

选择合理的切削用量，要考虑被加工材料性质、加工性质（粗加工或精加工）、工件的刚性、刀具材料的性质等。

2. 热固性塑料的单刃加工

车削酚醛、环氧、氨基等热固性塑料时，其工艺过程和基本规律与车削热塑性塑料大致相同。但是热固性塑料有其独特的性质，尤其是有玻璃纤维增强的塑料，其强度近于金属，所以车削时又区别于热塑性塑料，具有以下特点：

（1）一般情况下热固性塑料比热塑性塑料耐热温度高，并且受压不变形。

（2）热固性塑料的线膨胀系数仅是热塑性塑料的 $1/5$，所以加工过程中可以不考虑切削热对工件加工精度的影响。

（3）纤维增强的塑料在切削时刀具受力大，使刀具寿命下降，限制了切削速度的提高。

（4）热固性塑料强度大、硬度高、磨料磨损严重和热导率低，切削区域的温度比热塑性塑料的高。

（5）车削某些热固性塑料时，由于切削区域的温度非常高，切削时刀具除了采用高速钢、硬质合金材料外，还要根据被加工材料性质，利用金刚石或陶瓷刀具。但陶瓷材料弯曲强度和抗冲击性能差，为了增强刀具的刃口强度，其前角和后角都要取小值，一般取 $\gamma_o = 0° \sim 5°$，$\alpha_o = 12°$。

车削热固性塑料可选以下切削用量：进给量 $f < 0.05 \ \text{mm/r}$，切削速度 $v > 40 \ \text{m/min}$，背吃刀量 $a_p = 0.5 \sim 0.8 \ \text{mm}$；刀具前角 $\gamma_o = 0° \sim 5°$，主偏角 $\kappa_r \geqslant 45°$，后角 $\alpha_o = 3° \sim 6°$，刀具磨钝标准 $VB = 0.2 \sim 0.3 \ \text{mm}$。

二、塑料的多刃切削

1. 塑料的钻削

在塑料的机械加工中，钻削应用广泛，主要用来钻削塑料制品上的螺栓孔、铆钉孔、攻螺纹前的底孔等。钻削塑料用的钻头可分为两种：扁钻（图 5-15）和麻花钻。麻花钻应用较广泛,但扁钻也有一定的应用价值。

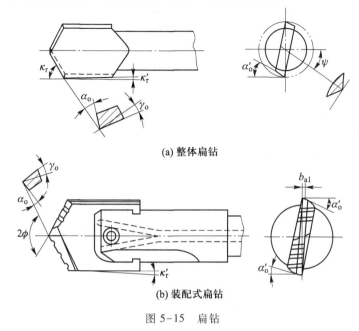

(a) 整体扁钻

(b) 装配式扁钻

图 5-15　扁钻

钻削热塑性塑料很容易引起材料过热。因此,在钻削过程中要迅速地清除切屑,防止切屑粘附在钻头容屑槽上,引起材料过热,造成工件表面熔化。为此,可采取两种措施:使用具有小螺旋角和光滑容屑槽的钻头,利于切屑排除;钻削时用手动控制进给,经常退刀排屑。在钻削热塑性塑料时可考虑使用切削液,但要谨慎,以防止工件表面出现应力开裂。钻削热固性塑料时,裂纹往往出现在钻入处或孔边附近,裂纹尺寸不仅受钻削用量的影响,还受钻头形状的影响。钻削用量中,进给量影响最大。钻头参数中,顶角和前角影响最大。因此,应选择小进给量、较低转速、较大顶角、零前角和小螺旋角为宜。另外,将工件预热到50~80 ℃时,可采用较大进给量。

2. 塑料的铣削加工

可以利用不同的铣刀,对塑料进行各种表面的加工。铣削热塑性塑料时,切削速度不小于 300 m/min,表面粗糙度值随进给量减小而降低,它与切削深度无关。另外,刀刃越锋利铣削效果越好。在生产中建议采用侧铣法,可避免工件烧伤。

铣刀几何参数的选择如下:

(1)铣削热塑性塑料时,铣刀的前角应比铣削金属的大一些。铣刀的前角应大于 6°。

（2）无论铣削热塑性塑料还是热固性塑料，它们的弹性回复都比金属大。为了提高刀具的寿命和已加工表面质量，后角 α_o 均选择得比切削金属时的后角大，切削塑料时的后角应大于 $10°$。

（3）有螺旋角 β_o 的铣刀可以改善铣刀的切削性能，因为螺旋角 β_o 可以增加同时参加工作的齿数，增加了切削的平稳性，使得铣刀切削刃锋利并且增大了实际前角。

（4）切削塑料的铣刀齿背形式有两种，如图 5-16 所示。图 5-16a 为直线齿背式。直线齿背刀强度高，制造也简单，多用于粗加工。图 5-16b 所示的折线齿背齿刀强度小，但容屑空间大。

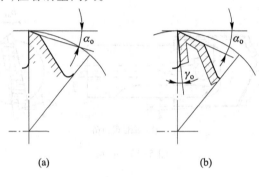

(a)   (b)

图 5-16　铣削塑料铣刀齿背形式

三、塑料的磨削

塑料工件的磨削是普遍应用的一种切削加工方法。它能使塑料工件加工表面获得较高的精度和较低的表面粗糙度值，是精加工或半精加工工序。

塑料磨削常采用的方法有以下三种。

1. 砂带磨削

热塑性塑料制品可以采用砂带或砂轮打磨，但以用砂带居多，如图 5-17 所示，其中图 5-17a 是磨外圆，图 5-17b 是磨平面，图 5-17c 是无心磨削，图 5-17d 是自由磨削，图 5-17e 是成形磨削。热固性塑料工件一般用干磨法，可以用砂带，也可以用砂轮。采用砂带时，线速度为 $900 \sim 1\,200$ m/min。

2. 砂轮磨削

加工金属零件的磨床均可用于加工精度要求较高的塑料工件。但由于砂轮的线速度高，磨削时温度高，而热塑性塑料熔点低，所以在对表面质量要求较高的情况下，砂轮磨削是不适于热塑性塑料的磨削的。

对于含有磨料添加剂的热固性塑料的磨削，需采用精度较低且磨粒间隔较大的砂轮，并配以大量的切削液，以防止过热和砂轮过载。

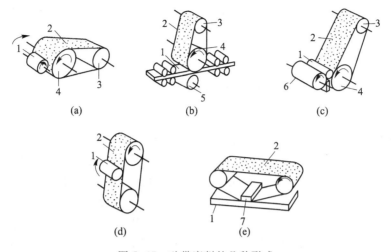

图 5-17　砂带磨削的几种形式

1—被磨削工件；2—砂带；3—从动辊；4—主动辊；5—支承辊；6—加压辊；7—压块

3. 手工磨削

对于小型或加工面不大的制品,磨削时,可以用砂布或砂纸进行手工打磨。

第三节　复合材料的加工

一、概述

复合材料具有高的比强度和比刚度,性能可自由设计,耐蚀性和抗疲劳能力强,减振性能好。可以制成任意形状的产品,并可综合发挥各组成材料的优势。因此,复合材料取得了飞速发展,应用领域不断拓宽,性能不断优化,加工工艺不断改善,成本不断降低。

目前,广泛使用的复合材料多以树脂或铝合金为基体,用纤维或颗粒增强,具有良好的综合性能。但是,复合材料的切削加工有较大难度,这是工业生产中面临的新问题。

复合材料的切削加工通常分为常规加工和特种加工两类方法。常规加工基本上可以采用金属切削加工工艺和装备,也可以在一般木材加工机床上进行,还可以在冲床上进行冲切。由于复合材料的性质与金属不同,因此机械加工时有它的特殊性。在选择机械加工方法时,一般要考虑所加工的复合材料类型。一般来说,常规方法较为简单,工艺也较成熟,不足的是难以加工形状复杂的工件,而且刀具磨损快,加工质量不高,所产生的切削粉末有害人体健康。特种加工有激光束加工、高压水切割、电火花加工、超声波加工、电子束加工和电化学加工等。这些方法独特，具有常规机械加工方法无法比拟的优点，因此是复合材料加工的发展方向。

二、几种常用复合材料的机械加工特点

1. 玻璃钢

玻璃钢是玻璃纤维增强热固性树脂基复合材料的俗称，属难切削材料。玻璃钢有酚醛树脂基、环氧树脂基、不饱和聚酯树脂基等。玻璃纤维填料的主要成分是 SiO_2，坚硬耐磨，强度高，耐热，比木粉作填料的塑料可切削性差。树脂基体不同，可切削性也不相同。环氧树脂基比酚醛树脂基难切削。试验证明，切削玻璃钢的刀具材料以高速钢磨损最严重，P 类及 M 类硬质合金磨损也大，以 K 类磨损最小。K 类中又以含钴量最少的 K10 最耐磨损，而用金刚石或立方氮化硼刀具切削加工玻璃钢，可大大提高生产率。选择刀具几何参数时，对玻璃纤维含量高的玻璃钢板材、模压材料和缠绕材料，使 $\gamma_o = 20° \sim 25°$；对纤维缠绕材料，使 $\gamma_o = 20° \sim 30°$。由于玻璃钢回弹性较大，后角要选大值，使 $\alpha_o = 8° \sim 14°$；副偏角小，可降低表面粗糙度值，精车时为 $6° \sim 8°$。加工易脱层、起毛的卷管和纤维缠绕玻璃钢，应采用 $6° \sim 15°$ 刃倾角。切削时 $v = 40 \sim 100 \ \mathrm{m/min}$，$f = 0.1 \sim 0.5 \ \mathrm{mm/r}$，$a_p = 0.5 \sim 3.5 \ \mathrm{mm}$，精车时 $a_p = 0.05 \sim 0.2 \ \mathrm{mm}$。

2. 热塑性树脂基复合材料

热塑性树脂基复合材料机械加工的加工特点是：

（1）加工时加冷却剂，以避免过热，过热会使工件熔化。

（2）采用高速切削。

（3）切削刀具要有足够容量的排屑槽。

（4）采用小的背吃刀量和小的进给量。

（5）车刀应磨成一定的刃倾角，以尽量减少刀具切削力和推力。

（6）热塑性复合材料钻孔应用麻花钻。

（7）应采用碳化钨或金刚石刀具，或用特殊的塑料用高速钢刀具。

（8）工件必须适当支承（背部垫实），以避免切削压力造成的分层。

（9）精密机械加工时，要考虑塑性记忆和加工车间的室温。

（10）刀刃要锋利，钝刀刃会增加工件上的切削力。

3. 金属基复合材料

金属基复合材料（MMC）的最大特点是成形性能好，一次成形后已基本能满足使用要求。但是随着复合材料应用领域的扩大，特别是 MMC 在工业及宇航领域中的应用，对这种材料的加工和精加工就显得日趋重要了。例如美国制造的大型 SiC/Al 板材，需采用喷水切割并用标准钢连接件固定在金属基复合材料

梁上,战术导弹上用的体积百分数为 25%SiC 颗粒增强 2124 铝基复合材料的挤压毛坯必须采用金刚石刀具加工后才能应用,这样就相应产生了水切割、钻孔、车削等二次加工工艺。

传统的切割、车削、铣削、磨削等工艺一般都可用于 MMC,但是刀具磨损较严重,往往随着增强材料体积百分数和尺寸的增大而加剧。且大颗粒或纤维抵抗脱落的能力较强,因而刀具所受应力较强。因此,对于一些单纤维增强的MMC,往往必须用有金刚石尖或镶嵌有金刚石的刀具。对于短纤维或粒子复合材料,有时也采用碳化钨或高速钢工具。增强体的强度对刀具的磨损也有影响。一般增强体的强度越高,切削加工就越困难。研究发现,碳化硅晶须增强的铝基复合材料要比其他铝基复合材料难加工。对于多数 MMC,使用锐利的刀具、合适的切削速度、大量的切削液和较大的进刀量,可以得到很好的效果。一般来说,金刚石刀具要比硬质合金及陶瓷刀具好,可更适用于高速车削。反过来,如果使用碳化物刀具,若车削速度低,则刀具寿命长。线锯也可用来割 MMC,但一般速度较慢,只能切直线。

复合材料的特点,决定了复合材料的切削加工与金属材料有着本质的区别,因此不能将从加工传统材料中获得的经验和知识直接应用于复合材料的加工,必须通过新途径对其加工性能进行研究。

三、复合材料的常规机械加工方法

所有传统的机械加工方法(车、钻、磨、铣等)在加工时均有屑末产生。对复合材料来说,加工时屑末更多,且有害人体健康,因此要加设吸尘装置。复合材料机械加工方法的选用与待加工复合材料类型有关。

1. 锯切

玻璃纤维增强热固性基体层压板,采用手锯或圆锯切割。这时要注意克服材料的低导热性和因振动造成的分层。由于材料的磨蚀,要保持锯条的锋利是非常难的。

热塑性复合材料锯切时要解决的主要问题是如何排除产生的热量。采用带锯和圆锯等常用工具时要加切削液。石墨/环氧复合材料最好用镶有硬质合金的刀具切割。锯切时控制锯切力度对保证锯面质量至关重要。虽然锯切温度也是一种要控制的因素,但一般影响不大,因锯切时产生的最高温度一般不会超过环氧树脂的软化温度(182 ℃)。

金属基复合材料可用镶有金刚石的线锯锯切,不过其切割速度较慢,而且只能作直线锯切。采用金刚石砂轮对陶瓷基复合材料进行常规锯切,可有两种速度:一种是 250 r/min,另一种是 4 000 r/min。这种锯切会使切割面的陶瓷基复合材料有相当大的损坏。不过在较高锯切速度时,损坏虽大,但断面较为均匀。

2. 钻孔和仿形铣

在复合材料上钻孔或作仿形铣时,一般采用干法。大多数热固性复合材料层合板经钻孔和仿形铣后会产生收缩,因此精加工时要考虑一定的余量,即钻头或仿形铣刀尺寸要略大于孔径尺寸,并用碳化钨或金刚石材质的钻头或仿形铣刀。钻孔时最好用垫板垫好,以免边缘分层和外层撕裂。另外钻头必须保持锋利,必须采用快速除去钻屑和使工件温升最小的工艺。

热塑性复合材料钻孔时,更要避免过热和钻屑的堆积,为此钻头应有特定螺旋角,有宽而光滑的退屑槽,钻头锥尖要用特殊材料制造。一般钻头刃磨后的螺旋角为 $10° \sim 15°$,后角为 $9° \sim 20°$,钻头锥角为 $60° \sim 120°$。采用的钻速不仅与被钻材料有关,而且还与钻孔大小和钻孔深度有关。一般手电钻转速为 900 r/min 时效果最佳,而固定式风钻则在转速为 2 100 r/min 和进给量为 1.3 mm/s 时效果最佳。

3. 铣削、切割、车削和磨削

聚合物基复合材料用常规普通车床或台式车床就可方便地进行车削、镗削和切割。目前加工刀具常用高速钢、碳化钨和金刚石刀头。采用砂带或砂轮磨削可加工出高精度的聚合物基复合材料零部件。最常用的是粒度为 30 目 ~ 240 目的砂带或鼓式砂轮机。大多数市售商用磨料均可使用,但最好采用合成树脂黏接的碳化硅磨料。热塑性聚合物基复合材料用常规机械打磨时,要加切削液,以防磨料阻塞。磨削有两种机械可用,一种是湿法砂带磨床,另一种是干法或湿法研磨盘。使用碳化硅或氧化铝砂轮研磨时不要用切削液,以防工件变软。

复合材料层合板采用一般工艺就能在标准机床上铣削。黄铜铣刀、高速钢铣刀、碳化钨铣刀和金刚石铣刀均可使用。铣刀后角必须磨成 $7° \sim 12°$,铣削刃要锋利。高速钢铣刀的铣削速度建议采用 $180 \sim 300$ m/min,进刀量采用 $0.05 \sim 0.13$ mm/r,采用风冷。

热塑性复合材料可以用金属加工车床和铣床加工。高速钢刀具只要保持锋利,就能有效使用。当然采用碳化钨或金刚石刀具效果更好。

金属基复合材料一般用切割、车削、铣削和磨削就可加工。对大多数金属基复合材料而言,获得优良机加工产品的前提是刀具要锋利,切削速度要适当,要供给充足的切削液,进给速度要快。

四、其他机械加工方法

热固性聚合物基复合材料层合板还可用其他特殊机械(自动螺纹切割机、切齿机、剃齿机、铰孔机、冲床和冲孔机等)进行加工,加工工艺随所用设备而定。

热塑性聚合物基复合材料层合板可以冲切、冲孔、剪切、热割、铰孔、滚光去毛刺、珩磨和抛光。冲切一般用钢模和冲床就可完成。冲孔和剪切在普通金属加工设备上进行，工件可以预热也可以不预热。不过这些方法常会发生缺口、破裂和潜在的分层现象，材料越脆，发生这些现象就越严重。因此必须注意工作温度，必要时可适当对材料预热。热切割技术采用了热导线或火焰加热，以便熔化切割线上的工件材料。热切割进给速度要与材料熔化速度相匹配。珩磨和抛光时要保证工件不会过热。

五、特种加工方法

目前已有许多常规和特种加工方法可用于各种类型复合材料的加工。常规机械加工方法简单、方便、工艺较为成熟，但加工质量不高，易损坏加工件，刀具磨损快，而且难以加工形状复杂的工件。

复合材料特种加工方法各有特色。激光束加工的特点是切缝小、速度快、能大量节省原材料和可以加工形状复杂的工件。超高压水射流切割的特点是切口质量高、结构完整性好、速度快，特别适宜金属基复合材料的切割。电火花加工的优点是切口质量高、不会产生微裂纹，唯一的不足是工具磨损太快。超声波加工的特点是加工精度高，适宜在硬而脆的材料上打孔和开槽。电子束加工属微量切削加工，其特点是加工精度极高，没有热影响区，适宜在大多数复合材料上打孔、切割和开槽，它的不足是会产生裂纹和界面脱粘开裂。电化学加工的优点是不会损伤工件，适宜大多数具有均匀导电性复合材料（前提是不吸湿）的开槽、钻孔、切削和复杂孔腔的加工。

不难看出，复合材料特种加工方法具有的优点——刀具磨损小、加工质量高、能加工复杂形状的工件、容易监控和经济效益高等恰恰是常规机械加工方法的弊病，因此可以认为复合材料特种加工方法是未来复合材料加工的发展方向。

第四节 特种材料加工的发展趋势

随着科学技术的不断发展，新型陶瓷、工程塑料、光学玻璃、单晶硅、石材等新型非金属材料在空间技术、机械工业、石化工业、建筑等领域的应用越来越多，而且对由这些材料制造的零件的尺寸和形位精度的要求也越来越高。新材料加工大都缺乏现成的加工经验，参考数据很少或根本没有，加工时选择适宜的刀具材料和确定切削条件较为困难。因此，新材料也大都属于难加工材料范畴。

一、建立非金属材料切削理论

传统的以金属为对象的切削理论，对于非金属材料，尤其是硬脆性材料已不完全适合。因此研究非金属材料的切削规律，寻求合适的切削方法，以指导生产实践是很有必要的。

对硬脆性材料，在切削过程中形成材料脆－塑转变而实现塑性状态下切削的方法受到重视。塑性切削可以分为改变材料力学性能和改变切削条件两大类。前者有压应力切削、高速切削以及化学研磨等方法。而切削条件的改变可以通过塑性法加工、改变刀具几何角度等措施来实现。

目前，硬脆性材料的塑性切削研究仍在起步阶段，但其理论对加工技术发展的促进作用是很明显的。例如，塑性法加工的出现使硬脆性材料超精密镜面磨削、硬脆性材料超精密车削等得到了很大发展，研究其方法、设备、机理已成为关注点。所以应加强这方面的研究，以形成完整、系统的硬脆性材料切削理论。这包括：

（1）寻找新的硬脆性材料塑性状态切削方法。

（2）对已有硬脆性材料加工方法再进一步深入认识。例如研磨、挤磨、超声波加工、电火花加工等都能在一定程度上加工硬脆性材料，以及它们在加工的过程中有无脆－塑转变，转变形式，促进转变的方法等。

（3）深入研究硬脆性材料塑性状态切削机理，完善硬脆性材料切削理论。

二、使用专用机床

各种新材料对机床的要求也不相同。对陶瓷材料和硬质合金材料的加工，由于切削力大，若要保证加工零件有较高的精度，则要求机床结构有较高的刚度。而在切削加工塑料时，由于要求单位时间切削量较大，则要求机床有较高的切削速度和进给速度。在切削加工新材料时，普通的机床要面对各种不同的要求。

1. 组合加工

高性能陶瓷具有优异的硬度和耐磨性能。但这些在应用方面的优势却正好是其在机械加工中的劣势，即机床结构要承受较大的载荷。另外，小的零件只允许承受低的切削力，因此磨削加工就费时间，这是因为加工时只能用小的横向进给量。这些问题可通过改革加工工艺来解决，如应用激光辅助的车削和铣削。在激光辅助加工陶瓷的车床中，工件在刀具切入前先用激光束直接进行逐点加热，以降低切削力并提高被切削部位材料的延性。这样就得到了车削质量优良的表面。

2. 提高机床刚度

对高硬度工件的切削，要求刀具具有高硬度并且耐高温。由于刀具对热冲击的敏感，尽量不使用切削液，而采用干式加工。考虑到切削液对环境造成的严重污染，除了干式车削和铣削外，钻孔、铰孔和切螺纹也可不用切削液。然而，干式加工的一个明显的缺点是机床负荷改变带来的精度问题，因此需要对机床在结构上进行改进,以提高其刚度。

在磨削陶瓷时,磨削力高于硬质合金的磨削。要使砂轮磨削达到所需要的表面质量,在主轴、砂轮、工件夹具和工作台结构中都需要高刚度。另外,在工作速度下也要求这种刚性性能,即动态刚性。目前专门用于陶瓷的精密高效磨削的机床已经应用。

3. 高速加工

对易切削材料,如碳纤维增强塑料,可以采用高速加工。这要求采用高动态性能的机床。这种机床的控制和驱动机构,可以做到高速启动和加速。高速加工直接取决于机床快速旋转主轴的应用,因为工件直径相同时,总是通过提高主轴的转速来提高切削速度的。

对层出不穷的各种新材料的加工,要求在加工技术方面得到改进,还要开发新机床。除了机床零件和驱动的优化以外,机床的运动学也必须认真考虑。

三、发展新型刀具材料

近年来,为了降低成本及保护环境,逐渐推广干式切削技术,使得某些材料的加工难度增大;同时各行业所使用材料的性能不断提高,轻质强韧性材料的使用不断增加,也使加工难度日益增大;随着机床制造业的发展,数控机床和加工中心的加工能力获得极大提高,并不断向高速、高效率加工发展,进而对刀具材料提出了更高的要求。在这些因素的影响下,切削刀具的材料也在高速发展,其中硬质合金涂层材料在刀具材料的发展中一直处于主导地位,新型硬质合金及金属陶瓷与陶瓷等材料制作的刀具已问世,金刚石和立方氮化硼等超硬刀具材料的高速发展为广泛采用新型硬韧材料和新型加工工艺提供了广阔的应用前景。

人造金刚石和立方氮化硼(CBN)统称为超硬材料。金刚石是世界上已知的最硬物质,并具有高导热性、高绝缘性、高化学稳定性、高温半导体特性等多种优良性能,可用于优质加工铝、铜等有色金属,特别适合于加工硬脆性非金属材料。1955年,美国GE公司用高温高压法成功合成人造金刚石,1966年研制出了人造聚晶金刚石复合片(PCD),自此人造金刚石作为刀具材料得到了进一步的发展。从20世纪70年代至今,PCD刀具以其良好的性能(硬度、耐磨性、摩擦因数、导热性等与天然单晶金刚石接近,而且PCD由于刀具是多晶体,所以具有各向同性)、较低的价格逐步进入了汽车、摩托车、航空等行业的精密甚至超精密加工领域。目前PCD刀具的使用已经是一种较为成熟的技术。金刚石涂层硬质合金刀具也是涂层技术发展的一项重大突破。比如对纤维强化金属(FRM)的切削加工。有关FRM的切削数据非常少,加工性方面尚有许多不明确的地方,因此,也是一种极难加工的材料。试验表明,切削FRM时,刀具寿命和进给量、切削速度关系不大,主要取决于切削刃形状及与被加工材料之间的摩擦距离。FRM 在粗加工时,可用硬质合金刀具进行大进给量切削,但刀具寿命很短;精加工或类似精加工的轻微切削时,则应选用金刚石烧结体刀具。切削试验表明,无论车削、铣削、钻削或铰削,金刚石刀具(PCD)的切削效果均明显优于其他刀具。

复习思考题

1. 陶瓷加工的主要问题是什么?

2. 简述陶瓷机械加工的主要加工方法及特点。

3. 玻璃的机械加工主要有哪些方法?

4. 玻璃研磨、抛光的原理是什么?

5. 用金刚石锯片切割石材时,锯切工艺应如何选择?

6. 石材锯切的主要加工方法有哪些? 各有何特点。

7. 为什么超高压水射流可切割石材或陶瓷材料?

8. 石材抛光主要有哪两种方法? 各有何特点。

9. 影响石材抛磨质量的因素是什么?

10. 塑料的单刃切削时,对热塑性塑料和热固性塑料如何分别恰当地选择车刀的几何参数?

11. 钻削塑料时如何恰当地选择钻头的几何参数?

12. 与金属相比,塑料的机械加工有哪些基本特点?

13. 热塑性塑料和热固性塑料的车削加工特点与二者的热机械性能差异有何关系?

14. 金属基复合材料与聚合物基复合材料的机械加工有何异同点?

15. 结合某一具体实例,谈一下新材料加工的发展趋势。

第六章 数控机床加工

本章学习指南

学习本章的主要目的：① 了解数控机床的基本组成与结构；② 了解数控机床加工的编程方法；③ 了解加工中心的特点与特殊机构；④ 了解数控机床加工的主要特点。

本章应重点了解：① 普通数控机床的基本组成；② 数控编程的基本方法。

学习本章内容建议：① 与工程实践的数控实习相结合，加深理解数控机床的结构特点；② 通过数控实习与工程实践熟悉数控编程的方法。

数控机床加工技术是集微电子、计算机、信息处理、自动检测、自动控制等高新技术于一体，具有高精度、高效率、柔性自动化等特点。数控机床也是柔性制造系统、计算机集成制造系统的主体设备。数控机床加工的能力和数控机床的拥有量是衡量一个国家工业现代化的重要标志。

第一节 数控机床的基本组成

应用数控技术对加工过程进行自动化控制的机床称为数控机床。在数控机床上，零件加工的全过程是由数控加工程序控制。数控加工程序是被加工零件的几何信息和工艺信息按规定的代码和格式编写的加工程序。将数控加工程序以适当的方式输入到数控机床的数控装置中，数控装置对数控加工程序的代码进行各种数值运算与处理，得到的结果以数字信号的形式传送给机床的伺服电机（如步进电机、直流伺服电机、交流伺服电机等），经传动装置（如滚珠丝杠螺母副等）使机床按数控程序规定的顺序、速度和位移量进行工作，从而加工出符合图样技术要求的零件。数控机床是从普通机床演变来的，图 6-1 所示为数控车床的基本组成。

从数控车床组成可以看出，数控机床主要由输入与输出装置、数控装置、伺服驱动系统、机床主机和其他辅助装置组成。伺服系统是指伺服电动机和检测元件。滚珠丝杠机构、滑动工作台与机床床身等机械机构组成机床主机部分。

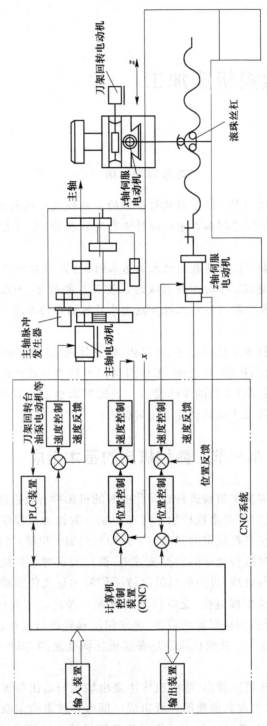

图 6 - 1　数控车床的基本组成

冷却部分、转位刀架、液压油缸等为数控机床的辅助部分。

一、输入与输出装置

1. 输入装置

输入装置是将数控指令传输给数控系统的装置。其输入方式如下。

（1）手动输入方式 由操作者将数控程序直接输入数控系统中。手动输入方式又可细分为：

1）操作者在数控装置操作面板上用键盘输入加工程序的指令，称为 MDI（manual data input）功能。它适用于比较短的程序，只能使用一次，机床动作后程序即消失。MDI 功能允许手动输入一个命令或一段程序的指令，并即时启动运行。

2）在控制装置编辑状态下，用软件输入加工程序，并存入控制装置的存储器中，称为 EDIT 功能。这种输入方法可重复使用程序。一般手工编程均采用这种方法。

3）在具有会话编程功能的数控装置上，按照显示器上提示，以人机对话的方式输入有关的尺寸数值，就可自动生成加工程序。

（2）直接输入方式 零件加工程序在上级计算机中生成，以计算机与数控装置直接通信的方式传输程序，CNC 系统一边加工一边接收来自上级计算机的后续程序段。这种方式适用于采用 CAD/CAM 软件设计的复杂工件并直接生成零件加工程序的情况。

2. 输出装置

输出装置有数码管（LED）显示、视频显示器（CRT）、液晶显示器（LCD）以及输出接口等。通过软件与接口，可以在显示器上显示程序、加工参数、各种补偿量、坐标位置、故障信息。可以采用人机对话编辑加工程序、零件图形、动态刀具轨迹等。先进的数控系统有丰富的显示功能，如具有实时图形显示、PLC 梯形图显示和多窗口的其他显示功能。

二、数控系统

数控系统是数控机床的核心部件。数字控制（numerical control，NC）系统是以数字逻辑电路连接的系统。随着计算机技术的迅速发展，计算机数字控制（computer numerical control，CNC）系统得到广泛的应用。利用计算机的存储容量大、运行速度快、快速处理数据的能力以及丰富的软、硬件资源等优点，CNC系统完全代替了硬连接方式的 NC 系统。现代数控机床采用的数控系统均为 CNC 系统。

通过 CNC 装置内部的信息处理来驱动机床的执行元件工作，达到控制机床的目的。CNC 装置通过主轴驱动单元控制主轴运动，通过速度控制单元控制机床各坐标轴的进给运动,通过可编程控制器控制机床的开关电路,机床操作人员可以通过数控装置上的操作面板或通信接口进行各种操作。CNC 装置内部信息处理的结果能在显示器中显示出来。

按 CNC 装置的功能不同,CNC 系统有下列三大类型:

(1) 点位控制系统　其特点是只要求控制刀具或机床工作台从一点移动到另一点的准确定位,至于点与点之间移动的轨迹,原则上不加控制。这类 CNC 系统在坐标轴运动过程中刀具不进行切削加工,对运动轨迹没有要求,要求有较高的终点定位精度。数控程序中一般不指定进给速度,按事先规定的速度(较快的定位速度)运动。该系统常用于数控钻床、数控钻镗床、数控冲床上。图6-2 为点位控制示意图。

(2) 直线控制系统　其特点是除了控制点与点之间的准确定位外,还要保证被控制的两个坐标点间移动的轨迹是一条直线。直线运动控制系统通常在坐标轴运动的同时刀具进行切削加工,坐标轴的驱动要承受切削力。指令中要给出下一位置的数值,同时给出移动到该位置的进给速度。该系统常用于数控车床、数控铣床和数控磨床。图 6-3 表示直线控制示意图。

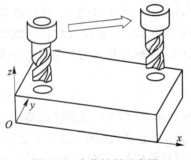 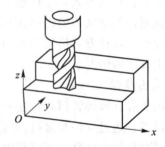

图 6-2　点位控制示意图　　　　图 6-3　直线控制示意图

(3) 轮廓控制系统　两个或两个以上的坐标轴根据指令要求严格地、不间断地、协调地运行。指令中指明运动轮廓曲线的类型(点位、直线、顺圆、逆圆、抛物线及条样曲线等),并指出下一点的位置和移动至该位置的进给速度。各坐标轴的进给速度是根据轮廓各轴相互位置关系而变化的。轮廓控制系统能加工复杂曲面零件,能控制多坐标轴联动的数控机床。

在轮廓控制系统中采用插补运算来处理各坐标轴速度的变化。各坐标轴一边移动,刀具一边进行切削,各坐标轴均承受切削力。数控车床、数控铣床及加工中心等均配置轮廓控制系统。图 6-4 为轮廓控制示意图。

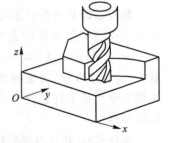

图 6-4　轮廓控制示意图

三、伺服系统

伺服系统是数控系统与机床主机连接的重要环节,是数控机床执行机构的驱动部件。伺服系统的作用是把数控系统发出的脉冲信号经功率放大、整形处理后转换成机床执行部件的直线位移或角位移。伺服系统的性能直接影响数控机床执行机构的工作精度、负载能力、响应快慢和稳定程度等。因此,伺服系统被作为独立部分,与数控系统、机床主机并列为数控机床的三大组成部分。

伺服系统中常用的驱动装置有步进电动机、直流伺服电动机和交流伺服电动机。

数控机床的伺服系统分为以下三类:

(1)开环控制伺服系统 开环控制采用步进电动机作为驱动元件,它不需要位置与速度检测元件,也没有反馈电路,所以控制系统简单、价格低廉,特别适合于微型与小型进给装置上使用。但是由于开环控制系统的稳定性和可靠性都难以得到保证,所以在精度要求高的进给装置上很少使用。开环控制系统结构如图6-5所示。

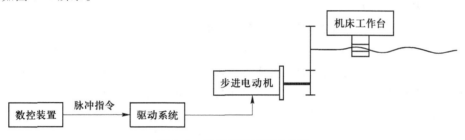

图6-5 开环控制系统示意图

(2)闭环控制伺服系统 闭环控制通常采用直流伺服电动机和交流伺服电动机作为驱动元件。闭环控制将位移与速度传感器安装在工作台或其他执行元件上,直接测量和反馈它们的速度与位置,并与数控装置的位移指令随时进行比较和校正。由于传动系统的刚度、误差和间隙都已经包含在反馈控制环路以内,所以最终实现的精度仅取决于检测元件的测量误差。闭环控制的结构如图6-6所示。

闭环控制从理论上讲具有最高的控制精度,是理想的控制方式。但实际上,在工作台或其他执行部件上直接安装速度和位移传感器不仅有安装和维护上的困难,而且价格往往也较昂贵。此外,由于环路中伺服系统的稳定性不仅受整个传动机构的刚性与惯量等因素的影响,而且与导轨的摩擦因数、传动件润滑状况、油的黏度和间隙的大小等因素有关,而这些因素又往往是动态变化的,这就会使伺服系统稳定性变差。因此在实际应用中受到一定的限制。

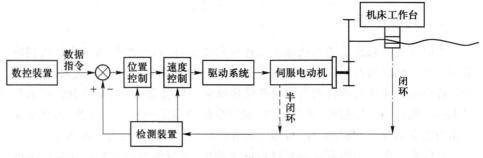

图 6-6　半闭环与全闭环控制系统示意图

（3）半闭环控制伺服系统　半闭环控制的位置与速度传感器安装在电动机的输出端,伺服系统直接控制伺服电动机的转速与转角,通过减速器或滚珠丝杠等传动机构间接地控制工作台或其他执行部件的速度与位移。如果传动机构具有足够的刚度、较小的传动误差和间隙可以经数控系统予以补偿,并且具有高精度的机械传动装置,则数控机床的最终加工精度是可以得到保证的。目前,数控机床大多数仍然采用半闭环的控制方式。

伺服系统检测元件有直线型和回转型两种。

1）直线型检测元件　它主要是对机床直线位移量进行检测。例如,数控车床上检测刀架的直线位移,数控铣床上检测工作台的直线位移等。用直线型的检测元件直接测量直线位移量,其测量精度主要取决于测量元件的精度。磁尺是较常用的直线型检测元件。

直线型检测元件的主要缺点是测量元件要与工作台的行程等长,一般直接安装在工作台的侧面,由于检测元件的热膨胀系数与机床床身的热膨胀系数不同,因而会造成测量误差。另外,为避免加工环境的污染,还要对检测元件进行密封,这给安装、使用、维修都带来困难。产品价格也比较高,因此它的使用受到一定的限制。

2）回转型的检测元件　通过间接测量工作台直线位移相关的回转运动,来间接取得工作台的直线位移量。通常将回转型检测元件安装在带动工作台运动的丝杠端部,当检测元件旋转一周时,工作台移动一个导程的位移,如图 6-7 所示。这种间接测量不受长度的限制。旋转型检测元件体积小,安装方便。

常用的回转型检测元件有脉冲编码器、旋转变压器、感应同步器、光栅等。

四、数控机床主机

数控机床主机从外观上看与普通机床相似。其实两者有着很大的差异。与传统的机床构件相比,数控机床的机械构件要求传动刚度、传动精度更高,传动

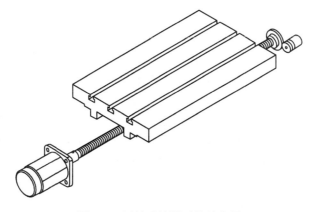

图 6-7　回转型检测元件示意图

系统更具稳定性,快速响应能力更强。数控机床主机中的关键零部件,如机床床身、导轨副、丝杠螺母副等,其特殊结构是普通机床所没有的。所以不能简单地认为数控机床就是数控装置加普通机床所组成的。因此,数控加工技术在机床上的开发应用,不但要进行数控系统的设计,还要进行机床结构设计。以下就数控机床主要零部件的机械结构特点进行分析。

1. 机床床身结构

它是数控机床的主要基础件,起着支承和导向的作用。要求采用具有高刚度、高抗振性及较小热变形的机床新结构。如数控车床的床身采用封闭的箱体结构,如图 6-8b 所示。与普通机床床身结构(图 6-8a)相比,它的抗弯刚度与抗扭刚度高了许多。箱式机床床身结构中还保留着铸件的泥芯,这能提高系统的抗振能力并能吸收噪声。

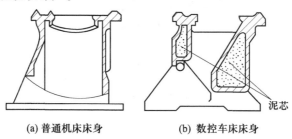

(a) 普通机床床身　　　　(b) 数控车床床身

图 6-8　不同结构的机床床身示意图

现代数控机床可以采用焊接床身。试验表明钢板焊接的机床床身,比铸造床身的刚度有较大的提高。焊接床身的设计自由度大,可以灵活地布置焊缝、设计隔板和肋板,从而充分发挥结构的承载和抗变形能力。还有一个优点是,钢的弹性模量约为铸铁的一倍,因此采用钢板焊接结构的固有频率提高,从而提高床身的结构刚度。

2. 导轨副

机床运动部件中,摩擦阻力主要来自导轨副。普通机床上的滑动导轨副的摩擦因数比较大,并且动、静摩擦因数的差别也大。数控系统要求机床导轨运动轻便、灵活、摩擦因数小、启动阻力小、低速运行时无爬行现象,还要求动、静摩擦因数的差别小等。而滚动导轨、贴塑导轨等能满足数控系统的要求。特别是滚动导轨,在导轨面间形成滚动摩擦,摩擦因数很小($f = 0.0025 \sim 0.005$),而且动、静摩擦因数很相近。它所需的功率小、摩擦发热少、磨损小、精度高,是数控机床理想的传动元件。常用的导轨副有滚动直线导轨(图 6-9)、滚动导轨块(图 6-10)及贴塑导轨(图 6-11)三种类型。

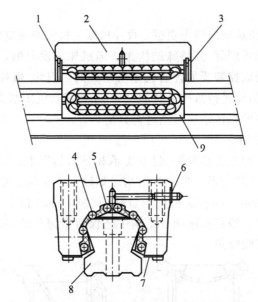

图 6-9　滚动直线导轨结构示意图

1—压紧圈;2—支撑块;3—密封板;4—承载钢珠;
5—反向钢珠;6—加油孔;7—侧板;8—导轨;9—保持架

3. 滚珠丝杠螺母副

如图 6-12 所示,其结构的主要特点是在丝杠和螺母的圆弧螺旋槽之间装有滚珠作为传动元件,因而摩擦因数小,传动效率可达 90% ~ 95%,动、静摩擦因数相差小。在施加预紧力后轴向刚性好,传动平稳,无间隙,不易产生爬行,随动精度和定位精度都较高。滚珠丝杠螺母副是目前数控机床进给系统最常用的机械结构之一。但是,它在安装时要通过预紧消除间隙保证换向精度。

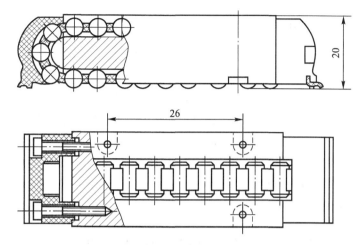

图 6-10　滚动导轨块结构示意图

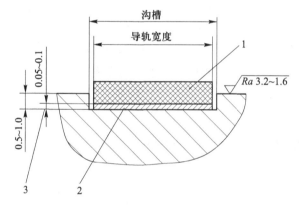

图 6-11　贴塑导轨黏接示意图

1—导轨软带;2—黏接材料;3—黏接层厚度

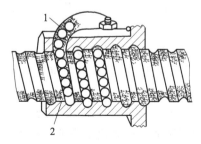

图 6-12　滚珠丝杠螺母副结构原理图

1—外滚道;2—内滚道

五、数控机床的辅助装置

辅助装置作为数控机床的配套部件,是保证充分发挥数控机床功能所必需的配套装置。常用的辅助装置有:

(1) 气动、液压装置。应用气动、液压系统,使机床完成自动换刀所需的动作,实现运动部件的制动和滑移齿轮移动变速,完成工作台的自动夹紧、松开,工件、刀具定位表面的自动吹屑等辅助功能。

(2) 排屑、冷却、润滑装置。

(3) 回转工作台和数控分度头。

(4) 防护、照明等装置。

第二节　数控机床的特点

自动化生产是人们始终追求的目标。大批大量生产时,采用专用设备、自动机床、组合机床、自动生产线等刚性自动化措施来实现,而要实现多品种小批量生产自动化却是一个难题。数控技术在这方面有重大突破。传统机械加工中由人工干的活,在数控机床中由程序控制来自动完成,加工精度与生产率都大大超过普通机床。所以,数控机床作为自动化设备在机械加工中得到广泛的应用。与普通机床相比,数控机床有以下几方面的特点。

一、数控机床在加工方面的特点

1. 精度高

高精度是数控机床的重要技术指标,随着数控技术的提高,数控机床的工作精度每 8~10 年就提高一倍,现在正向着亚微米级精度迈进。数控机床有这样高的精度是由于采用了新型的机械结构,主要表现为以下几点:

(1) 数控机床的结构具有很高的刚度和热稳定性,并采取了减小误差的措施,有了误差还可以由数控装置进行补偿,所以数控机床有较高的加工精度。

(2) 数控机床的传动系统采用无间隙的滚珠丝杠、滚动导轨、零间隙的齿轮机构等,大大提高了机床传动刚度、传动精度与重复精度。先进的数控机床采用直线电机技术,使机床的机械传动误差为零。

(3) 数控机床是自动加工,消除人为误差,提高同批零件加工尺寸的一致性,加工质量稳定。一次安装能进行多道工序的连续加工,减少了安装误差。

2. 能加工形状复杂的零件

采用二轴以上联动的数控机床,可以加工母线为曲线的回转体、凸轮、各种复杂空间曲面的零件,能完成普通机床难以完成的加工。例如船用螺旋桨是空间曲面体复杂零件,采用端面铣刀、五轴联动卧式数控机床才能进行加工。

3. 生产率高

生产率高主要表现在以下几个方面:

(1)节省辅助时间 数控机床配备有转位刀架、刀库等自动换刀机构。机械手能自动装卸刀具与工件,大大节省了辅助时间。生产过程无需检验,节省了检验时间。当加工零件改变时,除了重新装夹工件和更换刀具外,只需更换程序,节省了准备与调整时间。与普通机床相比,数控机床的生产率可提高 2~3倍,加工中心生产率可提高十几倍至几十倍。

(2)提高进给速度 数控机床能有效地节省机动时间,快速移动缩短空行程的时间,进给量的范围较大。能有效地选用合理的切削用量。

(3)采用高速切削 数控加工时采用小直径刀具、小切深、小切宽、快速多次走刀来提高切削效率。高速加工的切削力大幅度减小,需要的主轴扭矩相应减小,工件的变形也小。高速切削不但提高生产率,也有利于提高加工精度、降低表面粗糙度值。

二、数控机床的适应性与经济性特点

1. 适应性强

数控机床能适应不同品种、规格和尺寸的工件加工。当改变加工零件时,只需用通用夹具装夹工件、更换刀具、更换加工程序,就可立即进行加工。

2. 有利于向更高级的制造系统发展

数控机床是机械加工自动化的基本设备,柔性制造单元(FMC)、柔性制造系统(FMS)以及计算机集成制造系统(CIMS)都是以数控机床为主体,根据不同的加工要求、不同的对象,由一台或多台数控机床配合其他辅助设备(如运输小车、机器人、可换工作台、立体仓库等)而构成的自动化生产系统。数控系统具有通信接口,易于进行计算机间的通信,实现生产过程的计算机管理与控制。

3. 数控机床的经济性

数控机床的造价比普通机床高,加工成本相对较高。所以,不是所有零件都适合在数控机床上加工,它有一定的加工适用范围。要根据产品的生产类型、结构大小、复杂程度来决定其是否适合用数控机床加工。通用机床适合于单件小批生产,加工结构不太复杂的工件。专用机床适合于大批大量工件的加工。数控机床适合于复杂工件的成批加工。

三、数控机床在管理与使用方面的特点

数控机床造价昂贵,是企业中关键产品、关键工序的关键设备,一旦出现故障停机,其影响和损失是很大的。数控机床作为机电一体化设备有其自身的特

点,对管理、操作、维修、编程人员的技术水平要求比较高。数控机床的使用效果很大程度上取决于使用者的技术水平、数控加工工艺的拟定以及数控程序编制的正确与否。所以,数控机床的使用不是一般设备使用的问题,而是人才、管理、设备系统的技术应用工程。数控机床的使用人员要有丰富的工艺知识,同时在数控技术应用等方面有较强的操作能力,以保证数控机床有较高的完好率与开工率。

第三节　数控加工程序编制

数控机床是按事先编制好的加工程序进行自动加工的。因此,首先要编制零件的加工程序,即把零件的加工工艺路线、工艺参数、刀具运动轨迹、位移、切削用量与辅助功能等,按一定格式以数据信息形式记录下来,形成加工程序清单。通过控制面板或计算机直接通信的方式,将数控加工程序送入数控装置中。所以,编制数控加工程序是应用好数控机床的前提,是发挥数控机床优越性的技术关键。

一、数控加工程序编制的基本知识

1. 数控机床的坐标系

为了准确描述零件在机床上的相对位置以及刀具与工件的相对运动,必须建立坐标系。

（1）标准坐标系　为了确定数控机床的运动方向与距离,要在机床上建立一个坐标系,这个坐标系称为标准坐标系,也称为机床坐标系。在编程时,以该坐标系来规定运动的方向与距离。标准坐标系采用右手直角笛卡儿坐标系,如图 6-13 所示。该坐标系的坐标轴规定大拇指方向为 x 轴的正方向,食指为 y 轴的正方向,中指为 z 轴的正方向。统一规定的坐标系有利于编制程序,并使程序具有互换性。图 6-14 为车床标准坐标系。车床主轴为 z 轴,车床横向运动方向为 x 轴。

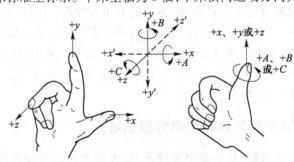

图 6-13　机床坐标轴的命名与规定示意图

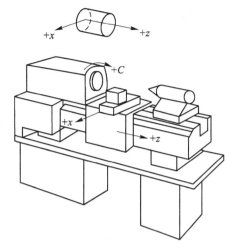

图 6-14　车床标准坐标系

（2）工件坐标系　是编程时使用的坐标系。编程时应首先确定工件坐标系。工件坐标系是人为设定的，为了编程方便、零件尺寸关系直观，应尽量把工件原点选择在合适的位置上，通常是以零件设计基准作为工件原点建立工件坐标系。如数控车床工件坐标系原点通常设在主轴的轴线上，如图 6-15 所示。

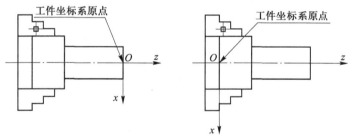

图 6-15　工件坐标系

（3）绝对坐标与相对坐标

1）绝对坐标　所有坐标点的坐标值均从某一固定坐标原点计量。数控车床采用绝对坐标系编程时，x、y、z 坐标值指定了刀具运动终点的坐标值，如图 6-16 中 A 点坐标 $A(30,40)$。

2）相对坐标　运动轨迹终点坐标是相对于起点计量，称为相对坐标，又称为增量坐标。数控车床采用增量坐标编程时，u 值（沿 x 轴的增量）和 w 值（沿 z 轴的增量）指定了刀具运动的距离，其方向分别与 x 轴、z 轴正方向相同。如图 6-16 中 B 点相对坐标 $B(60,55)$，其坐标值是相对于 A 点的。

在同一程序段内可以同时采用绝对坐标与相对坐标的尺寸进行编程。但必须依照正确的组合格式。例如，正确的组合 x、w；z、u。不正确的组合 x、u；z、w。

（4）工件原点偏置　工件安装在机床上，工件原点与机床原点间的距离称为工件原点偏置，如图 6-17 所示。该偏置值预存在数控系统中。加工时，工件原点偏置值能自动加到工件坐标系上，使数控系统可按机床坐标系确定加工时的坐标值。因此，编程人员可以不考虑工件在机床上的安装位置与精度，而利用数控系统的原点偏置功能，通过原点偏置值，补偿工件在工作台上的位置误差。现在大多数数控机床都有这种功能。

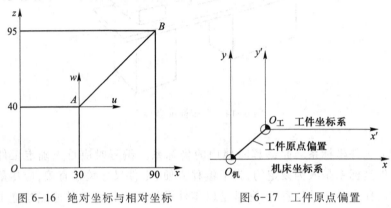

图 6-16　绝对坐标与相对坐标　　　图 6-17　工件原点偏置

2. 数控加工程序的结构

（1）数控加工程序的组成　每个数控程序都是由若干个程序段组成的。每个程序的开头有一个程序号。系统提供存放零件加工程序的存储器。程序编号时，采用程序编号地址码，如用字符%，字母 O、P 等其后不超过四位的整数表示。例如：% 555、P 101、O 123 等。完整的数控程序由程序号、程序内容、程序结束三部分组成。例如：

% 0001				程序号
N010	G92	X40	Y30	程序内容
N020	G90	G00	X28	S800　M03
N030	G01	X-8	Y8	F200
N040	X0	Y0		
N050	X28	Y30		
N060	G00	X40		
N065	M05			程序内容
N070	M02			程序结束

（2）程序段的格式　是指程序段中的字母、符号、数据的排列形式。这种格式又称字地址程序段格式。例如 N0010 G01 X10 Z20 F4 LF 表示一个控制机床的具体指令。每个程序以序号"N"开头，用 LF 结束。程序段中地址字符排列顺

序是：

N-	G-	X-	Y-	Z-	U-	V-	W-	I-	J-	K-	F-	S-	T-	M-	LF
程序序号	准备功能	绝对坐标			相对坐标			圆弧中心坐标			进给功能	主轴功能	刀具功能	辅助功能	

二、数控加工程序的代码及其功能

数控程序代码是按国际通用的 ISO 标准制定的。在数控程序代码标准中，有许多代码是不指定的，可以由数控生产厂家根据需要定义新功能。因此，不同的数控机床，其数控加工程序代码的功能有所不同。所以编程时必须先阅读机床说明书，按说明书的规定进行手工编程。自动编程生成的 G 代码也要经过必要的修改后才能输入数控系统；否则，机床不会运行或数控系统出现错误信息。

（1）G 代码 准备功能代码，它由地址 G 和后面的两位数组成，从 G00～G99 共 100 种。表 6-1 为部分常用 G 代码的功能与说明。

表 6-1 常用 G 代码的功能与说明

代码	功能	说　　明
G00	快速点定位	F 设定范围 2 000～6 000 mm/min(z)
G01	直线插补	F 设定范围 6～6 000 mm/min(z)
G02	顺圆圆弧插补	自动过象限。F 设定范围：6～600 mm/min(z)
G03	逆圆圆弧插补	自动过象限
G33	等螺距螺纹切削	切米制螺纹
G90	绝对坐标值	
G91	增量坐标值	
G92	设立工件坐标系	

（2）M 代码 辅助功能代码。它有 M00 至 M99 共 100 种代码。表 6-2 为部分常用 M 代码的功能与说明。

表 6-2 常用 M 代码的功能与说明

代码	功能	代码	功能	代码	功能
M00	程序暂停	M05	主轴停转	M11	工件松开
M02	程序结束	M07	开切削液	M20	自动循环
M03	主轴正转	M09	关切削液	M97	程序跳转
M04	主轴反转	M10	工件夹紧	M98	子程序调用

（3）T 代码　刀具功能代码。表 6-3 为车床转位刀架 T 代码的功能与说明。

表 6-3　车刀 T 功能代码说明

代码	功　　能
T00	不换刀,取消刀补值(或不实行刀补)
T11	换 1 号刀,执行第 1 组刀补值
T22	换 2 号刀,执行第 2 组刀补值
T33	换 3 号刀,执行第 3 组刀补值
T44	换 4 号刀,执行第 4 组刀补值

表中第一位数字代表刀具号,1—4 表示有四把刀,0 表示不换刀;第二位数字表示刀具补偿号,可设 1—4 组补偿数值,0 表示取消刀补。

第四节　数控编程实例

数控编程前首先要了解数控机床的类型、规格、性能以及数控系统的功能、数控指令格式,即认真阅读数控机床说明书。其次,对加工零件进行工艺分析,安排工艺路线,选择工件的安装方法,选择刀具与切削用量。手工编程时要确定工件的坐标系,进行基点坐标值的计算。最后用数控代码编写加工程序清单。

一、数控铣削加工的程序编制实例

图 6-18 为一凸轮零件图,材料为 45 钢,毛坯尺寸为 60×70×8。数控程序编制的步骤如下:

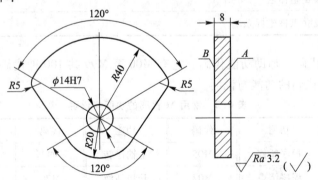

图 6-18　凸轮零件图

1. 工艺分析

从数控加工工艺上分析,两端面与 $\phi14$ 孔不能在数控机床上加工。所以平面凸轮的粗加工采用车削 A、B 两端面,钻 $\phi14$ 孔。考虑到铣削力的影响,在离 $\phi14$ 孔 30 mm 处钻一个 $\phi5$ 的孔作为工艺孔,该孔与底座的短销配合,使工件在铣削时不至于偏转,如图 6-19 所示。在数控铣床上,以 $\phi14$、$\phi5$ 与一个端面(A 面或 B 面)形成一面两销定位,$\phi14$ 孔上用螺纹夹紧。刀具采用 $\phi16$ 圆柱立铣刀,主轴转速为 800 r/min,铣削进给速度为 80 mm/min。

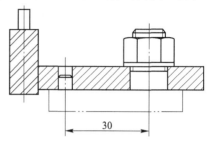

工件坐标原点设置在凸轮零件的设计基准上,即 $\phi14$ 的圆心 P0 上。工件坐标原点与设计基准重合可以减小坐标点的计算误差,保证工件的几何精度。

图 6-19 凸轮零件安装示意图

铣刀的加工顺序从 P1→P2→P3→P4→P5→P6→P7→P8→P3→P9→P10。铣刀由 P3 点切入,圆周加工完成后回到 P3 点切出,避免了径向切入切出,使工件表面上不产生刀痕。铣削路线如图 6-20 所示。

2. 编程数值计算

数值计算是为了求得节点坐标。节点是指直线段与圆弧段的交点和切点。以上 P1 至 P10 都是节点。通过几何计算确定凸轮各节点的坐标值。凸轮零件轮廓是由圆弧和直线组成的,求出它们之间的切点坐标值,用数控系统的直线与圆弧插补功能,就能加工出完整的轮廓曲线。若采用 CAD 软件绘制几何图形,应用 CAD 软件的点坐标查询命令即可确定零件节点坐标值。凸轮零件的各点坐标值为:

P1 (−25.589 −29.820)　　　P2 (−19.005 −25.274)

P3 (−16.458 −11.363)　　　P4 (−34.425 14.659)

P5 (−34.641 20)　　　　　P6 (34.641 20)

P7 (34.425 14.659)　　　　P8 (16.458 −11.36)

P3 (−16.458 −11.363)　　　P9 (−30.369 −8.816)

P10(−36.952 −13.362)

3. 编写程序清单

本程序是以 BANJING FANUC 数控系统的 G 代码编写数控铣削加工程序清单,如表 6-4 所示。

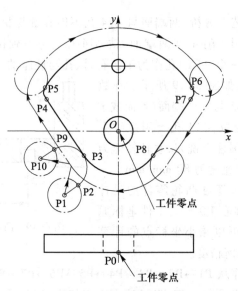

图 6-20　铣削路线图

表 6-4　数控铣削加工程序清单及说明

程序号	程 序 清 单	程 序 说 明
N100	G00 G90 G54 X-25.589 Y-29.820 S800 M03	使用绝对坐标,零点偏置选用 G54 快速定位至 P1,主轴正转,转速为 800 r/min
N102	Z20 M07	Z 轴快速点定位至 Z20,并打开冷却液
N104	G01 Z-2 F80	Z 轴直线插补运动至 Z-2,进给速度为 80 mm/min
N106	G41 D1 X-19.005 Y-25.274 F120	刀具半径左补偿,补偿代码 D1,直线插补,从 P1 点至 P2 点,进给速度为 120 mm/min
N108	G03 X-16.458 Y-11.363 I-5.682 J8.229	逆时针圆弧插补,从 P2 点至 P3 点
N110	G01 X-34.425 Y14.659	直线插补运动,从 P3 点至 P4 点
N112	G02 X-34.641 Y20 I4.114 J2.841	顺时针圆弧插补,从 P4 点至 P5 点
N114	X34.641 I34.641 J-20	顺时针圆弧插补,从 P5 点至 P6 点
N116	X34.425 Y14.659 I-4.330 J-2.5	顺时针圆弧插补,从 P6 点至 P7 点

续表

程序号	程序清单	程序说明
N118	G01 X16.458 Y-11.363	直线插补运动,从 P7 点至 P8 点
N120	G02 X-16.458 I-15.458 J11.363	顺时针圆弧插补,从 P8 点至 P3 点
N122	G03 X-30.369 Y-8.816 I-8.229 J-5.682	逆时针圆弧插补,从 P3 点至 P9 点
N124	G40 G01 X-36.952 Y-13.362	取消刀具半径补偿,直线插补运动,从 P9 点至 P10 点
N126	G00 Z150	Z 轴快速点定位至 Z150
N128	M05	主轴停转
N130	M09	关闭冷却液
N132	M30	程序结束

凸轮轮廓铣削加工用到了刀具半径补偿代码。因为计算的节点坐标是凸轮零件轮廓的尺寸,铣刀切削加工时是以刀具中心轨迹运行的,所以零件轮廓与刀具的中心轨迹相差一个刀具半径 R 的距离。零件轮廓是铣刀运动的包络线,而不是铣刀的中心轨迹。数控程序是按零件轮廓编制,加工时 CNC 系统必须根据刀具半径 R 自动计算出刀具中心轨迹。数控机床按刀具中心轨迹控制刀具与工件的相对运动。CNC 中的这种自动计算刀具中心轨迹的功能称为刀具半径补偿功能。G 代码中 G41 是左刀具半径补偿,即刀具中心轨迹在程序轮廓轨迹前进方向的左侧,如图 6-21a 所示。G42 是右刀具半径补偿,即刀具中心轨迹在程序轮廓轨迹前进方向的右侧,如图 6-21b 所示。G40 表示撤销刀具半径补偿。刀具半径补偿程序段中 D 表示刀具半径补偿号,D1 表示一号刀具的半径值。D1 数值要预先输入 CNC 系统刀补表中。

二、数控车削加工程序编制实例

图 6-22 所示是一个车削加工零件,该零件上要车螺纹、车槽、车锥度、车外圆、车圆弧等。

1. 数控车削零件的工艺分析

一般情况下,车削零件的粗加工在普通机床上完成。例如车端面、钻中心孔、粗车外圆、下料切断等。在数控车床上进行精加工,这样有利于保证零件的几何精度,从成本上分析也是合理的。根据零件几何尺寸要求,本例零件下料尺寸为 $\phi32$,长度为 140 mm。粗车后的零件毛坯如图 6-23 所示。

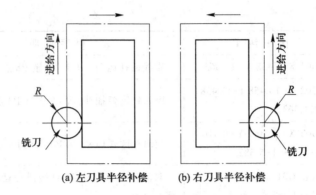

(a) 左刀具半径补偿　　　(b) 右刀具半径补偿

图 6-21　左右刀具半径补偿示意图

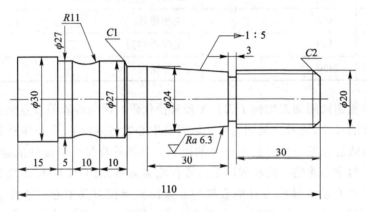

图 6-22　车削零件图

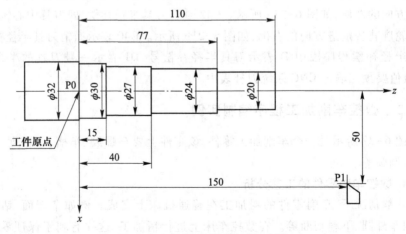

图 6-23　粗车后零件毛坯尺寸图

2. 编写数控程序

工件的原点为 P0 点,刀具起点为 P1 点,P1 点的坐标为(50,150)。本程序以 BANJING FANUC 数控系统编制。在沈阳第一机床厂 CK6150 型车床上加工。根据工艺分析,本零件数控车削阶段要用到三把刀具及三个刀位。T11 为 90°偏刀,T22 是宽度为 3 mm 割刀,T33 为螺纹车刀。加工程序如表 6-5 所示。

表 6-5　数控车削程序清单及说明

程序号	程 序 清 单	程 序 说 明
N010	O0001	程序号
N015	G50 X50 Z150	G50 设定起刀点
N020	G98 M43	G98 分进给,主轴转速为 M43
N025	M03 T0101	M03 主轴正转　　　T0101 选择刀具
N030	G00 X40 Z110	快速点定位
N040	G01 X16 F60	直线运动到倒角起点
N045	G01 X19.8 W-2 F40	车削 C2 倒角
N050	G01 Z77	精车外圆 ϕ19.8
N055	G01 X24 W-30	精车圆锥
N060	G01 Z40	精车外圆 ϕ24
N065	G01 X25	直线运动到倒角起点
N070	G01 X27 W-1	车削 C1 倒角
N075	G01 Z30	精车外圆 ϕ27
N080	G02 X27 W-10 R10 F30	精车圆弧 R10
N085	G01 Z15 F50	精车外圆 ϕ27
N090	G01 X30	直线运动
N095	G01 Z-1	精车外圆 ϕ30
N100	G00 X50 Z150	X、Z 轴返回起刀点
N110	T0202	T0202 换刀,主轴转速换成 M42(减速)
N115	G00 X23 Z77	快速点定位
N125	G01 X16	车槽
N130	G00 X50	X 轴退刀
N135	G00 Z150	Z 轴返回起刀点
N140	T0303 M41	T0303 换刀,主轴转速换成 M41(减速)

程序号	程序清单	程序说明
N145	G00 X20 Z112	快速点定位
N150	G92 X19.5 W-32 F1.5	自动循环加工螺纹。第一刀螺纹底径车至 ϕ19.5
N155	X19	第二刀螺纹底径车至 ϕ19
N160	X18.6	第三刀螺纹底径车至 ϕ18.6
N165	X18.5	第四刀螺纹底径车至 ϕ18.5
N170	X18.4	第五刀螺纹底径车至 ϕ18.4
N175	G00 X100 Z150	X、Z轴返回起刀点
N185	M05	主轴停止
N190	M30	程序结束并返回初始状态

第五节　加 工 中 心

加工中心(machining center,MC)是在数控镗铣床基础上发展起来的柔性、高效率的自动化装备。它使数控机床在技术上又上了一个新的台阶。加工中心与数控机床显著的区别在于它装有一套能自动选刀、换刀的刀库系统。刀库系统由刀库、机械手和驱动机构组成。在数控系统及可编程控制器的控制下,执行电机或液压气动机构驱动刀库和机械手实现刀具的选择与交换。加工中心伺服单元控制三轴至五轴的联动伺服机构。

一、加工中心的分类与应用范围

加工中心通常按它的外形进行分类,主要有以下三大类:

1. 卧式加工中心

指主轴中心线为水平状态的加工中心。通常带有可分度的回转工作台。此类加工中心主要以镗铣削加工为主,适合于加工壳体、泵体、阀体等箱体类零件以及复杂零件特殊曲线与曲面轮廓的多工序加工,如图 6-24 所示。

2. 立式加工中心

指主轴中心线为垂直状态的加工中心。此类加工中心主要以钻铣削加工为主,适合于中、小型零件的钻、扩、铰、攻螺纹等切削加工,也能进行连续轮廓的铣削加工,如图 6-25 所示。

3. 万能加工中心

也称五面体加工中心或复合加工中心。此类加工中心是多轴联动控制,能

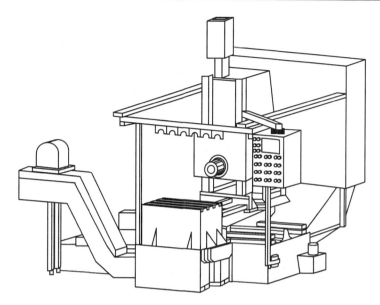

图 6-24 卧式加工中心示意图

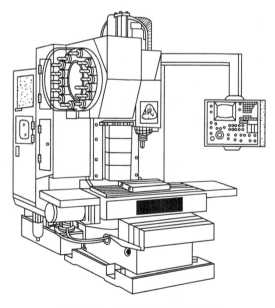

图 6-25 立式加工中心示意图

进行卧、立切削加工,适用于复杂多面体零件的加工,如图 6-26 所示。

从以上外形结构上,可以看出加工中心比普通数控机床复杂得多,而功能也大得多。加工中心是属于高技术、价格昂贵的复杂设备。但是任何设备都不可

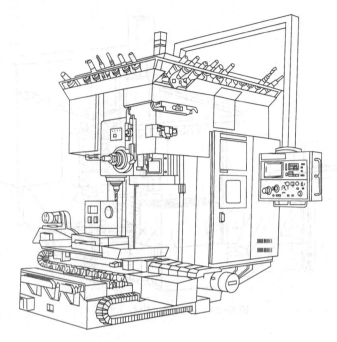

图 6-26　复合式加工中心示意图

能是万能的,加工中心也一样,只有在一定条件下才能发挥最佳效益。不同类型的加工中心有不同的规格与适用范围,设备造价也有很大的差别。所以选用加工中心要考虑很多影响因素。例如卧式加工中心与立式加工中心相比,规格相近(指工作台的宽度)的卧式加工中心比立式加工中心的价格要高 50%~100%,但卧式加工中心纯切削加工时间比立式加工中心多 50%~100%。完成同样的工艺内容,立式加工中心比卧式加工中心更经济,但卧式加工中心的工艺性比较广泛。选购哪一类加工中心要综合考虑零件的加工规范、生产率、经济成本和投资效益。

二、加工中心的特点

加工中心与普通数控机床相比有以下主要特点:

(1) 加工中心上装备有自动换刀装置。工件一次装夹后,通过自动更换刀具,自动完成镗削、铣削、钻削、铰孔、攻螺纹等工序,甚至可以从毛坯一直加工到成品,大大节省了辅助工时和在制品周转时间。

(2) 加工中心刀库系统集中管理和使用刀具,有可能用最少量的刀具完成多工序的加工,提高刀具的利用率。

(3) 加工中心加工零件的连续切削时间比普通数控机床高得多,所以设备的利用率高。

（4）在加工中心上装备有托盘机构，使切削加工与工件装卸同时进行，提高生产率。所以，加工中心就是一个柔性制造单元。

三、加工中心的特殊构件

1. 主轴结构

加工中心是以镗、铣、钻为主的数控机床，它的主运动是刀具的旋转运动，刀具由装夹机构安装在主轴上。为保证刀具的刀套能准确地在主轴上定位，主轴上必须设计有准停机构与刀具的装夹机构。

2. 刀库系统

刀库系统（automatic tool changer，ATC）是由刀库与机械手组成的自动换刀装置。

（1）刀库。是存储加工所需要刀具的仓库。刀库具备输送刀具，并作移位运动达到换刀位置，并且能准确定位，保证换刀可靠；否则，换刀时机械手抓刀不准，容易产生掉刀现象。加工中心的功能主要体现在刀库容量与刀库类型上。

1）刀库容量　加工中心作为柔性制造单元，能连续自动加工复杂零件，加工能力强、工艺范围广。所以刀库的容量大，存储的刀具多，使机床的结构复杂。刀库容量小，存储的刀具少，不能满足工艺上的要求。刀库中刀具数量的多少又直接影响加工程序的编制。编制大容量刀库的加工程序的工作量大，程序复杂。所以刀库容量的配置有一个最佳的数量。一般情况下，加工中心刀库中只存一种零件在一次装夹中所完成的加工工序所需要的刀具。刀具数量不能超过刀库容量。刀库的容量受到机床结构的制约。通常立式加工中心的刀库容量为20把刀具，卧式加工中心刀库的容量为40把刀具，万能加工中心的刀库能容纳120把刀具。

2）刀库类型　主要有两大类型，即圆盘式刀库与链式刀库。圆盘式刀库上刀具轴线相对于刀库轴线可以按不同方向配置，有轴向、径向或斜向，如图6-27所示。采用这些结构可以简化取刀动作，结构简单紧凑，应用较多。但因刀具单环排列，空间利用率低，因此多用于刀库容量小的场合。链式刀库是在环形链条上装有许多刀座，刀座孔中装各种刀具，链条由链轮驱动，如图6-28所示。这种刀库容量较大，扩展性好，在加工中心上的配置位置灵活，但结构复杂。链环可根据机床的总体布局要求配置成适当形式，以利于换刀机构的工作。刀库取刀多为轴向取刀。

（2）刀具的选用与识别。刀库系统的重要功能就是刀具的选用与识别。目前常用的有以下几种方法。

1）顺序方式选刀　刀库中的刀具按照加工零件的加工顺序排列，加工时按

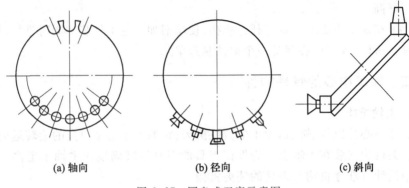

(a) 轴向　　　　　　　(b) 径向　　　　　　　(c) 斜向

图 6-27　圆盘式刀库示意图

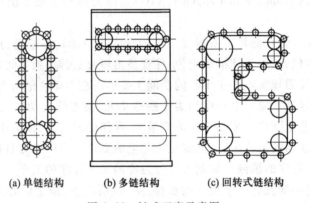

(a) 单链结构　　　　　(b) 多链结构　　　　(c) 回转式链结构

图 6-28　链式刀库示意图

顺序依次选用刀具。这种选刀方法使刀库的控制与驱动装置简单,无需编码,也不需要刀具识别装置。但是加工零件改变时,刀具要按加工零件的加工顺序重新排列,增加了机床的准备时间。

2) 编码方式选刀　在加工中心刀库中,对每一把刀具都进行编码。加工时通过刀具的识别装置来识别和选择所需要的刀具。这种随机选择刀具的方式使刀库中刀具的排列是任意的,与加工零件的加工顺序无关。当加工零件改变时,刀具在刀库中原有的排列顺序不变,减少了刀具的调整时间。加工时可以重复使用同一把刀具,减少了刀库中刀具的数量。

3) 计算机记忆方式选刀　在安装有位置检测装置的刀库中,把刀具号和刀库上的存刀位置相对应地存储在计算机的存储器中,计算机始终跟踪着刀具在刀库中的实际位置。加工中刀具可以随机取存。而且不必对刀具进行编码,也省去编码识别装置。现在大多数加工中心采用计算机记忆方式来选取加工所需的刀具,不但简化了控制系统,而且增加了可靠性。

（3）自动换刀装置。担负自动换刀的机构是机械手。机械手能准确、迅速、可靠地进行自动换刀。随着机床的布局不同，自动换刀装置的机械结构有很大的差异，机械手也是各式各样的。但最常见的是单臂双爪回转式机械手，如图6-29所示。单臂双爪回转式机械手的工作步骤是：① 单臂旋转，双爪夹紧刀具；② 单臂前伸，同时从主轴孔和刀库中取出刀具；③ 单臂旋转180°，双爪交换位置；④ 单臂缩回，将新刀具装入主轴孔并同时把旧刀具退回刀库中；⑤ 双爪复位。

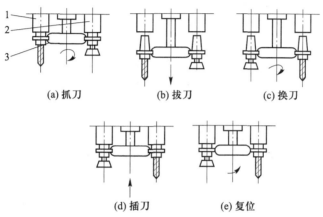

图6-29　单臂双爪回转式机械手动作顺序图
1—主轴；2—刀库；3—机械手

四、加工中心的发展

加工中心在机械加工领域中的应用是划时代的重大技术性突破，它在自动化程度、生产率与加工的柔性上比普通数控机床有质的飞跃。随着数控技术的进步，高速加工中心的问世成功地解决了高效率与高柔性之间的矛盾。现代高速加工中心能取代组合机床自动生产线，它不但能承担大批量生产任务，也能解决多品种、小批量的生产问题。不仅能适合于当前的产品加工需要，也能适应今后开发变型产品的加工。例如在汽车生产中既要满足大批量生产，以降低成本争得市场的优势，又要适应变型品种的生产，以满足客户个性化的需求。而高速加工中心就成了这种生产模式的必然选择。

高速加工中心的功能部件能快速启动、快速移动、快速定位以及快速换刀，大大缩短了辅助时间，生产率达到自动生产线的水平。高速加工中心的出现改变了传统机械加工的模式，实现了制造业所追求的变产品和批量而不变成本的目标，是实现敏捷生产的有效手段。

复习思考题

1. 什么是数控技术？什么是数控机床？
2. 数控系统由哪些部分组成？各个部分的功用是什么？
3. 闭环控制系统工作原理是怎样的？有什么特点？
4. 为什么半闭环控制系统用得比较广泛？
5. 与普通机床相比，数控机床的机械结构有什么特殊的要求？
6. 数控机床最适合加工哪些类型的零件？
7. 与普通机床相比，数控机床生产率较高的主要原因是什么？
8. 数控机床坐标系是如何确定的？它们的方向如何判定？
9. 什么是绝对坐标系？什么是相对坐标系？编程时如何选用？
10. 试分析刀具补偿的功能与作用。
11. 什么是加工中心？它与数控机床有何显著区别？
12. 加工中心有哪些主要特点？
13. 数控系统是如何识别与选取加工中心刀库中的刀具的？

第七章 先进制造技术

本章学习指南

学习本章的主要目的：① 了解 CAD/CAPP/CAM 基本概念与基本功能；② 了解 FMS 的基本概念与组成；③ 理解 CIMS 的先进管理与制造业信息化的新理念；④ 了解智能制造系统的含义及其发展情况。

本章重点：① CAD/CAM 技术内容与工程应用的基本概念；② FMS、CIMS 与 IMS 的实质内容与工程应用的实际意义。学习本章建议与工程实践的数控实习相结合，以加深对 CAD/CAM 的理解和加深对制造信息化的理解。

随着微电子技术和计算机技术等现代科学技术的发展，传统的机械制造技术正在发生极其深刻和重大的变化，它不断吸收各种先进技术，并将其综合应用于机械制造的全过程，从而使传统的机械制造跨入了崭新的先进制造时代。

先进制造技术是传统制造技术在不断吸收机械、电子、信息、材料、能源及现代管理技术等先进技术成果，并将其综合应用到产品设计、加工、检测、管理、销售、使用、服务的机械制造全过程，实现优质、高效、低能耗、清洁、灵活生产，提高对动态多变市场的适应能力和竞争能力的制造技术的总称。

先进制造技术具有以下特点：

（1）适合单件、中小批量、多品种的生产规模。

（2）采用信息和知识密集型的生产方式。

（3）使用柔性自动线和智能自动化的制造设备。

（4）重视必不可少的辅助工序，如加工前后处理；重视工艺装备，使制造技术成为集工艺方法、工艺装备和工艺材料为一体的成套技术；重视物流、检验、包装及储藏，使制造技术成为覆盖加工全过程的综合技术，不断发展优质高效低耗的工艺及加工方法，取代落后工艺；不断吸收微电子、计算机和自动化等高新技术成果，形成 CAD、CAM、CAPP、CAT、CAE、NC、CNC、MIS、FMS、CIMS、IMT、IMS 等一系列现代制造技术，并实现上述技术的局部或系统集成，形成从单机到自动生产线等不同档次的自动化制造系统。

（5）引入工业工程和并行工程概念，强调系统化及其技术和管理的集成，将机械和管理有机结合在一起,引入先进管理模式,使制造技术及制造过程成为覆盖整个产品生命周期,包含物质流、能量流、信息流的系统工程。

本章主要介绍 CAD/CAM、CAPP、FMS、CIMS、IMS 技术。

第一节　计算机辅助设计与制造(CAD/CAM)技术

一、CAD/CAM 的基本概念

计算机辅助设计与制造(computer aided design and computer aided manufacturing,CAD/CAM)是一项利用计算机协助人完成产品设计与制造的现代技术。它将传统设计与制造彼此相对分离的任务作为一个整体来规划和开发,实现信息处理的高度一体化。

计算机辅助设计(CAD)是指工程技术人员以计算机为辅助工具,完成产品设计构思和论证、产品总体设计、技术设计、零部件设计及绘图等工作的总和。

计算机辅助工艺设计(computer aided process planning,CAPP)是应用计算机快速处理信息的功能及应用具有各种决策功能的软件,对产品设计结果自动生成工艺文件的过程。工艺过程设计主要是在分析和处理大量信息的基础上选择加工方法、机床、刀具、加工顺序等,以及计算加工余量、工序尺寸、公差、切削量、工时定额、绘制工序图以及编制工艺文件等。

计算机辅助制造(CAM)是指计算机在制造领域有关应用的统称,它可分为狭义 CAM 和广义 CAM。狭义 CAM 通常指工艺准备或者是其中某些、某个活动应用计算机;广义 CAM 是指利用计算机辅助完成从毛坯到产品制造过程的直接和间接的各种活动,包括工艺准备、生产作业计划、物流过程的运行控制、生产控制、质量控制等主要方面。

CAD/CAPP/CAM 集成系统是将 CAD、CAPP 和 CAM 作为一个整体来规划和开发,使各个不同功能模块有机地结合在一起,以实现数据和信息相互传递和共享。这是因为 CAM 所需要的信息和数据,很多来自 CAD 和 CAPP,也有许多数据和信息对 CAD 和 CAPP 是共享的。集成化的 CAD/CAPP/CAM 系统就可以借助公共的工程数据库、网络通信技术以及标准格式的中性文件接口,把分散于机型各异的计算机中的 CAD/CAPP/CAM 模块高度集成起来,实现软、硬件资源共享,如图 7-1 所示。

二、CAD/CAM 系统的组成

CAD/CAM 系统一般由人、硬件和软件组成。之所以把人放在第一位,是因为目前 CAD/CAM 系统的工作方式是人机交互,只有通过人机对话才能完成

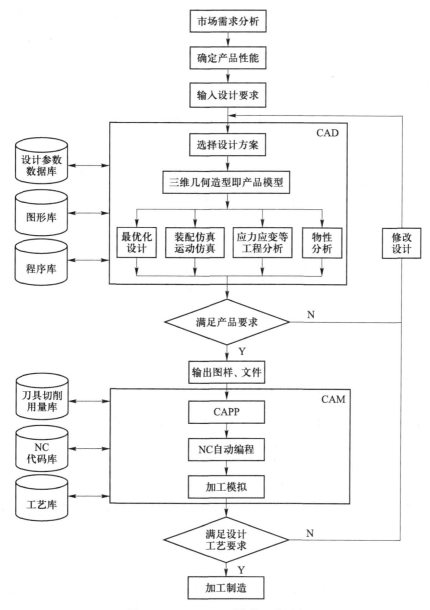

图 7-1　CAD/CAM 系统的工作过程

CAD/CAM 的各种作业过程。所以，人的作用是决定性的。硬件是系统的物质基础，由计算机主机、外存储器、输入设备、输出设备、网络通信设备及生产设备等外围设备组成，如图 7-2 所示。软件是系统信息处理的载体，是系统的核心，包括系统软件（如操作系统）、支承软件（工程分析软件、图形处理软件、数据库管理系统、计算机网络工作软件）和应用软件（模具设计软件、组合机床设计软件、电气设计软件、机械零件设计软件以及飞机、船舶、汽车等交通工具设计制造的专用软件等）。显然,软件配置的水平和档次决定了 CAD/CAM 系统性能的优劣。

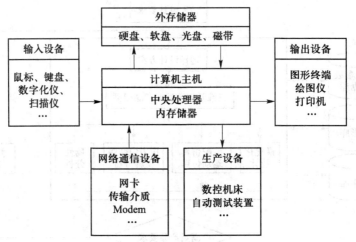

图 7-2　CAD/CAM 系统的硬件组成

三、计算机辅助设计（CAD）技术

CAD 是一个综合概念,它表示了在产品设计和开发时直接和间接使用计算机的活动总和,主要指用计算机完成整个设计的过程。这一技术充分运用计算机高速运算和快速绘图的强大功能为工程设计及产品设计服务,已得到广泛应用。

CAD 的功能一般可以归纳为几何建模、工程分析、动态模拟和自动绘图四大类。

（1）几何建模　人们把想象的现实物体转换成在计算机上表示的过程称为建模。计算机几何建模有以下几种类型:

1）二维设计　应用 CAD 软件在计算机显示屏上对生成的点与线进行编辑、变换、修改及绘制出所需的图形。这与传统的设计方法是一样的,只是甩掉了图板,用计算机来绘图。

2）线框造型　用空间的线条构成物体的立体框架,它可以直观表达整个物体的基本轮廓。线框造型操作简单,绘图方便,符合人们的设计习惯,是构造曲面模型、实体模型的基础。

3）曲面造型　曲面造型描述具有一定光滑程度的曲面外形,由若干块曲面片拼接构成描述产品形状的曲面形状,能较精确地定义产品的三维几何形状。曲面造型在工业造型设计中得到广泛的应用。例如服装、鞋帽的三维打样设计,地形地貌的三维描述,飞机、汽车、船舶的流体动力学分析,工程分析计算中的应力应变场、温度场的分布等都需要曲面造型工具。曲面造型也能对铸造型芯、锻模等进行设计。

4) 实体造型 利用 CAD 软件中提供光源的真实感效果,在计算机显示屏幕上实时调整光源的位置和距离以及光的强度等光照效果,使实体造型的产品有未造先得的逼真效果。实体造型能严格定义一个物体的几何形状,它与线框模型和曲面模型不同,实体造型可以精确地预测出任意复杂零件的体积、重量、惯性矩等物理性能参数。

(2) 工程分析与计算 工程分析与计算是在三维建模的基础上,对产品进行工程分析计算、模拟仿真,以便对产品设计的功能、性能和各项技术指标的优劣给出判定,找出设计的薄弱环节并加以改进,这样有利于设计出满足要求的产品。现有商品化的 CAD/CAM 系统软件中,集成有限元分析模块,在建构几何模型的同时自动生成有限元网格。在进行有限元分析计算时,将载荷数据、材料数据和边界约束条件数据输入,经有限元分析软件的分析、计算并转换成后续设计所需要的数据或输出各种图形。

(3) 机构分析 机构分析是 CAD 系统在三维造型的基础上,输入主要的初始数据,系统自动地进行机构的运动分析,计算出机构运动的轨迹、速度、加速度、传动力等参数。同时利用动画功能仿真机构的运动情况,供设计者参考。

(4) 自动绘图 计算机绘图可以绘制、复制各种类型的图样,如二维工程图形、三维立体图形以及零件图、部件图、装配图、传动系统图、电路图等。CAD 系统还提供了强大的图形编辑、修改的功能,可以方便地进行图形编辑、修改,达到满意的结果后再通过绘图机输出工程图纸。实际上 CAD 技术应用中图形编辑、修改的功能比画图的功能强得多。所以制造企业常把以往设计的图形,特别是经过生产实践成功运行的成熟的零件图、部件图存储在计算机中,在开发新产品时,将能够利用的图形调出来,经过适当的编辑、修改就能输出新的图纸。这能大大缩短设计周期,也提高了产品的可靠性。

CAD 技术有着广泛的应用前景,应用范围已经延伸到艺术、电影、动画、广告和娱乐等领域,产生了巨大的经济效益与社会效益。

四、计算机辅助工艺过程设计

CAPP 是计算机辅助工艺过程设计。它是利用计算机技术辅助工艺人员以系统化、标准化的方法确定零件或产品,从毛坯到成品制造方法的技术。应用 CAPP 技术可以快速、合理地编制出满足生产要求的工艺文件,缩短生产准备周期与新产品开发周期。

CAPP从原理上讲,有三种工艺设计方法,即派生式(variant)、创成式(generative)和知识基专家系统(expert system,ES)。

派生式CAPP系统是利用零件的相似性,对每一个零件族采用一个公共的制造方法,这个具有相似性的标准工艺,可以集中专家、工艺人员的集体智慧和经验。当为一个新零件设计工艺规则时,只要从计算机中检索出标准工艺文件,然后经过一定的编辑和修改就可以得到该零件的工艺规则。由此得到"派生"这个名称。派生式CAPP系统继承和应用了企业较成熟的传统工艺,应用广泛,有较好的实用性,缺点是系统的柔性较差,所以,复杂零件和相似性较差的零件不宜采用这种系统。

创成式CAPP系统是依靠系统中的决策逻辑生成,根据工艺数据库的信息和零件模型,在没有人干预的条件下,自动产生零件所需要的各个工序和加工顺序,自动提取制造知识,自动完成机床、刀具的选择和加工过程的优化,通过应用决策逻辑,模拟工艺设计人员的决策过程,自动创新成新的零件加工工艺规程。由于CAPP系统中的决策系统能模拟工艺人员思考问题和解决问题的方法,所以能完成具有创造性的工作,故称之为创成式CAPP系统。众所周知,工艺过程设计的求解是一个涉及面很广的复杂性问题,所以系统设计比较困难。要使一个创成式CAPP系统包含所有的工艺决策,且能完全自动地生成理想的工艺过程是有一定难度的,因此,创成式CAPP系统发展还不很成熟,目前还没有开发出完全或真正意义上的创成式系统。用已开发的所谓的创成式CAPP系统生成的工艺,有时还需要进行一些修改。

综合式CAPP系统综合了派生式CAPP系统和创成式CAPP系统的方法和原理,采用派生与自动决策相结合的方法生成工艺规程,在对一个新零件进行工艺设计时,先通过计算机检索它所属零件族的标准工艺,然后根据零件的具体情况,对标准工艺进行自动修改,工序设计采用自动决策产生。综合式CAPP系统兼顾了派生式CAPP和创成式CAPP系统两者的优点,克服了各自的不足,既具有系统的简洁性,又具有系统的快捷与灵活,应用性很强。

五、计算机辅助制造技术

CAM技术是利用计算机对制造过程进行设计、控制和管理。目前应用CAM技术主要集中在数字化控制、生产计划、机器人和工厂管理四个方面。CAM的应用形式可分为直接应用和间接应用。CAM直接应用是将计算机直接与制造过程连接,并对它进行监视和控制,如对制造过程中的加工、装配、检验、存储、输送等进行在线全过程的监控和管理。CAM间接应用是指计算机并不直接与制造过程连接,只是用计算机对制造过程进行支持。此时,计算机是"离线"的,它只是用来提供生产计划、作业调度、发出指令及有关信息,为制造活动的有效管理提供数据和信息。

目前机械制造中,CAM 技术主要应用于计算机辅助 NC 编程,即为 NC 机床准备加工程序,它是 CAM 的一种间接应用。CAD/CAM 系统有效地解决了几何造型、图形显示、交互设计、编辑修改、刀具轨迹生成、加工过程仿真与验证等。CAM 中的数控仿真技术为数控机床加工提供有力的支持仿真过程实时反映刀具的切削过程,动态显示加工的效果,真实感较强。

六、CAD/CAPP/CAM 集成技术

CAD/CAPP/CAM 集成技术是一项利用计算机帮助人完成设计和制造任务的新技术,它将传统的设计与制造彼此相对分离的任务作为一个整体来规划与开发,实现信息处理的高度一体化,也是现代制造技术 CIMS 最重要的环节之一。

在 CAD/CAPP/CAM 集成技术中,CAD、CAM 中的一些应用技术已经相当成熟,如计算机绘图技术、NC 加工编程技术等,但是 CAPP 技术相对发展较晚,且工艺设计受具体制造环境及传统经验和习惯的影响较大,要制定较完善的 CAPP 的工艺生成决策规则难度很大,所以,目前开发的 CAPP 系统能真正用于实际生产的并不多,且都是专用 CAPP 系统。CAD 系统的零件造型主要是几何造型,并没有考虑待加工表面的形状、加工精度和表面粗糙度等工艺信息,所以,用这样的系统实现 CAD/CAPP/CAM 集成,只能是不完善的,或者说是有很多人机交互操作的集成。因此,CAD/CAPP/CAM 集成是目前先进制造技术中一个重要的研究课题。

第二节 柔性制造技术

柔性制造(flexible manufacturing,FM)是计算机控制的数控机床在制造过程中使用后产生的一种先进制造技术。所谓柔性,就是不用改动制造设备,只通过改变程序的办法即可制造出多种零件中任何一种零件的制造方法,是多品种、中小批量生产过程中高效、高精度的制造方法。目前主要有柔性制造系统(flexible manufacturing system,FMS)、柔性制造单元(FMC)、柔性制造自动生产线(FML)和柔性制造工厂(FMF 或 FA),其中 FMS 最具有代表性。

一、FMS 的定义及基本组成

在我国的有关标准中,FMS 是指由数控加工设备、物流储运装置和计算机控制系统等组成的自动化制造系统。国外有关专家也把 FMS 定义为"至少由两

台机床、一套物流储运系统和一套计算机控制系统所组成的制造系统。"

FMS 的组成如图 7-3 所示。除上述三个主要组成部分外,FMS 还包括冷却系统、排屑系统、刀具监控和管理等附属系统。

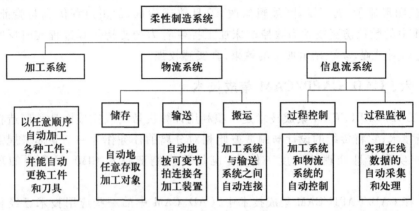

图 7-3　FMS 组成框图

1. FMS 主要功能

一般的 FMS 主要具有以下功能:

(1) 自动制造功能,由数控机床类设备来承担;

(2) 自动交换和输送功能,包括工件和刀具;

(3) 自动保管功能,包括毛坯、工件、半成品、工夹具、模具等;

(4) 自动监视功能,主要对刀具进行监视,还有自动补偿和自诊断等;

(5) 作业计划与调度。

要实现 FMS 的上述功能,必须由计算机系统控制,使其协调一致地、连续地、有序地进行。作业计划、加工或装配等系统运行必需的信息,要预先存放在计算机系统中。作业时,物流系统根据作业计划从仓库调出相应的毛坯、工夹具,并将它们交换到对应的机床上,机床则依据已经传送来的程序执行预定的制造任务。

2. FMS 的优点

(1) 柔性制造能力强。FMS 中备有较多的刀具、夹具及数控加工程序,可以接受各种不同的零件加工,这一特点对新产品的开发特别有利。

(2) 设备利用率高。FMS 中的工件是安装在托盘上输送的,并通过托盘快速在机床上进行定位与夹紧,节省了工件装夹时间,有很多准备工作可在机床工作时间同时进行,而利用计算机管理也使准备时间大为减少,因此,零件在加工过程中的等待时间大为减少,机床的利用率可达到 75% ~ 90%。

（3）设备成本低，占地面积小。机床的利用率高，所需机床的数量就少，占地面积自然就小。

（4）生产人员少。FMS 中一般装卸、维修和调整等操作由人工控制完成，正常工作则完全由计算机控制，所以，通常实行 24 h 工作制，所有靠人力完成的操作集中安排在白班进行，晚班只留一人看管，系统处于无人操作状态下工作，劳动生产率高。

（5）在制品数量少，对市场的反应快。由于 FMS 具有高柔性、高生产率以及准备时间短等特点，能够对市场的变化做出较快的反应，没有必要保持较大的制品和产品库存量。

（6）产品质量高。FMS 的自动化生产，使用的机床和装夹次数少，夹具的耐久性好，操作人员的注意力主要集中在机床和零件调整上，零件加工的质量高。

（7）可逐步实现实施计划。一条刚性的自动生产线，其全部设备安装调试后才能投入生产，资金必须一次性投入。FMS 则可分步实施，并且每一步的实施都能进行产品的生产，这是因为 FMS 的各个加工单元都具有相对的独立性。

二、FMS 的组成

1. FMS 的加工系统

加工系统是 FMS 最基本的组成部分，一般由两台以上的数控机床、加工中心或柔性制造单元以及夹具、托盘和自动上下料机构等机床附件组成。它能以任意顺序自动加工各种工件，并能自动地更换工件和刀具。

在 FMS 上加工的零件可分为棱体类和回转体两大类。棱体类零件（如箱体、框架）一般选择卧式、立式或立卧两用的数控加工中心机床，工件经一次装夹后，就能自动完成铣、镗、钻、铰等多种工序的加工。回转体零件的 FMS 技术没有棱体类 FMS 技术成熟，还处于发展阶段。如将具有加工轴类和盘类工件能力的车削加工中心组合起来，便可构成一个回转体零件的 FMS。

托盘是 FMS 中工件和夹具的承载体，是连接 FMS 加工设备和物料运送系统的桥梁，同时还是工件的暂时存储器，系统阻塞时，还可起到缓冲作用。常用托盘交换器有往复式托盘交换器（图 7-4）和回转式托盘交换器（图 7-5）两种形式。

往复式托盘交换器由一个托盘库和一个托盘交换器组成，托盘库可存放 5 个托盘。机床加工完毕后，工作台先横向移动到卸料位置，将装有加工好工件的托盘移至托盘库的空位上，然后工作台再横移到装料位置，托盘交换器将待加工工件移至工作台上。这种交换器允许在机床前形成一个小小的待加工零件队列，起小型中间储料库的作用，以补偿随机和非同步生产的节拍差异。

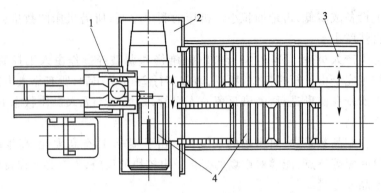

图 7-4   往复式托盘交换器

1—加工中心;2—工作台;3—托盘库;4—托盘

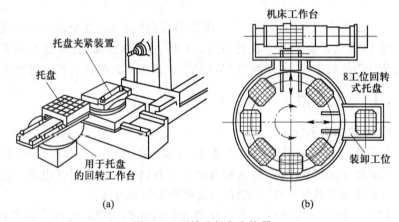

图 7-5   回转式托盘交换器

回转式托盘交换器与分度工作台类似,有多位形式。图 7-5a 所示是两位回转托盘交换器。供托盘移动和导向的是两条平行的导轨,液压驱动托盘的移动和交换器的回转。该托盘交换器有两个工作位置,机床加工完毕后,交换器从机床工作台上移出装有加工好零件的托盘,然后旋转 180°,将装有待加工零件的托盘再送到机床的加工位置。图 7-5b 所示为具有一个装卸工位和一个交换工位的 8 工位托盘库。

2. FMS 的物料输送与储存系统

在 FMS 中,工件、工具流统称为物流,物流系统也称为物料储运系统。一个自动化的物料系统通常由输送设备、储存设备和辅助设备组成,包括传送带、小车、机器人、托盘站、立体仓库、刀具库、托盘交换装置等,能对刀具、夹具、托盘和工件进行自动装卸、运输和储存。

有轨运输车(rail guided vehicle,RGV)是一种在轨道上行走的运输小车。它可按指令自动运行到指定的工位,如加工工位、装卸工位、清洗站或立体仓库等工位,自动存取工件。常用的 RGV 有两种,一种是链索牵引小车,这种小车的底盘前后各装一个导向销,地面上布设一组固定路线的沟槽,导向销嵌入沟槽内,使小车行走时沿着沟槽移动;另一种是电动机牵引的在导轨上行走的小车。

无轨运输车即自动导向小车(automatic guided vehicle,AGV),如图 7-6 所示。AGV 的主体是无人驾驶小车,小车的上部为一平台,平台上装备有托盘交换器,托盘上夹持着夹具和工件,小车的开停、行走和导向均由计算机控制,小车两端装有现代刹车缓冲器,以防意外。AGV 具有较高的柔性,即只要改变导向程序,就可以方便地改变、修改和扩充 AGV 的运输路线。并可实时地对 AGV 进行监视和控制,安全可靠,维护方便。一般一次充电可工作 8 h 以上。

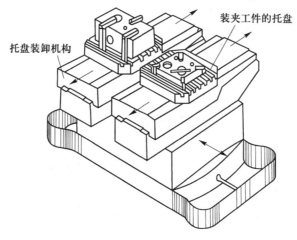

图 7-6　自动导向小车

3. FMS 的刀具管理系统

刀具管理系统的功能是负责刀具的运输、存储和管理,适时地向加工单元提供所需的刀具,监控管理刀具的使用以及取走已报废或寿命已耗尽的刀具,在保证正常生产的同时,最大限度地降低刀具的成本。典型的 FMS 刀具管理系统通常由刀库系统、刀具预调站、刀具交换装置以及管理控制刀具流的计算机组成。

第三节　计算机集成制造系统

计算机集成制造(computer integrated manufacturing,CIM)是组织企业生产的一种新概念,这一概念是由美国的 Joseph Harrington 博士在 1974 年提出的。他认为:(1) 企业生产的各个环节,包括市场分析、产品设计、加工制造、经营管理及售后服务的全部经营活动,是一个不可分割的整体,要紧密连接,统一考虑;(2)整个经营活动过程实质上是一个数据采集、传递和加工测量的过程,其最终形成的产品可以看作是数据的物质表现;(3)在企业中主要存在信息流和物质流两种运动过程,物质流受信息流控制。

CIM 主要针对企业所面临的激烈市场竞争形式,其目的是缩短企业内的生产周期,改善企业经营思想,以适应市场的迅速变化,获得更大的经济效益。

一、计算机集成制造系统

计算机集成制造系统(computer integrated manufacturing system,CIMS)是在CIM 思想指导下,逐步实现企业全过程的计算机化的综合人机系统。CIMS 的核心是集成,这种集成不是简单的组合,在于企业内的人、生产经营和技术这三者的信息集成。因为传统的机械制造厂是一个多层次、多环节的离散型生产系统,各子系统都是分散、独立地运行,由于各子系统既要调用其他子系统共用的数据和信息,又要处理本系统的特有数据和信息,因此如何划分层次结构,准确处理集中与分散的关系,又能有序地使各子系统形成一个集成环境,就成为实施CIMS 的关键之一。CIMS 的简要结构如图 7-7 所示。

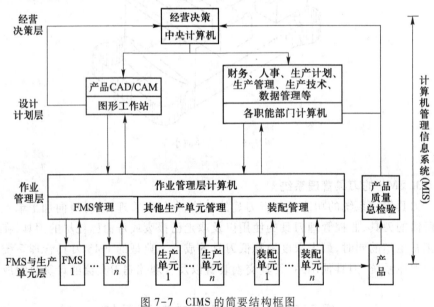

图 7-7　CIMS 的简要结构框图

由上图可以看出 CIMS 的结构层次分明。最高层是经营决策层,它是 CIMS的核心。第二层是设计计划层,划分为两大部分,计算机辅助设计与制造、生产组织准备和管理,这是系统的支柱。第三层作业管理层和第四层 FMS 与生产单元层是产品具体生产的层次,是系统的基础。图中箭头表示了 CIMS 各个层次的计算机之间的信息交换,最重要的信息将汇总到经营决策层,作为决策的依据。所以,CIMS 系统的计算机通信网络和数据库系统(图中没列出)是系统的神经系统和集成关键。计算机管理信息系统(MIS)将贯穿 CIMS 的各个层次。

图 7-8　CIMS 的基本组成

因此,CIMS 不是一种具体的制造技术,而是组织、管理生产的一种新概念,所以从技术组成的角度来讲,它包含了四个应用分系统和两个支撑分系统,如图 7-8 所示。

1. 管理信息系统(management information system,MIS)

管理信息是指一个企业整个生产经营过程中产、供、销、人、财、物的有关信息,一般可将 MIS 分解为经营管理(business management,BM)、物料管理(material management,MM)、生产管理(product management,PM)、人力资源管理(labor resource management,LM)和财务管理(finance management,FM)等子系统。由图 7-8 可以看出,在 CIM 环境下,MIS 是以制造资源计划(manufacturing resource planning,MRP)为核心,把各个子系统集成起来形成的计算机管理系统。它从 CIMS 的最高层贯穿到最低层,是一个生产经营与管理的一体化系统。由于 MIS 系统中集成有企业绝大部分的信息和数据,所以它是工厂信息集成最重要的环节。

MIS 的基本功能有:(1) 信息处理,包括信息的收集、传递、加工和查询;(2) 事务管理,指经营计划管理、物料管理、生产管理、财务管理、人力资源管理及质量管理等;(3) 辅助决策,分析归纳现有信息,利用各有关的数学方法和软件,提高决策信息。

要实施计算机管理,除了硬件外,还需要功能齐全的数据库软件和系统管理软件。

2. 工程设计系统(engineering design system,EDS)

产品设计是产品成本和质量的最重要部分。EDS 通常指 CAD/CAPP/CAM 的集成,有时还包括工程分析 CAE。其基本功能为:(1) 面向产品生命周期的产品建模。它是基于特征的产品建模系统,生成基于 STEP 标准的统一产品数据模型,其中包括产品造型、工程图绘制、工程分析和计划、编制零部件明细表等功能,为集成工程分析提供分析模型,产生装配图、零件图等各种设计的文档,为 CAPP、CAM 提供零件拓扑信息、加工工艺信息及检测信息,为 CIMS 提供管理所需的信息。(2) CAD/CAE/CAPP/CAM 集成的实现。CAD/CAE/CAPP/CAM

集成是指通过信息交换、共享技术将各分系统有机地集成在一起。

3. 质量保证系统(quality assurance system, QAS)

产品质量是企业生存的关键,要赢得市场,必须以最经济的方式在产品性能、价格、交货期、售后服务等方面满足客户需求。因此,在 CIMS 中,质量保证系统除了要具有直接实施检测的功能外,其重要的任务是采集、存储和处理企业的质量数据,并以此为基础进行质量分析、评价、控制、规划和决策。质量数据存在于产品生命周期的全过程中,从市场调研、设计、原材料供应、制造、产品销售直到售后服务等,这些信息的采集、分析和反馈便形成一系列各种类型的闭环控制,以保证产品的最终质量能满足客户需求。

质量保证系统 QAS 一般由三个部分组成:(1) 质量计划制订。在生产前,对生产准备各环节制订设计有关质量计划;(2) 制造过程质量信息管理。对生产过程中质量信息进行采集、分析与评价,并对生产加工过程进行质量控制;(3) 质量综合信息管理。它包括质量指标考核与分析、质量成本管理、质量文档管理等。质量保证系统的功能结构如图 7-9 所示。

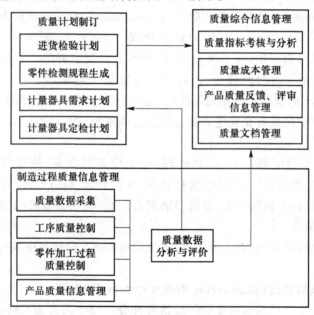

图 7-9　质量保证系统的功能结构框图

4. 制造自动化系统(manufacturing automation system, MAS)

MAS 是通过计算机将企业内部生产活动所需的各自分散的自动化过程有机地集成起来,使其成为适用多品种、小批量生产的高效益、高柔性的智能化的生产制造系统。MAS 的基本功能是:(1) 实现递阶控制;(2) 工具、夹具、量具集中管理与调度;(3)满足多品种小批量生产需求,实现加工过程柔性化;(4)信息采集自动化,加强工件检测、刀具监控和故障诊断的功能,使工作可靠,保证无故障运行;(5)对零件加工质量进行统计分析,并反馈给质量保证系统。

5. 数据库系统(DB)

DB 是 CIMS 信息集成的关键之一。CIMS 环境下的管理信息系统、工程设计系统、质量保证系统和制造自动化系统四个应用系统的信息数据都要在一个结构合理的数据库里进行存储和调用,以满足各子系统信息的交换和共享。

CIMS 的数据库系统通常采用集中与分布相结合的体系结构,以保证数据的安全性、一致性和易维护性。此外,CIMS 数据库系统往往还建立一个专用的工程数据库系统,用来处理大量的工程数据。工程数据包括图形、加工工艺规程、NC 代码等各种类型的数据。工程数据库中的数据与管理等系统的数据库均按统一规范进行交换,以实现 CIMS 中数据的集成与共享。

6. 通信网络系统(NET)

NET 是信息集成的工具。通过计算机通信网络将物理上分布的 CIMS 各个功能子系统的信息联系起来,达到共享的目的。依照企业的规模,可采用局域网或广域网。CIMS 在数据库和计算机网络的支持下,即可方便地实现各个功能子系统之间的通信,从而有效地完成全系统的集成。

二、CIMS 的发展现状

CIMS 工程经过三十多年的研究与实践,已基本实现了从实验室走进工厂,对 CIMS 进行试点应用与推广已涉及电子、机械、轻工、航空、石油化工、冶金以及纺织等各个领域。在机械制造行业,基本上能够实现计算机网络与分布式数据库中有效集成设备控制器与计算机信息共享以及柔性生产。

CIMS 虽取得了长足的进展,但在早期的研究设计中过于强调技术集成,忽略人的集成,所以人们在不断开拓 CIMS 技术的同时,也先后提出了"并行工程""准时生产""精益生产""敏捷制造""智能制造"和"虚拟制造"等涉及技术和管理的新理念,并在国内外兴起了研究和实践的热潮。下面简单介绍"并行工程""准时生产""精益生产""敏捷制造"和"虚拟制造"技术,"智能制造"技术将在下一节中介绍。

1. 并行工程技术(concurrent engineering,CE)

传统产品制造的工作方式是串行的,即市场分析、产品设计、工艺设计、计划调度、生产制造是按顺序依次进行的。也就是说,只有前一个工作环节完成后,后一个工作环节才能开始,各个工作环节的作业在时序上没有重叠和反馈,即使有反馈也是事后的反馈。因此,产品开发的周期长,新产品上市慢,而且设计与制造脱节,一旦制造出现问题,就要修改设计,产品的市场竞争能力弱。为了提高产品的市场竞争能力,1988 年美国国防分析研究所提出了"并行工程"的概念。并行设计将产品开发周期分解成多个阶段,各个阶段间有部分相互重叠,如图 7-10 所示。由图可以看出,CE 是站在产品整个生命周期的高度,从而打破了传统的部门分割和封闭的制造模式,更加强调参与者的协同工作,特别重视产品开发过程的重组、重构。换句话说,在并行工程环境下,特别强调的是把正确的信息、在正确的时间里、以正确的方式送给正确的人,以便做出正确决策,从而缩短产品的开发周期,实现提高产品竞争能力的目的。

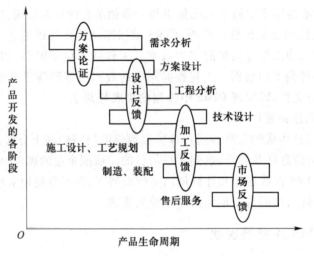

图 7-10　并行设计过程

并行工程是一种哲理,是充分利用现代计算机技术、现代通信技术和现代管理技术来辅助产品设计的一种工作方式,即"并行工程是集成地、并行地设计产品及其相关的工作过程的系统方法。这种方法要求产品开发人员在设计一开始就考虑产品整个生命周期中从概念形成到产品报废处理的所有因素,包括质量、成本、进度计划和用户要求"。

并行工程作为产品开发的集成化方法,若以 CIMS 信息集成为基础,将能发挥更大的作用。这是因为 CIMS 虽然实现了信息的连续传递和共享,减少了数据,提高了产品设计效率,但其开发过程仍然采用的是按专业划分部门和递阶控制的传统方式,没有从根本上改变串行的产品开发流程和产品开发的组织结构,所以在缩短产品开发周期,提高一次性设计成功率上的效果并不显著。因此,将并行工程在 CIMS 上应用,就可更好地解决 CIMS 产品串行开发过程问题,使 CIMS 的功能更加完善。

2. 准时生产技术(just in time,JIT)

降低产品成本一直是企业获得最大利润的最有效的措施之一。对于单品种大批量生产,降低成本主要依靠的是量,量大成本就低。但是,对于多品种、中小批量的生产,再依靠量来实现降低成本就行不通了。通过分析可知,造成多品种、中小批量产品高成本的主要因素是过剩生产,即产品库存,由此造成了人员、工作时间、设备、材料、零件和库存费等一系列浪费。于是,如何保证市场供应,又能使库存最少就成为人们追求的目标。准时生产技术就是在这一前提下产生的。所谓准时,它的基本思想是"按需生产,实现最少的库存直至零库存",也就是说,只在需要的时候,按需要的量,生产所需要的产品。

JIT 的生产管理方式与传统方式顺序相反。它由产品装配工序开始组织生产,也就是说由产品实际产量决定满足质量要求零件的准确加工数量。为了实现这一目的,每道工序都有两种形式的"看板",一种是生产看板,由后一道工序向前一道工序提出,生产工人按照此看板制造零部件;另一种是移动看板,后道工序按照此看板的指示向前道工序领取所需合格零部件。

在 JIT 生产模式中,因为全部生产由最后的装配工序调整和平衡,它要求每个工序都提供准确数量的合格品,宁可生产中断也不积压储备,这就要求每道工序都要保证生产质量。生产质量的保证靠两种机制,一是使设备或生产线能够自动检测不良产品,一旦发现异常或不良产品可自动停止设备运行;二是生产第一线的操作工人发现产品或设备出现问题时,有权自行停止。这样,不良产品一出现马上就会被发现,防止了不良产品的重复出现或累积出现,从而避免了由此可能造成的大量浪费。同时,生产设备停止运行,容易找到发生异常的原因,从而能够有针对性地采取措施,杜绝类似不良产品的再产生。

JIT 生产模式在减少设备、材料、零件浪费的同时,还通过"少人化"来实现降低成本的目的。在 JIT 组织的生产过程中,操作工人的数量根据生产的变动可弹性配置,因此一方面生产设备要实施独特的设备布置,另一方面要求作业人员必须有责任感、全局观念,又是具有多种技术的"多面手"。

3. 精益生产技术(lean production,LP)

精益生产是日本丰田公司创造的一种新的生产方式。精益生产的概念早在20 世纪 50 年代就被提出,60 年代已发展成熟,直至 80 年代才被人们承认。精益生产的核心内容是准时生产技术(JIT),同时,又在成组技术(GT)和全面质量管理(TQC)的基础上逐步完善,构成了一个以LP 为屋顶,以 JIT、GT、TQC 为支柱,以并行工程(CE)和小组化工作方式为基础的模式,如图 7-11 所示。

精益生产的主要特征表现在:强调人

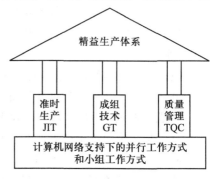

图 7-11　精益生产的体系构成

的作用,它是以"人"为中心的现代生产组织管理方式。在精益生产中,职工是企业的主人,企业把雇员看作是比机器更为重要的固定资产,所有工作人员都是企业的终生雇员,是企业的主人,且每位雇员都是多面手,其创造性可以得到充分发挥。在组织管理上,强调简化组织结构和产品开发过程,采用并行工程的方法简化开发过程,减少开发时间和人力的投入。强调以简化为手段排除生产中一切不产生价值的工作,减少非生产性费用,并简化产品检验环节。保证最小的库存和最少的在制品数。以用户为上帝,产品面向用户,以多变的产品,尽可能短的交货期来满足用户的需求。强调一体化的质量保证,以产品的尽善尽美为最终目标。

4. 敏捷制造(agile manufacturing,AM)

敏捷制造是美国通用汽车公司与美国利哈伊大学工业工程系于 1991 年在《21 世纪制造企业战略》报告中提出的。敏捷制造与 CIMS 的概念一样,是一种哲理,是改变传统的大批量生产,利用先进制造技术和信息技术对市场的变化做出快速响应的一种生产方式,指的是制造企业能够把握市场机遇,及时动态地重组生产系统,在最短的时间内向市场推出有利可图的、用户认可的、高质量的产品。其特点是通过先进的柔性生产技术与动态的组织结构和高素质的工作人员的集成,获取企业长期的经济效益。

敏捷制造的目标是要实现企业间的集成,敏捷制造的核心问题是组建动态联盟(也称虚拟企业)。动态联盟是充分利用现代通信技术把地理位置上分开的两个或两个以上的成员公司组成在一起的一种有时限(非固定化)的,相互依赖、信任、合作的组织,通过竞争被核心公司吸收加入。为了共同的利益,每个成员只做自己特长的工作。把各个成员的专长、知识和信息集成起来,以最短响应时间和最少的投资为目标,来满足用户的需求。

敏捷制造具体方式体现为迅速地研制全新的产品,并不断改造老产品;在整个产品生命周期中满足用户要求;采用多变的动态组织结构;生产成本与生产批量无关;最大限度地发挥人的作用。

实现敏捷制造的关键技术包括:计算机集成制造、计算机建模与仿真、虚拟制造技术、企业经营过程重构、快速原型制造、网络技术、并行工程与协同工作环境、企业资源计划、人工智能等。

敏捷制造在运行时,采用的是优化的联盟的组合,运作协调,同时对运行效益和风险事前有充分的估计和评价,从而保证了在市场竞争中的取胜能力。

5. 虚拟制造(virtual reality technology,VRT)

虚拟制造是用虚拟的方法在计算机上对产品的设计、制造、装配的全过程进行全面仿真的虚拟现实技术,是一种新的人机界面形式。虚拟现实是指用计算机和其他交互设备产生一个虚拟环境,能用人类自然的技能和感知能力与虚拟世界中的对象进行交互作用,使得参与者能与虚拟环境进行自然交流。在虚拟环境下,操作者会产生"身临其境"的感觉,并可以通过看、听、触摸等交互方式和虚拟世界进行交流。

虚拟现实系统有桌面虚拟现实系统、灵境虚拟现实系统和分布式虚拟现实系统三大类。桌面虚拟现实系统采用标准的 CRT 显示器和立体显示技术,通过六自由度鼠标和三维操纵杆来和系统交互,常用于工程 CAD 和建筑设计。灵境虚拟现实系统利用头盔显示器把用户的视觉、听觉和其他感觉封闭起来,产生一种身在虚拟环境中的错觉,常用于模拟驾驶。分布式虚拟现实系统是在灵境式虚拟现实系统的基础上,将不同的用户连接在一起,共享同一个虚拟空间,使用户达到一个更高的境界。

虚拟现实系统的开发环境可以是工作站或 PC 机,一般以工作站为佳。系统中应专门配备图形加速卡,以提高图形的处理速度,增加真实感,软件则选用专门用来开发虚拟现实系统的软件。在此虚拟现实环境下,就能进行虚拟制造系统的仿真和实验,模拟产品设计、制造和装配的全过程。

第四节　智能制造系统

一、智能制造系统的含义和特征

为了解决传统加工中存在的问题和满足人们对产品加工性能日益迫切的需求,工业发达国家机械工程专家、学者基于数字化设计理论与人工智能理论的系统集成,于 20 世纪 80 年代末提出了智能制造技术,之后又构建了智能制造系统,国内外对此进行了广泛的研究与实践。

智能制造(intelligent manufacturing,IM)是指利用计算机模拟制造专家的分析、判断、推理、构思和决策等智能活动,并将这些智能活动与智能机器有机地融合起来,将其贯穿应用于整个制造企业的各个子系统,以实现整个制造企业经营运作的高度柔性化和高度集成化,从而取代或延伸制造环境中专家的部分脑力劳动,并对制造业专家的智能信息进行收集、存储、完善、共享、继承和发展。

智能制造系统(intelligent manufacturing system,IMS)是综合应用人工智能技术、信息技术、自动化技术、制造技术、并行工程、生命科学、现代管理技术和系统工程理论与方法,在国际标准化和互换性的基础上,使整个企业制造系统中的各个子系统分别智能化,并使制造系统成为网络集成、高度自动化的一种制造系统。其主要特征有:

(1)自律能力　IMS 中的各种设备和各个环节都具有搜集与理解环境和自身信息,并进行分析判断和规划自身行为的能力。其中,具有自律能力的设备称为"智能机器",能表现出一定程度的独立性、自主性和个性。

（2）自组织能力　IMS中的各种设备或组成单元能够按照工作任务的需要,自行组成一种最佳的结构,按最优的方式运行,完成任务后,该结构自行解散,并在下一个任务中组成新的结构。

（3）自学能力　IMS中的智能机器能以原有专家知识为基础并在实践中不断学习,不断完善系统的知识库。开放式的知识结构,使其工作能力随时间推移而优化。

（4）自我修复能力　能对系统故障进行自我诊断、自我排除、自我修复。

（5）人机一体化　突出人在制造系统中的核心地位,同时在智能机器的配合下,能更好地发挥人的潜能,使人和机器之间表现出一种相互理解、相互协作的关系,人和机器在不同的层次上各显其能,优势互补,相辅相成。

（6）虚拟现实　人机结合的新一代智能界面,使得可用虚拟手段智能地表现现实,这是智能制造的一个显著特点。

（7）智能集成　在强调各子系统智能化的同时,更注重整个制造系统的智能集成。它包括经营决策、采购、产品设计、生产计划、制造装配、质量保证和市场营销等各子系统,并把它们集成一个整体,实现整体的智能化。

由于以上的特征使得智能制造具有了以下能力：

（1）搜集与理解环境信息和自身的信息,并进行分析判断和规划自身行为的能力；

（2）突出人在制造系统中的核心地位,在智能机器的配合下,更好地发挥出人的潜能,使人机之间表现出一种平等共事、相互"理解",相互协作的能力；

（3）使得制造过程和未来的产品,从感官和视觉上让人获得完全如同真实的感受；

（4）在运行方式和结构组合方面具有自行实现最佳组合的能力；

（5）故障自行诊断,对故障自行排除、自行维护的能力。

二、IMS 的基本构成

智能制造涉及材料学、信息科学、智能理论、机械加工学、机械动力学、自动控制理论和网络技术等多个学术领域,一般来说IMS主要包括：

（1）建模仿真模块　基于不同的工件和刀具状态,机床状态、加工过程参数和加工工艺等影响零件加工质量的因素,通过对加工过程模型的仿真,进行参数的优化,生成优化的加工过程控制指令等。

（2）过程检测模块　通过各处的传感器,实时监测加工过程,包括切削力、加工温度、刀具磨损、振动、主轴的转矩等。

（3）智能推理决策模块　通过知识库搜索,甚至利用专家系统,部分地替代人来决策,根据预先建立的系统控制模型确定工艺路线、零件的加工方案和切削参数。

(4)最优过程控制模块　根据零件形状变化实时优化调整切削参数,对加工过程中产生的误差进行实时补偿,从而提高加工精度,缩短加工流程,提高加工效率。

三、IMS 的运作过程

智能制造遵循以下动作过程:

(1)网络用户访问 IMS,通过填写用户定单登记表向该系统发出订单;

(2)系统如接受网络用户的订单,Ageng 技术(一种处于一定环境下包装的智能计算机系统,简称智能体)就将其存入全局数据库,任务规划节点则从中取出该定单,进行任务规划,分解成若干子任务并将其分配给系统上获得权限的结点;

(3)其中产品设计子任务被分配给设计节点,该节点通过良好的人机交互完成产品设计子任务,生成相应的 CAD/CAPP 数据和文档以及数控代码,并将其存入全局数据库,然后向任务规划节点提交该子任务;

(4)加工子任务被分配给生产者,该子任务被生产者节点接受,机床 Agent 将被允许从全局数据库读取必要的数据,并将这些数据传给加工中心,加工中心则根据这些数据和命令完成加工子任务,并将运行状态信息送给机床 Agent,机床 Agent 向任务规划结点返回结果,提交该子任务;

(5)在整个运行期间,系统 Agent 对系统中的各个结点间的交互活动进行记录,如消息的收发,对全局数据库进行数据的读写,查询各节点的名字、类型、地址、能力及任务完成情况等;

(6)网络客户可以了解订单执行的结果。

四、智能制造与物联网、大数据的关系

1. 物联网

1999 年,美国麻省理工学院(MIT)的 Kevin Ash-ton 教授首次提出物联网的概念(Internet of things,IoT)。物联网就是物物相连的互联网,物联网是新一代信息技术的重要组成部分,也是"信息化"发展的必然结果。但物联网的核心和基础就是互联网,它是互联网的延伸和扩展,同时其用户端延伸和扩展到了任何物品与物品之间,进行信息交换和通信。物联网通过智能感知、识别技术与普适计算等通信感知技术,广泛应用于网络的融合中。在技术层面上,物联网架构分为三层:感知层(由各种传感器构成)、网络层(包括互联网、广电网、网络管理系统和云计算平台等)和应用层(是物联网和用户的接口,与行业需求结合,实现

物联网的智能应用）。也就是说物联网不仅仅是网络,更是业务和应用。物联网用途广泛,遍及智能交通、环境保护、政府工作、公共安全、平安家居、智能消防、工业监测、环境监测、路灯照明管控、景观照明管控、楼宇照明管控、广场照明管控、老人护理、个人健康、花卉栽培、水系监测、食品溯源、敌情侦查和情报搜集等众多领域。但是,当智能制造与物联网交叉融合时,这种应用创新也成为物联网发展的核心应用之一。

例如,很多专家认为制造业的两化融合将为中国制造业的升级提供一条路径,其中智能化是信息化与工业化"两化融合"的必然途径,其技术核心无疑就是物联网。因为,在传统的工业生产过程中,各生产要素都是相互独立的运营主体,没有任何的联系,也没有进一步的逻辑控制,而"智能化工厂模式,强调的是产业链生产模式,不仅是将企业的内部,更是将企业之间的生产合作连接起来,形成一个全行业的产业链模式,这样就实现了生产要素的协作沟通,让互联网+智能制造成为企业生产的核心技术,从而降低企业的运营成本,提高生产效率,缩短产品更新的周期。比如,有一些大型装备,由厂商制造,交付和部署后开始运营。这些装备在基于工业4.0的智能制造系统内出厂,鉴于整个制造过程中所牵涉的不仅仅是一个制造商,而是几十甚至上百个制造商一起参与共同制造出来。当这些生产设备部署完以后,不仅可以通过工业互联网的技术进行优化运营,也可以通过厂商的专门技术对设备的维护保养和绩效优化,反过来,厂商也需要得到设备的使用和维保数据,为设计和制造过程提炼反馈信息。也就是说运营系统需要与制造系统连接融合,让数据和信息互流,需要两个系统之间的交互操作。可见智能制造与物联网融合是十分重要的。

2. 大数据

工业大数据是指在工业领域中,围绕典型智能制造模式,从客户需求到销售、订单、计划、研发、设计、工艺、制造、采购、供应、库存、发货和交付、售后服务、运维、报废或回收再制造等整个产品全生命周期各个环节所产生的各类数据及相关技术和应用的总称。工业大数据以产品数据为核心,极大地延展了传统工业数据范围,同时还包括工业大数据相关技术和应用。

大数据是制造业提高核心能力、融合产业链和实现从要素驱动向创新驱动转型的有力手段。对一个制造型企业来说,大数据不仅可以用来提升企业的运行效率,更重要的是如何通过大数据等新一代信息技术所提供的能力来改变商业流程及商业模式。大数据及相关技术对企业发展具有以下重要意义:

（1）大数据可以用于提升企业的运行效率;

（2）可以帮助企业扁平化运行、加快信息在产品生产制造过程中的流动;

（3）可用于帮助制造模式的改变,形成新的商业模式。其中典型的智能制造模式有自动化生产、个性化制造、网络化协调及服务化转型等。

　　大数据关键技术包括大数据采集、传输、存储、管理、处理、分析、应用、可视化和安全等，以及大数据分析、理解、预测及决策支持与知识服务等智能数据应用技术等。

　　制造业与物联网融合发展，工业大数据与物联网、云计算、信息物理系统等新兴技术在制造业领域的深度集成与应用，有利于产生制造业新模式，有利于构建制造业企业大数据"双创"平台，培育新技术、新业态和新型式，有利于促进协同设计和协同制造，也有利于提升制造过程智能化和柔性化程度，促进生产型制造向服务型制造转变。

复习思考题

　　1. 先进制造技术由哪些核心技术组成？

　　2. CAD、CAPP、CAM 技术各具有哪些功能？为什么要进行 CAD/CAM 技术的集成？

　　3. CAPP 有哪些类型？

　　4. 派生式 CAPP 与创成式 CAPP 在工作原理上有何不同？

　　5. 创成式 CAPP 系统在应用上还存在哪些困难？

　　6. 什么是柔性制造技术？它有哪些类型？

　　7. 实施柔性制造系统时应主要考虑哪些问题？

　　8. 柔性制造技术中"柔性"的基本概念是什么？

　　9. 柔性制造系统是由哪些功能模块组成的？

　　10. 试述 CIMS 技术的基本含义及组成。

　　11. 试述 CIMS 技术中"并行工程""敏捷制造""虚拟制造"的基本概念是什么？

　　12. 分析 CIMS 和 FMS 有哪些相同的和不同的地方？

　　13. 什么是智能制造系统？为什么说智能制造是影响未来经济发展过程的制造业的重要模式？

　　14. 智能制造系统有哪些基本特征？

　　15. 工业大数据的内涵是什么？其关键技术的内容有哪些？

　　16. 智能制造与物联网、大数据有着怎样的关系？

　　17. 发展先进制造模式的主要目的是什么？主要有哪几种模式？

第八章　机械制造经济性与管理

本章学习指南

　　本章围绕工科学生应掌握的企业管理问题介绍了机械制造企业管理基本理论、基本方法等基础知识和技能，从认识"企业"开始，又适当涉及管理的前沿，使学生在有限的篇幅、有限的时间内获得尽量大的收益。本章重点是了解现代企业的基本知识，成本管理工作及方法、质量管理及方法、新产品生产的可行性分析等内容。关于作业成本管理等可扩大学生知识面，以自学方式学习。学习方法必然是理论联系实际，可采取课堂讲授，也可邀请专家开讲座或通过对企业活动进行调查、研究、分析，从大量成功企业的成功经验中获取企业成功的秘诀。推荐阅读书目请参阅刘丽文著《生产与运作管理》（第二版），王效昭、赵良庆等编著的《企业管理学》及管理方面的杂志刊物。

　　进入 21 世纪后，世界市场的格局已经越来越明朗。目前以产品及生产能力为主的企业竞争将发展到以满足顾客需求为基础的生产体系间的竞争，这就要求企业进一步发展制造技术与管理技术，能够快速开发出新产品并响应市场的变化，在更大范围内组织生产，从而赢得竞争。

　　现代制造系统生产模式中的管理技术具有以下特点：

　　（1）重视人的作用　将人视为企业一切活动的主体，认为人是企业最宝贵的财富。

　　（2）重视发挥计算机的作用　现代制造企业信息量大，信息种类复杂，这些信息的储存、加工、交换都要求适时、准确，如果没有计算机辅助人们完成这些工作，企业的运作不可能有序。

　　（3）强调技术、组织与管理的集成与配套　新技术的应用不仅仅是为了旧的生产过程的自动化，新技术要求有新的组织及新的管理模式与之匹配，才能充分发挥作用。

　　（4）重视信息的集成　信息的价值在于帮助企业获得机遇、降低风险，指导企业行为及辅助设计制造等。

　　（5）强调柔性化生产　为适应不断变化且难以预测的市场环境，企业要具有快速重组的能力,生产系统应具备足够的柔性。

(6)强调以顾客为中心　采取面向顾客的策略,不断调查研究顾客和市场的当前及未来的需求,及时作出正确的决策是企业成功的关键。

第一节　机械制造企业管理

一、现代企业

1. 企业定义

《中国企业管理百科全书》中对企业的定义是:企业是从事生产、流通等经济活动,为满足社会需要并获取盈利,进行自主经营、实行独立经济核算,具有法人资格的基本经济单位。

《中华人民共和国全民所有制工业企业法》中规定"企业"是依法自主经营、自负盈亏、独立核算的社会主义商品生产和经营单位。

尽管企业的定义其文字表述不尽雷同,但内容是一致的,即:

(1)企业是以盈利为目的的经济实体。

(2)企业必须依法设立。

(3)企业应实行独立核算,自负盈亏。

(4)企业是从事生产经营活动具有法人资格的经济单位。

2. 企业的类型

(1)根据生产资料所有制形式分为国有企业、集体企业、私营企业、合资企业和股份制企业等。

(2)根据行业、部门的不同分为工业企业、商业企业、交通运输企业和金融企业等。

(3)按主要生产要素的不同分为劳动密集型企业、资金密集型企业及知识密集型企业。

(4)按企业规模分为特大型企业、大型企业、中型企业和小型企业。

(5)按投资方式及投资者对企业承担责任的形式不同分为个人业主制企业、合伙制企业和公司制企业等。

3. 现代企业系统

(1)企业系统　企业系统是指由若干个相互联系、相互作用的要素所组成的具有特定结构和功能的有机整体。

(2)现代企业系统的基本构成要素　现代企业是一个复杂的人造系统,它是由人、财、物和信息四大要素构成的现代企业系统,其运行过程可抽象地看作一个从投入到产出的转换过程,系统运行模型如图8-1所示。

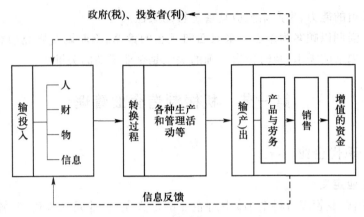

图 8-1   企业系统运行模型

4. 现代企业制度

现代企业制度是产权清晰、权责明确、政企分开、管理科学,适应社会化大生产和现代市场经济要求的公司法人制度。现代企业制度的基本内容包括以下 4 个方面:

(1) 建立现代企业的产权制度   包括:① 确立企业法人地位,赋予企业法人财产权。② 搞好清产核算,对企业财产关系给予明确界定。③ 建立和完善产权市场,实现国有资产的流动和重组。包括企业的合(兼)并、分立、破产等。④ 实行所有者拥有资产终极所有权、企业产权代表拥有法人财产权、经理需拥有经营权的"三权分立"。⑤ 在国有资产的投资、经营、收益、分配、监控等环节上完善国有资产管理,实现国有资产的保值、增值。

(2) 建立现代企业的组织和领导制度   现代企业的组织制度主要以公司制度为主,多种形式并存。公司中股东大会是最高权力机构,由全体股东组成。董事会是最高决策和领导机构,由股东大会选举产生。由董事会推荐的总经理负责并指挥全公司的生产经营各项活动。公司另设专门的监察委员会,负责对董事会、总经理及企业经营管理活动进行监察、监督。

(3) 建立现代企业财务会计制度   认真贯彻实施《企业财务通则》和《企业会计准则》,建立与国际惯例相一致的企业财务会计制度体系。

(4) 建立现代企业的其他各种管理制度   如建立现代企业劳动、用工、工资等制度。

二、现代企业管理职能和组织结构

1. 现代企业管理的性质

现代企业管理具有二重性,一方面它具有与生产力、社会化大生产相联系的自然属性;另一方面,它又具有与生产关系、社会制度相联系的社会属性。企业管理的自然属性主要取决于生产力发展水平和劳动社会化程度,而不取决于生产关系的性质。企业管理的社会属性主要取决于社会生产关系的性质。

2. 现代企业管理的职能

企业管理的职能是由企业管理的二重性决定的。因此,现代企业管理具有两方面的基本职能:一是合理组织生产力,它是企业管理自然属性的表现,是企业管理的一般职能;二是维护和完善一定的生产关系,它是企业管理社会属性的表现,是企业管理的特殊职能。这两种基本职能在生产过程中总是结合在一起发生作用。当它们结合作用于生产过程时,又表现为计划、决策、组织、指挥、监督和协调等具体的管理职能。

(1)计划职能 计划就是对目标进行具体安排,制订长期和短期计划,确定实现计划的措施和方法,并将计划指标分解到各个部门、单位以致个人,使其成为全体职工一定时期内的行动纲领。

(2)决策职能 决策是对企业经营活动的目标、方针、战略、策略所作的抉择工作。正确的决策,能够正确指导企业生产活动,从而获得良好的结果。错误的决策,会对企业的生产经营活动产生巨大的损失和严重的后果。正确的决策来自周密的调查研究,掌握市场信息,取得定量数据,预测未来趋势,并经过方案的评价和综合平衡而得出最优判断。

(3)组织职能 组织就是将企业生产经营活动的各要素、各部门、各环节在空间和时间的联系上,在劳动分工协作上,在上下左右的相互关系以及对外往来上,合理地组织起来,形成一个有机整体,使企业人、财、物得到最合理的运用。组织职能的执行,要从企业生产经营的具体情况出发,服从于企业的经营方针和政策。

(4)指挥职能 指挥就是为达到计划确定的目标,对下级和下属进行工作布置和指导,并及时得到自下而上的信息反馈,使企业生产经营活动有条不紊地进行。

(5)监督职能 也叫控制职能,就是检查企业生产经营活动的实际进行情况,考察实际与计划的差异,分析原因,采取必要的解决对策。

监督职能要求建立合理的规章制度,特别是明确责任制,要有完整的定额或标准,以及系统的检查和严格的核算,包括生产监督、质量监督、成本监督等。

(6)协调职能 协调就是协调企业内部各单位、各部门的工作,协调企业生产经营活动,使之建立良好的配合关系,消除重复和矛盾,有效实现企业目标。协调有企业内部和外部的协调以及整个企业组织机构上下级之间的纵向协调和同级各单位、部门之间的横向协调。

上述各项职能是一个有机整体,相互联系,相互制约,必须全面地发挥各项职能的作用,不能有所偏废。

3. 现代企业管理组织结构

(1) 参谋-产品部制形式　适合规模大、产品多的公司,其结构如图 8-2 所示。

(2) 职能制形式　一般适合规模小、产品少的公司,其结构如图 8-3 所示。

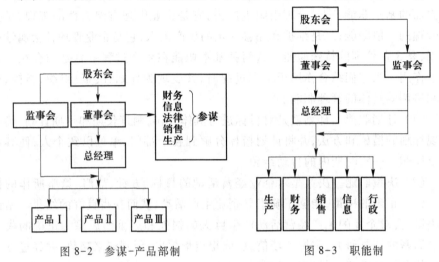

图 8-2　参谋-产品部制　　　　　　　　图 8-3　职能制

(3) 事业部制形式　适合规模很大的股份公司,公司内部按产品类别分解成一个个类似分公司的事业单位,实行独立核算,其结构如图 8-4 所示。

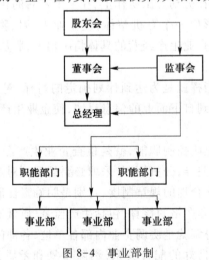

图 8-4　事业部制

(4) 动态联盟是 21 世纪企业组织模式　为快速响应某一市场机遇,通过信息高速公路,将产品涉及的不同企业临时组成一个没有围墙、超越空间约束、靠计算机网络联系、统一指挥的合作经济实体,并随市场机遇的存亡而聚散。动态联盟的主要特征是:集成性、敏捷性、虚拟性(虚拟组织)、时效性。动态联盟是敏捷制造的核心组成部分。敏捷制造是指"制造系统在满足低成本和高质量的同时,对变幻莫测的市场需求的快速反应",而实现这种模式的主要基础设施是信息高速公路、网络制造技术及动态联盟组织——虚拟企业的运作。

国内企业为适应经济全球化的大趋势,对企业组织结构进行创新,放弃了"大而全""小而全"的组织结构,集中发展自身最具有竞争力的核心业务,非核心业务和零部件供应则充分利用社会优势资源。建立以行业为结合点的新型企业结盟形式——行业企业动态联盟。

三、企业管理基础工作

企业管理基础工作是为企业管理提供资料依据、共同准则、基本手段和前提条件的必不可少的工作。它主要包括标准化、定额、计量、信息、规章制度和基础教育、现场管理等工作。

（1）标准化工作　包括技术标准、管理标准及工作标准的制定、执行和管理工作。

（2）定额工作　定额是技术经济定额的简称。它是企业在一定的生产技术和组织条件下,对人力、物力、财力的消耗、利用及占用等方面所规定应达到的数量界限。定额工作主要是指对各类定额的制订、执行、修订和管理工作。工业企业定额主要有:① 劳动定额,是指在一定的条件下劳动者在单位时间内应生产的产品数量标准,或生产单位产品应消耗的劳动时间数量标准,前者称产量定额,后者叫工时定额,二者成反比关系。② 物资消耗定额,是在一定条件下,劳动者创造单位产品或完成单位工作量合理消耗的物质数量标准。③ 资金定额,是为了保证企业生产经营的正常进行而规定的资金占用额,它包括流动资金定额、成本定额、企业内部价格定额等。④ 其他定额,如设备、计量标准、能源消耗、物质储备等定额。

制订定额时应做到"全、快、准"。其中"全"是指范围,凡需要制订定额与可能制订定额的工作都要有定额;"快"是时间要求;"准"是指"准确",是制订定额的关键。

（3）计量工作　是指计量检定、测试、化验、分析等方面的计量技术和管理工作。没有计量工作就不可能有准确的统计资料,就不可能进行严格的质量管理、成本及经济核算等。

（4）信息工作　信息是具有新内容、新知识的消息,是人们在实践活动中认识某种客观事物和解决某一问题所必需的材料,是来源于实践又反过去指导实践、促进实践的一种资源。

信息工作是指对企业从事生产经营活动所必需的资料数据的收集、处理、传递、储存等管理工作。

（5）规章制度工作　规章制度是企业各种章程、条例、规则、程序的总称。它包括生产技术规程、管理工作制度和责任制度。规章制度工作包括各类规章制度的制订、执行和改革。

（6）基础教育　是指为提高企业全体职工基本素质和基本技能的教育。基础教育的四项内容：① 思想政治教育。② 业务技术教育，包括岗位培训，等级培养和中等、高等的专业教育。③ 经济管理知识教育，以使职工适应社会主义市场经济。④ 科学文化知识教育，在文化教育的同时宣传科技现代化的基本知识。

（7）现场管理　现场是指生产和工作现场，即从事产品生产、制造或提供生产服务的场所，这里主要介绍生产现场。现场管理是对生产现场的一切活动，按照企业的经营目标进行计划、控制、协调与激励的总称。

第二节　成 本 管 理

企业成本管理是全员、全方位、全过程、全环节的管理，是技术与经济结合的管理和商品使用价值与价值结合的管理。现代成本管理体系是一项涉及面广且内容繁多的系统工程，加强对企业成本的管理，将有利于提高资源利用效率与产出的比例，有利于增加企业利润，提高财务能力。许多成功企业都把企业管理的诀窍归结于成本管理。

一、成本管理概述

1. 费用

费用是企业生产经营过程中发生的各种耗费。它包括三种费用：① 直接费用，包括直接人工、直接材料、商品进价和其他直接费用。② 间接费用，包括间接人工、间接材料、其他间接费用等。③ 期间费用，包括财务费用、管理费用、销售费用。

2. 成本

企业为生产经营和提供劳务等发生的直接费用与间接费用之和，称为生产经营成本，也称产品（制造）成本。它是反映企业生产经营各方面工作质量的重要的综合性指标。

期间费用和其他某些费用（如罚款、赞助、对外投资等）不得列入成本。

3. 成本管理

成本管理工作由成本预测、成本计划、成本控制、成本核算、成本分析和成本考核等环节组成。成本管理的目的在于挖掘企业各方面的潜力,在保证产品质量前提下,不断降低产品成本,取得较大的经济效益。

二、成本预测

成本预测是根据成本的特点和有关数据资料,综合经济发展前景和趋势,采用科学的方法对未来成本水平及其变化趋势作出科学的估计。成本预测程序分为6个步骤:确定预测目标,收集、分析、筛选所需的信息资料,提出预测模型,计算预测误差,分析各因素的影响,提出最优方案。只有经过多次单个成本预测过程,进行比较及对初步成本目标不断修改、完善,才能最终确定正式成本目标,并按此目标进行成本管理。

1. 成本预测内容

(1)投产前设计阶段的成本预测 对产品设计(包括新产品开发和老产品改造)的产品成本进行预测。

(2)成本计划编制前进行成本预测 根据企业提供的产、供、销情况和拟订的各项技术措施,预测计划期内所生产的产品成本比以前可能降低的程度,其目的是企业挖潜。

(3)成本计划执行过程中的预测 根据企业内部或外部条件可能发生的变化,预测成本的发展趋势,以便发现问题,采取措施。

2. 成本预测方法

成本预测的具体方法很多,如定性预测法(调查研究判断法和分析判断法)、定量预测法(根据数学模型预测,有时间关系分析法、因果关系分析法、结构关系分析法——投入产出分析法等)。在实际工作中,常需采用两种或两种以上的方法结合起来分析、比较、修正预测结果。

(1)投产前设计阶段的成本预测 常用的设计成本预测方法有简易测算法、调整推算法、应用成本计算的基本方法测算。例如简易测算法就是把产品的单位成本粗分为原材料、工资及福利费和制造费用三个成本项目,根据公式测算其成本。

$$\frac{单位产品}{设计成本} = \left(\frac{单位产品}{直接材料} + \frac{单位产品}{直接人工}\right) \times \left(1 + \frac{制造费用占直接材料}{直接人工成本的百分比}\right)$$

(2)成本计划编制阶段的成本预测 主要包括:

1)目标成本的预测 目标成本是一定时期内产品成本应达到的水平,目标成本预测的方法主要有比较法、记分法、直接法,现代目标成本预测多采用市场导入法,其预测公式是:

目标成本=预计销售收入-预计应缴税金-目标利润-预计期间费用

为了保证成本控制目标的实现,要将测算的目标成本分解,作为向各部门、车间提出的降低成本的要求,发动广大职工制定增产节约措施,进行具体落实。

2)成本降低的目标预测　本方法是分别计算材料、工装费用等成本项目的节约额,然后相加得出单位成本的总降低额,再与预定降低目标相比,决定是否可行。例如:某厂甲产品上半年预计单位成本为862.48元,计划每台成本降低目标为43元,计划产量1 000台,其预测方法如下:① 材料方面预测,由于某些零件毛坯的改变、设计的改进等,预计可使甲产品的每台材料定额降低33.27元。② 工资方面预测,由产品中的某些零件以铸代锻,加工工艺改进,采用自控设备等,预计甲产品的每台工时降低1.94 h,假若1元/h,那么工资降低额为1.94元/台。③ 费用方面预测,企业计划年度压缩费用开支11 700元,那么每台产品降低费用平均为11.7元(11 700元÷1 000)。④ 每台的单位成本预测降低额(33.27+1.94+11.7)元=46.91(元)。⑤ 预测结果因46.91>43,故可以实施。

(3)期中成本预测　期中成本预测包括月度、季度、年度的成本预测。例如预测月度产品成本的节约或超支情况,包括原材料的节约或超支、燃料和动力的节约或超支、工资及福利费的节约和超支、废品损失的增加或减少、制造费用的节约或超支额等。对降低产品成本所实施的各项措施产生的经济效果的预测,企业根据节约额的大小和纯收入的高低,作出要不要继续采取该项措施的决策。

三、成本控制

成本控制是按既定的成本目标,对成本形成过程的一切耗费(受控系统)进行严格的计算、调节和监督(施控系统),揭示偏差,分析原因,及时纠正,保证成本目标的实现。成本控制是现代成本管理工作的重要环节。

1. 成本控制原则

(1)可控性原则　成本控制主体能够通过一定的途径和方法在事前知道将发生哪些费用、能够对发生的耗费进行计量、能够对发生的耗费加以限制和调整。凡是不同时满足这3条的成本一般为不可控成本。按可控性原则,成本控制主体只对其可控成本承担责任,而不对其不可控成本承担责任。

(2)例外管理原则　成本控制主体对于发生的控制标准以内的可控成本,不必逐项过问,而是集中精力控制可控成本中不正常、不符合常规的"例外"差异。按例外管理原则,成本控制主体应对可控成本中的"例外"差异进行重点控制,发现问题,及时采取措施加以解决。

(3)权责利相结合原则　各成本控制主体的管理权限、应承担的经济责任及物质利益三者结合起来,调动各成本控制主体持久地进行成本控制的积极性,使成本控制工作持之以恒。

2. 标准成本制定

成本控制常用标准成本来控制各种生产经营活动的费用。它有以下三方面工作：

（1）直接材料标准成本　　直接材料（即构成产品实体的原料及主要材料）的标准成本等于单位产品用量标准（即材料消耗定额）与材料标准单价（即厂内价格）之乘积。

（2）直接人工标准成本　　直接人工（即生产工人工资及附加费）的标准成本等于单位产品工时标准（工时定额）与小时标准工资率（即工时单价）之乘积。

（3）间接制造费用标准成本　　间接制造费用的标准成本等于变动间接费用标准与固定间接费用标准之和。

标准成本＝直接材料标准成本＋直接人工标准成本＋间接制造费用标准成本

企业在成本控制管理中应设置标准成本卡储存在计算机内，以随时提供控制标准。

3. 成本差异的计算

在企业日常生产经营活动过程中，由于各种原因实际成本数额比标准成本数额往往发生偏离，这种偏离的差额称为成本差异。实际成本低于标准成本的顺差称为节约额，以负数表示；高于标准成本的逆差称为超支额，以正数表示。成本差异是一种很重要的经济信息，一旦出现，就要认真计算、分析。一般按"料、工、费"三个成本项目分别进行分析。

（1）材料差异　　包括：

材料用量差异＝（实际用量－标准用量）×标准单价

材料价格差异＝（实际单价－标准单价）×实际用量

（2）直接人工差异　　包括：

人工差异＝（实际工时－标准工时）×标准工资率

工资率差异＝（实际工资率－标准工资率）×实际工时

（3）间接费用差异　　包括：

变动间接费用差异＝实际变动间接费用－标准变动间接费用

固定间接费用差异＝实际固定间接费用－标准固定间接费用

4. 成本控制措施

（1）材料费用的控制　　包括采购成本及材料消耗量的控制。

1）采购成本的控制　　包括：① 采购价应择优选廉，"货比三家"。② 控制出差费和运输费。③ 严格控制实际采购成本与计划采购成本的差异范围。

2）材料消耗量的控制　　包括：① 改进消耗定额，实行限额发料。在生产过程中，首先要严格执行已定的材料消耗定额，其次是根据技术水平的提高不断降低材料消耗定额。② 改进下料工艺，提高材料利用率。如薄钢板的"套裁工艺"，棒料的"成组"下料法要比"单裁"工艺和"成批"下料大大提高材料利用率。③ 提高工艺水平，减少废品损失。如锻件可由模锻代替自由锻，切削加工的通用机床改为专用机床或数控机床等。

（2）工资费用的控制　包括：① 制定和执行先进合理的劳动定额和定岗定编。② 正确编制工资基金计划，监督工资基金的合理使用。③ 切实执行按劳分配的原则，充分调动职工积极性。

（3）管理费用的控制　通常的方式有：① 制定费用定额和费用预算。② 实行费用指标"包干"控制。③ 厂长签字控制。

5. 产品全生命周期成本控制

成本日常控制应考虑对产品全生命周期实施控制，有建厂阶段的成本控制，进行可行性研究；有设计部门新产品开发成本的控制；有供应部门材料采购成本、储存成本的控制，减少储备资金的占用；有生产部门产品生产成本的控制；有销售部门产品销售费用、储存成本的控制；有维修成本、使用成本和回收报废成本控制等。

四、作业成本管理

高度自动化的现代机械制造企业各方面都发生了深刻的变化，例如采用CAD/CAM、FMS 及 CIMS 后，许多人工已被机器取代，因此直接人工成本的比例大大下降，固定制造费用比例大幅度上升。传统的成本计算受到强烈的冲击，企业必须建立相应的成本计算与控制制度，提供相关、正确、及时的会计信息，正确核算企业自动化的效益，以帮助管理人员作出有效的决策。基于作业的成本管理（activity based costing, ABC）应运而生，ABC 现已成为被人们广泛接受的概念和术语，其理论也日臻完善，以作业为基础的成本计算，是成本会计科学发展的重要趋势。作业成本计算的基本原理是产出消耗作业、作业消耗资源。在计算产品成本时，将着眼点从传统的"产品"转移到"作业"上，以作业为核算对象，首先根据作业对资源的消耗情况，将资源的成本分配到作业，再由作业成本动因追踪到产品成本的形成和积累过程，最终得到产品成本，如图 8-5 所示。

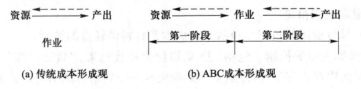

图 8-5　两种成本形成观
虚线—成本耗用过程；实线—成本计算、形成过程

作业成本计算程序分为两阶段五步骤。第一阶段是将制造费用分配到同质的作业成本库而非生产部门，并计算每一个成本库的分配率；第二阶段是利用作

业成本库分配率把制造费用分摊给产品,并把直接成本计入产品得出产品成本。作业成本计算程序如图 8-6 所示。

先进制造技术投资项目特点是投资大、周期长、风险大、收益大,基于作业的成本管理(ABC)适用于先进制造技术投资项目的选择与经济评价。

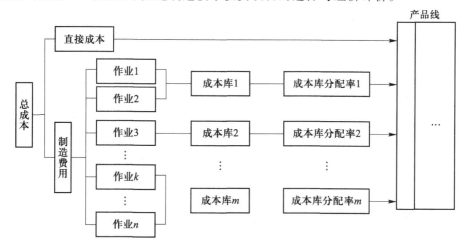

图 8-6　作业成本计算程序

第三节　质 量 管 理

一、质量和质量管理的基本概念

1. 质量

在国际标准化组织 1994 年颁布的 ISO 8402—1994《质量管理和质量保证——术语》中,把质量定义为:"反映实体满足明确和隐含需要的能力的特性总和"。定义中的"实体"内涵十分广泛,既可以是活动或过程,也可以是产品(包括硬件、软件、流程性材料和服务),还可以是一个组织、一个体系、一个人或一些人,甚至可以是上述各项的任意组合。定义中的"需要",一般是指用户的需要、社会的需要和第三方的需要。"明确需要"是指在合同、标准、规范、图样、技术要求和其他文件(如制度、法规等)中已经作出规定的需要。"隐含需要"是指顾客或社会对实体的期望,或指那些虽然没有通过任何形式作出明确规定,但却为人们所普遍认同的、无需申明的需要。定义中的"特性"是指"需要"的定性和定量表征,反映了实体满足需要的能力。

2. 质量管理

质量管理(quality management,QM)是指"确定质量方针、目标和职责并在质量体系中通过质量策划、质量控制、质量保证和质量改进使其实施的全部管理职能的所有活动"。一般而言,质量管理是指企业为了以最经济的方法,稳定地生产用户满意的产品,对产品质量形成全过程质量职能的管理。质量管理经历了质量检验阶段、统计质量控制阶段和全面质量管理阶段。

3. 全面质量管理

全面质量管理(total quality management,TQM)是指从用户需要出发,以质量为中心,全员参与,实行从市场调查、产品设计到售后服务的全过程管理,形成一套保证和提高质量的管理工作体系。TQM 的特点体现在"全"字上,表现在三个方面:① 全方位的质量管理,即不限于狭义的产品质量,而且还包括服务质量和成本质量(价格要低廉)及工作质量等在内的广义质量。② 全过程的质量管理,即不限于生产过程,而且包括市场调研、产品开发设计、生产技术准备、制造、检验、销售、售后服务等质量环节的全过程。③ 全员参与的质量管理,即不限于管理人员,而是全体员工都要参加。质量第一,人人有责。

二、质量管理方法

质量管理方法可分为两大类:一类是以数理统计方法为基础的质量控制方法,另一类是建立在全面质量管理思想上的组织性的质量管理方法。

1. 常用的质量管理统计方法——"QC 七种工具"

最为常用的七种统计方法是:统计调查表法、数据分层法、排列图法、因果分析图法、直方图法、散布图法和控制图法。

2. PDCA 循环

PDCA 循环是全面质量管理的一种基本工作方法。PDCA 循环是指按照计划(plan)、执行(do)、检查(check)、处理(action)这样四个阶段的顺序来进行管理工作。每一轮工作称为一个循环。在一个循环的最后阶段(A 阶段),一方面要根据检查结果,将成功的措施和方法标准化,另一方面要提出本循环没有解决的问题,转入下一个循环。按此程序,每完成一次循环,就解决一部分问题,产品质量上一个台阶,管理工作也因此提高一步。如此

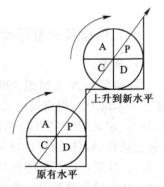

图 8-7　PDCA 循环上升

循环往复,质量管理工作呈螺旋式上升,如图 8-7 所示。作为一种行之有效的质量管理方法,PDCA 循环已经被引入了 2000 年版 ISO 9000 系列标准。

质量管理方法的单项及综合、灵活使用,对推进企业的全面质量管理起到了极大的作用。

三、ISO 9000 系列标准简介

为了适应国际贸易往来与国际经济合作的需要,在世界范围内统一关于质量和质量管理观念的认识,规范供需双方的质量管理和质量保证体系,进一步推动各国的质量管理和促进国际贸易,国际标准化组织(ISO)于 1987 年颁布了 ISO 9000 系列标准。ISO 9000 标准的实施,要求企业建立一套全面的、完整的、详尽的、严格的有关质量管理和质量保证的规章制度和质量保证文件。这些规章制度和文件要求企业从组织机构、人员管理和培训、产品寿命周期质量控制活动都必须适应质量管理的需要。

2000 年版 ISO 9000 系列标准由四个核心标准(ISO 9000、ISO 9001、ISO 9004、ISO 19011)、一个支持性标准(ISO 10012)和六个技术报告(ISO/TR 10006、ISO/TR 10007、ISO /TR 10013、ISO /TR 10014、ISO /TR 10015、ISO/TR 10017)构成。在四个核心标准中,ISO 9000 是质量管理体系的基础和术语,ISO 9001 是对质量管理体系的要求,ISO 9004 是质量管理体系的业绩改进指南,ISO 19011 是质量与环境管理体系的审核指南。此外,新版 ISO 9000 系列标准中的支持性技术标准、技术报告也陆续出版。

必须指出,全面质量管理和 ISO 9000 系列标准作为两种质量管理方法,它们在本质上是一致的。全面质量管理是一种现代化管理的理论和方法,是一种科学的管理途径,具有丰富的内涵。ISO 9000 系列标准则强调建立、健全一个有效的质量运行体系,以实现企业的质量方针和目标。它们是一种相辅相成的关系,而不是相互排斥或替代的关系。ISO 9000 系列标准的制订、修订、补充和应用,为 TQM 的完善提供了扎实的实践基础,可以促进 TQM 的发展,并使之规范化,为国际贸易和合作、双边或多边认可提供方便;TQM 的发展又为 ISO 9000 系列标准提供了科学的理论基础。ISO 9000 系列标准可以从 TQM 中吸取先进的管理思想和技术,使 ISO 9000 系列标准不断完善。总之,在推行全面质量管理中实施 ISO 9000,在实施该系列标准中深化全面质量管理。

敏捷制造的质量管理需要对异地制造成员企业进行实时质量控制,其具有动态性、离散性、实时性等特点。虚拟公司可遵照有关协议,建立远程质量控制信息系统,在网上随时下达质量要求,以图像、文本等方式输送给成员企业并要求将其执行情况反馈给虚拟公司。这需要开发基于公共网络环境的远程质量管理浏览器,需要研究质量管理内容、数据结构和动态质量协调方法。

四、质量成本

质量成本是质量管理科学的一个重要组成部分。随着市场经济的发展,企业间的竞争日益激烈,要求企业必须不断地提高产品质量和降低成本,以物美价

廉取胜。但是提高产品质量，会增加一定的费用，使产品成本升高，影响企业的利润。这就要求人们对质量成本进行研究。

　　质量成本是企业为确保达到满意的质量而导致的费用以及没有获得满意的质量而导致的损失。质量成本的构成如图 8-8 所示。

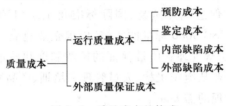

图 8-8　质量成本的构成

　　（1）预防成本　预防成本是指为预防质量缺陷的发生所支付的费用，包括流程设计费用、产品设计费用、人员培训费用等。

　　（2）鉴定成本　鉴定成本是指为评定产品是否具有规定的质量而进行试验、检验和检查所支付的费用。

　　（3）内部缺陷成本　内部缺陷成本是指交货前因产品未能满足规定的质量要求所造成的损失（全过程中），包括废品损失、返修损失、复检费用、停工损失、事故分析处理费用、产品降级损失等。

　　（4）外部缺陷成本　外部缺陷成本是指交货后因产品未能满足规定的质量要求所造成的损失。

　　（5）外部质量保证成本　外部质量保证成本是指为满足合同规定的质量保证要求提供客观证据、演示和证明所发生的费用。

第四节　新产品生产的可行性分析

　　新产品生产，一般是指从市场调研、设想、构思新产品到正式投产销售的全部过程，如图 8-9 所示。它包括四个阶段：产品开发决策阶段，设计、试制阶段，生产试验阶段，正式生产及销售阶段。前两个阶段称为开发阶段，后两个阶段称为投产阶段。

一、新产品生产的可行性分析的含义

　　新产品生产的可行性分析也称新产品生产的可行性研究。它是对某种新产品技术的先进性、经济的合理性、生产的可能性，进行辩证的、综合的分析和论证，以期达到最佳效益的科学管理方法。目的在于为领导决策提供依据。新产品生产的可行性分析，就是对某种新产品是否需要开发以及能否生产，进行分

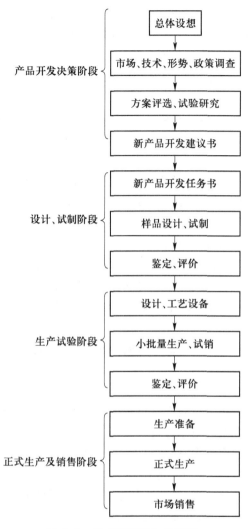

图 8-9　新产品开发生产程序

析、计算和方案论证。

二、新产品生产的可行性分析的内容

其内容涉及面很广,一般有四个主要内容:① 新产品开发分析;② 生产过程的分析;③ 技术经济分析;④ 财务资金分析。

1. 新产品开发分析

新产品开发分析是指对某种新产品开发的必要性进行调研、分析。

(1)市场分析研究　主要从三方面入手:① 研究国家政策、法令及政治经济形势。② 对顾客的需求、心理及市场竞争情况进行调查分析。③ 创意筛选，即在上述工作后，结合企业经营分析淘汰那些不可行或可行性低的创意产品，筛选出成功机会较大、效益较好的创意产品。

（2）技术分析　技术分析即对经过筛选后的可行性产品进一步进行技术分析。

1）收集有关技术资料　收集并整理国内外有关技术情报信息。包括基础理论及应用成果和专利、有关产品设计规范和标准和有关的新材料、新工艺的资料等。

2）新产品的功能分析　对新产品将达到的功能进行分析。这些功能是否合理，所定的技术指标是否可以达到或偏低。并根据这些技术指标确定本产品属于哪类新产品（属于国内空白还是省内新产品等），并将产品的技术水平与国内外同类产品的水平进行分析比较。

3）样品的设计与试制分析　首先对新产品的不同设计方案进行分析，选择一个结构先进、费用较少、设计制造时间短的方案；其次分析产品图样是否正确；最后通过对样机及其试制过程的分析，来验证产品设计得正确与否，即召开鉴定会进行专家论证。

新产品开发经过上述两方面的研究分析后，便可进行是否需要进行批量生产的决策分析。

2. 生产过程的分析

生产过程的分析是指对新产品批量生产的工艺过程的分析。

（1）工艺过程方案的技术分析

对拟定的工艺过程方案，应从以下几个方面进行技术分析：

1）对新产品设计要求的满足程度　能否稳定可靠地保证新产品的制造质量与规格完全达到设计要求，是判断某方案技术可行性的首要标准，也是一项否决性指标。为了准确判断，就要研究分析产品图样，明确设计意图和各零部件的特性与技术要求。

2）技术的先进性与适用性　在工序安排与工艺方法上，应尽量选用新技术、新工艺。既不能选用降低产品性能要求的工艺，也不能采用本厂无法达到的高新手段（有时可考虑外协合作）。

3）设备与工艺装备的选择　应在满足新产品需要的前提下选择最经济的设备。工艺装备是工、夹、量、模、检具和工位器具的总称。它的费用在机械工业企业中平均占成本的 10%～15%。因此，应合理选择工艺装备的设计制造数量。

4）劳动消耗量分析　工艺方案中应制定劳动定额，以衡量工艺方案的劳动生产率高低。

5）能源及物资消耗指标分析　先分析能源和原材料的消耗，然后再分析其他辅助材料的消耗。工艺方案中的物资消耗定额应当制定得合理。

6）工艺路线的选择　在分析工艺路线时,应当考虑零件运输线和工作地、车间的专业化,以减少周转,减少库存与生产面积。

7）劳动安全与环境保护分析　这是文明生产的标志,也是工艺方案中不可忽视的问题。

（2）生产过程的全面分析

工艺成本分析,在本章第二节中已经详细论述。

对生产过程的全面分析,除了对工艺过程方案的技术分析和工艺成本分析外,还应当有劳动生产率、工艺质量、生产周期、劳动条件及设备利用率等项有关指标。只有进行全面的分析比较,才能得出科学的结论。

3. 技术经济分析

技术经济分析是研究技术先进性和经济合理性的一门综合性边缘学科。它是在现代科学技术的基础上,科学地研究和分析现代技术与经济相互作用及其最佳组合,分析最佳经济效益的优化理论和方法,从而选择技术先进、经济合理的最优方案,来指导生产实践。技术经济分析研究的重点是技术与经济的矛盾统一,也就是技术先进性与经济合理性的统一。

影响产品成本的主要因素是设计质量。在机械制造中,特别像数控机床产品的设计和生产,必须搞好设计阶段的技术经济分析工作。

工艺方案的选择和评价是企业实现经济效益的一个重要内容,在整个产品寿命周期的全过程中,所创造的有用成果必须大于所投入的劳动耗费,所以必须搞好工艺方案的技术经济分析工作。技术经济分析的测算方法很多,主要有:

（1）量本利分析法

量本利分析又称盈亏平衡点分析法,对产品设计方案进行盈亏平衡分析的目的,是为了确定实施工艺方案时不产生亏损的产量,以获得最佳经济效益。

生产一种产品或零件,通常可以有几种不同的工艺方案选择。工艺设备的成本视其与产量的关系而分为两类:一类是固定成本 F,另一类是变动成本 VQ（V 为单位变动成本,Q 为产量）。对两种方案选择时,若 $F_1 > F_2$、$V_1 > V_2$,则方案 Ⅱ 为较优方案;若 $F_1 > F_2$,而 $V_1 < V_2$,则需根据盈亏平衡点的大小选择方案。其计算方法如下:

设方案 Ⅰ、Ⅱ 的总成本分别为 C_1、C_2,则

$$C_1 = F_1 + V_1 Q, \qquad C_2 = F_2 + V_2 Q$$

两方案的产量平衡点,即 $C_1 = C_2$ 时的产量,则

$$F_1 + V_1 Q_0 = F_2 + V_2 Q_0, \quad Q_0 = \frac{F_1 - F_2}{V_2 - V_1}$$

其中:V_1、V_2 分别为方案 Ⅰ、Ⅱ 的单位变动成本,Q_0 为平衡点产量。产量平衡点

图解如图 8-10 所示。

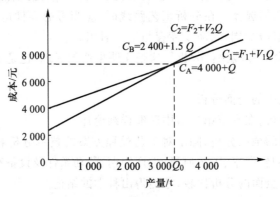

图 8-10　产量平衡点示意图

　　由图 8-10 可知,若产量 $Q>Q_0$,则选择方案 Ⅰ;若产量 $Q<Q_0$,则选择方案 Ⅱ;若产量 $Q=Q_0$,则两方案均可选择,根据具体条件选择其中一个方案。

　　例　某厂有两种工艺设备 A、B,其数据见表 8-1 所列,试选择最优方案。

表 8-1　两方案成本比较

费用项目	方案 A	B
总固定成本/元	4 000	2 400
单位变动成本/(元/吨)	1	1.5

　　解　根据公式得:

$$Q_0=\frac{F_A-F_B}{V_B-V_A}=\frac{4\ 000-2\ 400}{1.5-1}\ \mathrm{t}=3\ 200\ \mathrm{t}$$

　　通过计算和图解可知,当产量大于 3 200 t 时,选择 A 方案经济;当产量小于 3 200 t 时,选择 B 方案经济;当产量等于 3 200 t 时,两方案的成本相等,均为 7 200 元,故可选择其中任何一个方案。

　　(2) 投资回收额法(净现值法)

　　计算公式如下:

$$P=KZ=\frac{(1+i)^n-1}{i(1+i)^n}\times Z$$

式中:P——期望投资回收额;

　　　K——年现金值系数;

　　　Z、i、n——年平均利润额、贷款年利率及产品销售年限。

计算后若 $P >$ 计划投资额 (A_0)，则该产品可以投产；反之，不宜投产。

例　某厂生产新产品需投资 55 万元，预测产品可销售 10 年，年平均利润为 10 万元，年利率为 10%，问该产品是否值得开发投产？

解

$$P = 10 \times \frac{(1+0.1)^{10}-1}{0.1 \times (1+0.1)^{10}} 万元 = 61.4 \ 万元 > 55 \ 万元$$

因为 $P > A_0$

所以该产品可以开发投产。

（3）价值分析

价值分析（VA）也称价值工程（VE）。价值分析是一种合理地处理产品功能与成本关系的科学方法。它打破了单纯从技术方面研究提高产品功能和单纯从经济方面研究降低产品成本的传统做法，把技术与经济两方面紧密结合起来，既在一定的成本约束条件下考虑如何提高产品的功能，又在保证一定功能的前提下考虑如何降低产品成本，力求在一定的技术要求下，使技术与经济两方面能够得到合理的协调，以获得最佳的技术经济效果。

1）基本原理　价值分析是通过功能分析，力求以最低的总成本获得必要的功能，使产品价值得以提高的一项有组织的活动。价值分析中价值、功能和成本三者的关系为

$$价值 = \frac{功能}{成本} \left(或 \ V = \frac{F}{C} \right)$$

式中：V、F、C——价值、功能及寿命周期成本。

价值分析中所使用的价值概念与政治经济学中的价值概念完全不同，它说明成本和功能的关系，是度量产品或劳务效益大小的一种尺度。这里的价值，是从消费者的角度来考虑的某种产品的适用价值。价值分析以功能分析为核心，保证产品的必要功能，消除不必要功能和剩余功能，努力减少功能成本。这里的成本也不是一般概念的产品成本，而是包括产品开发、制造、销售和使用期间的全部成本，以区别只讲节省制造成本，而忽略减少使用成本的偏向。

2）价值分析的步骤　价值分析的步骤一般包括选择对象、收集情报、功能分析、方案的提出与评价、组织方案的实施和成果评价几个步骤。

① 选择对象。选择价值分析的对象，是价值分析的第一步，也是价值分析活动成败的关键。选择价值分析对象可从以下几个方面考虑：

a. 设计方面选择结构复杂、造价高、功能较差的产品。

b. 制造方面选择工时占用多，材料、能源消耗大的产品或零件。

c. 质量方面选择质量差、维修难和有可能改进的零部件。

　　d. 销售方面选择用户意见大的产品或正在设计试制的产品。

　　② 收集情报。在确定了价值分析对象之后,应围绕分析对象收集有关的设计、试制、生产、销售、使用方面的各种技术情报和经济情报,并加以分析、整理,使之系统化,取得价值分析活动的依据和标准。

　　③ 功能分析。它是价值工程的核心。功能分析包括功能定义、功能分类、功能整理和功能评价 4 个方面的内容。

　　a. 功能定义。即用准确而扼要的语言对产品及其零部件的各种功能加以描述,以确定其必要功能。例如,提高温度、防止振动等。

　　b. 功能分类。一个产品往往有多种功能。功能可分为基本功能和辅助功能、使用功能和装饰功能、必要功能和不必要功能、合适功能和过剩功能等。

　　c. 功能整理。将定义了的功能加以系统化,明确它们之间的相互关系,从中找出哪些是基本功能,哪些是辅助功能,补充不足功能,以便在实现功能过程中设计出更合理的方案。

　　d. 功能评价。对产品、部件、零件的功能进行分析,确定功能价值的高低,也就是把功能数量化,然后与功能的现实成本进行比较,计算价值系数值和成本降低程度。其数值为目标成本与必要(最低)成本之差。

　　④ 方案的提出与评价。所谓方案的提出,就是为了实现某种功能,提出各种各样的设想,并逐步使其完善和具体化,从而制定出几个在技术上和经济上都比较完善的改进方案。

　　⑤ 组织方案的实施和成果的评价。它是价值分析的最后步骤,包括产品设计方案审批、实施和成果评价三个方面:

　　a. 方案审批。由设计人员将方案优选前后的功能、成本以及其他指标整理出来,形成文件报企业领导部门审查批准后执行。

　　b. 方案实施。它包括编制具体实施计划、确定方案的负责人和实施单位、明确分工进度和质量要求、进行详细的成本核算等。

　　c. 成果评价。产品设计方案的实施效果可用以下指标评价:

$$全年净节约额 = (改进前成本 - 改进后成本) \times 年产量 - 价值分析活动费用$$

$$节约百分数 = \frac{改进前成本 - 改进后成本}{改进前成本} \times 100\%$$

$$节约倍数 = \frac{全年净节约额}{价值分析活动费用}$$

节约倍数大于 1 的方案才是可行的方案,价值分析才算取得成功。

　　4. 财务资金分析

　　新产品生产的财务资金分析是对新产品的投产所做的财务预测、分析和评价。资金是新产品生产的基础,财务资金分析是新产品生产的可行性分析不可缺少的重要环节。

（1）投资估算

总投资包括固定资产投资和流动资产投资两部分。在效益相同的情况下选择总投资少的方案。短、平、快的产品应选择固定资产投资少的项目。

（2）资金筹措和投入分析

1）资金筹措分析　资金来源有企业自有资金、上级拨款、银行贷款、发行股票和债券、引进外资等。在论证新产品时应当分析：资金的来源是否明确，筹集措施是否合理和落实。

2）资金投入分析　是指资金投入的时间和数额是否合理，即资金的投入是否与投产量、项目阶段用资金相一致，资金投入的日期和数额是否与资金筹措相匹配。

（3）投资回收期

投资回收期是指以新产品投产后的净收益来抵偿其全部投资所需要的时间。当计算所得投资回收期小于规定的基准回收期时，该产品的投产在财务上是可行的；反之，是不可行的。

（4）投资利润率

一般是指新产品达到设计生产能力后的一个正常生产年份（或平均）的年利润总额与投资总额的比率。投资利润率高，说明投资少而所产生的利润多。应选取投资利润率高的方案。其他财务分析内容（如贷款期限、外汇效果分析等）也应根据情况分析。

复习思考题

1. 什么是企业？其主要内容有哪些？

2. 现代企业系统的基本构成要素有哪些？

3. 现代企业制度基本内容包括哪几方面？

4. 现代企业管理有哪几种组织结构？何为虚拟企业？

5. 企业管理基础工作包括哪些内容？

6. 成本管理有哪些基本工作？

7. 成本预测的目的和主要步骤是什么？

8. 什么是产品全生命周期的成本控制？

9. 什么是全面质量管理？

10. 有些企业虽取得了 ISO 9000 质量保证体系的认证，但顾客对其产品质量仍然有很多意见甚至投诉，你认为发生这种现象的原因是什么？

11. 进行新产品可行性分析的目的是什么？新产品可行性分析的内容主要有哪些？

12. 什么是技术经济分析？技术经济分析研究的重点是什么？

13. 什么是价值分析？价值分析中价值、功能和成本三者关系如何？进行价值分析的步骤是什么？

14. 为什么说新产品生产的财务资金分析是不可缺少的重要环节？财务资金分析主要需进行哪些工作？

第九章　机械制造业的环境保护

本章学习指南

学习本章的主要目的是了解机械制造业的环境污染问题及其相应的环境保护措施,重点是机械制造业的环境污染及其引起的"三废"及噪声的防治措施。学习方法可采用授课与自学相结合。如工业"三废"及噪声的防治措施,可安排自学。推荐阅读书目:徐志毅主编的《环境保护技术和设备》,肖锦主编的《城市污水处理及回用技术》及相近教材的有关章节。

环境是人类赖以生存与发展的宇宙空间及其全部物质要素的综合体,是人类生存和发展的物质基础。它一方面以阳光、空气、水体、土壤、生物、矿藏构成了人类繁衍发展的物质基础;另一方面又承载着人类繁衍、发展活动产生的各种作用的结果。它拥有自我循环的巨大稳定性和自我调整的强大修复力。人类在征服自然、改造社会的活动中,一方面不断地通过科学技术有计划、有目的地利用环境资源,发展经济,提高人们的生活水平;另一方面又因人口增长过快而带来生产与消费规模的急剧膨胀而使资源耗竭、环境恶化,在不同程度地污染与破坏自然环境,当这种破坏性冲击超过地球本身的强大修复力时,就会引起许许多多环境问题。

环境污染来自天然和人为两个方面。近代社会随着经济的飞速发展、人们生活水平的大幅提高,工业污染、农业污染、交通运输污染、生活污染四大类人为污染已成为造成环境污染的主要根源。尤其是工业污染,已由点、面污染向全球污染扩展,污染物的品种、数量繁多,并通过废水、废气、废渣、废热、噪声、振动、放射性等多种形式,广泛污染大气、水体和土壤。工业生产中的每个环节,如原料开采和生产,各种加工生产过程中的燃烧过程、加热和冷却过程、成品整理过程以及原料或产品的运输与使用过程等,都可能成为工业污染源。因此,工业污染已成为对环境尤其是城市环境危害最大的人为污染源。加强环境保护意识,有效防止污染,对人类的生存和企业的发展都是至关重要的。

所谓环境保护是指在经济建设中要保证合理地利用自然环境,防止环境污染和生态破坏,为人类创造清洁适宜的生活和劳动环境,保护人民健康,促进经济发展。环境保护与生产技术是紧密相连的。环境保护的技术措施可促使生产制造技术的改革和发展;生产制造技术的改革和发展,又可促进环境保护。因此各行各业都针对本行业的环境污染问题采取了一系列切实可行的保护措施,机械制造业也根据本行业引起的"三废"(废气、废水、废渣)和噪声污染采取了相应的措施。

第一节　机械工业的环境污染

机械工业是为国民经济各部门制造各种装备的部门,在机械工业的生产过程中,不论是铸造、锻压、焊接等材料成形加工,还是车、铣、镗、刨、磨、钻等切削加工都会排出大量污染大气的废气、污染土壤的废水和固体废物,如金属离子、油、漆、酸、碱和有机物,带悬浮物的废水,含铬、汞、铅、铜、氰化物、硫化物、粉尘、有机溶剂的废气,金属屑、熔炼渣、炉渣等固体废物,同时在加工过程中还伴随着噪声和振动。

机械工业中不同的生产过程所产生的环境污染物不同。

熔炼金属时会产生相应的冶炼炉渣和含有重金属的蒸气和粉尘。

在材料的铸造成形加工过程中会出现粉尘、烟尘、噪声、多种有害气体和各类辐射;在材料的塑性加工过程中,锻锤和冲床在工作中会产生噪声和振动,加热炉有烟尘,清理锻件时会产生粉尘,高温锻件还会带来热辐射;在材料的焊接加工中会产生电弧辐射、高频电磁波、放射线、噪声等,电焊时焊条的外部药皮和焊剂在高温下分解而产生含较多 Fe_2O_3 和锰、氟、铜、铝的有害粉尘和气体,还会出现因电弧的紫外线辐射作用于环境空气中的氧和氮而产生 O_3、NO、NO_2 等,气焊时会因用电石制取乙炔气体而产生大量电渣。

在金属热处理中,高温炉与高温工件会产生热辐射、烟尘和炉渣、油烟,还会因为防止金属氧化而在盐浴炉中加入二氧化钛、硅胶和硅钙铁等脱氧剂而产生废渣盐,在盐浴炉及化学热处理中产生各种酸、碱、盐等及有害气体和高频电场辐射等;表面渗氮时,用电炉加热,并通入氨气,存在氨气的泄漏;表面氰化时,将金属放入加热的含有氰化钠的渗氰槽中,氰化钠有剧毒,产生含氰气体和废水;表面(氧化)发黑处理时,碱洗在氢氧化钠、碳酸和磷酸三钠的混合溶液中进行,酸洗在浓盐酸、水、尿素混合溶液中进行,都将排出废酸液、废碱液和氯化氢气体。

为了改善金属制品的使用性能、外观以及不受腐蚀,有的工件表面需要镀上一层金属保护膜,电镀液中除含有铬、镍、锌、铜和银等各种金属外,还要加入硫酸、氟化钠(钾)等化学药品。某些工件镀好后,还需要在铬液中钝化,再用清水漂洗。因此电镀排出的废液中含有大量的铬、镉、锌、铜、银和硫酸根等离子。镀铬时,镀槽会产生大量铬蒸气,有氰电镀还会产生有毒气体氰化钠。在金属表面喷漆、喷塑料、涂沥青时,有部分油漆颗粒、苯、甲苯、二甲苯、甲酚等未熔塑料残渣及沥青等被排入大气。也就是说在电镀、涂漆中会产生酸雾及"三苯"溶剂和油漆的废气等,会产生含有氰化物、铬离子、酸、碱的水溶液和含铬、苯等的污泥。

为了去除金属材料表面的氧化物(锈蚀),常用硫酸、硝酸、盐酸等强酸进行清洗,由此产生的废液中都含有酸类和其他杂质。

在常见的材料车削、铣削、刨削、磨削、镗削、钻削和拉削等机械加工工艺过程中往往需要加入各种切削液进行冷却、润滑和冲走加工屑末。切削液中的乳化液使用一段时间后,会变质、发臭,其中大部分未经处理就直接排入下水道,甚至直接倒至地表。乳化液中不仅含有油,而且还含有烧碱、油酸皂、乙醇和苯酚等。在材料加工过程中还会产生大量金属屑和粉末等固体废物。

特种加工中的电火花加工和电解加工所采用的工作介质在加工过程中也会产生污染环境的废液和废气。

第二节　机械制造业的环境保护技术

针对机械工业造成的环境污染,各企业已陆续制订了各种切实可行的措施加以防治,首先是将污染物分成几大类,如废气、废水、固体废料、噪声和振动,然后分别根据各自实际情况采取相应措施。

一、工业废气的防治

机械工业的废气主要产生于燃料的燃烧过程和生产加工过程。由于现今机械工业生产的燃料、原料、生产过程和产品的多样化,不断排入大气的污染物种类繁多、组成复杂,若从排放量、影响范围和毒性等方面考虑,已为人们所认识的主要大气污染物有烟尘、二氧化硫、二氧化氮、一氧化碳及碳氢化合物五种。

存在于废气中的颗粒物和气体污染物的主要区别在于粒径大小不同,从而使它们威胁环境的物理、化学和生物行为有所差别,对付它们的办法(治理技术)也就有所不同。气体污染物是以分子分散于大气中的,粒径约为万分之一微米数量级。废气中的颗粒包括固态和液态尘粒,它们是以多个分子的凝聚(结合)态存在,其粒径范围可由 $0.001 \sim 1\ 000\ \mu m$。当尘粒的直径大于 $10\ \mu m$ 时,由于自重而易降落地面,故称为降尘。粒径小于 $10\ \mu m$ 的尘粒可长期飘浮于大气中,通常称为飘尘。分散于大气中的固、液态微粒,大多是小于 $1\ \mu m$ 的,由于它具有胶体的性质,故称为气溶胶。

由此可见,机械工业排入大气中的污染物有固态、液态和气态污染物。固态污染物则有各种大小不一、性质各异的粉尘粒子,有的粒子粒径仅为 $1\ \mu m$,人体吸入后可直达肺泡并长期储留,对人体造成损害;有的粒子却是很贵重的工业原料,如有色金属氧化物原料。液态污染物主要是各种酸雾、各种有机溶剂液滴等。气态污染物则有硫氧化物、氮氧化物、碳氧化物、重金属、碳氢化物等,也包括各类有机气体恶臭等。污染物质的形态不同,治理方法也不同。可以用机械的、电的等物理方法把污染物分离开来,也可以用化合、分解等化学方法使有害污染物转为无害物,乃至转变为有用物质。

减少大气污染,应当优先考虑如何减少污染物的产生量。开发无害新能源,改变燃料构成,革新能源利用设备,改进燃烧技术等,是减少空气污染的重要途径。加强工矿企业重点污染源的工艺改革和进行污染源的综合治理和利用,既能提高原材料的利用率,又能减少污染物。

对排入大气中的固态污染物,可以通过各种除尘器除去其中的颗粒,如机械式除尘器、电除尘器、湿式除尘器和过滤式除尘器,对液态污染物的捕集,可以采用各种除雾器捕集悬浮在废气中的各种悬浮液滴,气态污染物的分离捕集设备主要有各种脱硫、脱氮设备,也可以采用吸收、吸附、焚烧、冷凝及化学反应等方法净化工业有害气体。

1. 工业废气的除尘

从废气中分离捕集颗粒物的设备称为除尘器。采用除尘器除尘已成为机械工业防治工业性大气污染的一项重要技术措施,其作用不仅是除去废气中的有害粉尘,而且往往还可以回收废气中的有用物质,用于工业生产,以达到综合利用资源的目的。

按照除尘机制,可将除尘器分为四类:机械式除尘器、电除尘器、洗涤除尘器和过滤式除尘器。实际上,在一种除尘装置中往往同时利用几种除尘机制,所以一般是按其中的一种除尘机制进行分类命名的。此外,根据除尘过程是否用水或其他液体清灰,还可将除尘器分为干除尘器和湿除尘器两大类。近年来,为提高对微粒的捕集效率,陆续出现了综合几种除尘机制的多种新型除尘装置,如荷电液滴湿式洗涤除尘器、荷电袋式除尘器等。目前,这些新型除尘器仍处于试验研究阶段。下面仅对几种常用除尘器的原理、结构和性能做简要介绍。

(1) 机械式除尘器　机械式除尘器一般是指靠作用在颗粒上的重力或惯性力,或两者结合起来捕集粉尘的装置,主要包括重力沉降室、惯性除尘器和旋风除尘器。机械式除尘器造价比较低,维护管理较方便,结构简单且耐高温,但对 $5\ \mu m$ 以下的微粒去除率不高。

1) 重力沉降室　重力沉降室是靠重力使尘粒沉降并将其捕集起来的除尘装置。重力沉降室可分为水平气流沉降室和垂直气流沉降室,如图 9-1 所示。含尘气体流过横断面比管道大得多的沉降室时,流速大为降低,使大而重的尘粒得以缓慢落至沉降室底部。重力沉降室可有效地捕集 $50\ \mu m$ 以上的尘粒,除尘效率为 $40\% \sim 60\%$。气体的水平流速通常采用 $0.2 \sim 2\ m/s$。在处理锅炉烟气时,气体流速不宜大于 0.7 m/s。

占地面积大、除尘效率低是重力沉降室的主要缺点,但因其具有结构简单、投资少、维修管理容易及压力损失小(一般为 50~150 Pa)等优点,工程上可因地制宜地用它作为二线除尘的第一级。

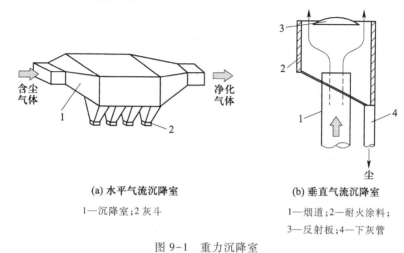

(a) 水平气流沉降室

1—沉降室;2 灰斗

(b) 垂直气流沉降室

1—烟道;2—耐火涂料;
3—反射板;4—下灰管

图 9-1　重力沉降室

2)惯性除尘器　惯性除尘器是使含尘气体冲击挡板后急剧改变流动方向,从而借助尘粒的惯性将其从气流中分离出来的装置。它们按结构可分为冲击式和反转式两类,如图 9-2 所示。冲击式惯性除尘器可分为单级型和多级型,在这种设备中,沿气流方向设置一级或多级挡板,使气流中的尘粒冲撞挡板而被分离。反转式惯性除尘器可分为弯管型、百叶窗型和多隔板塔型。惯性除尘器一般用于多级除尘中的第一级,捕集密度和粒径较大的尘粒,但对黏结性或纤维性粉尘,因易堵塞,不宜采用。

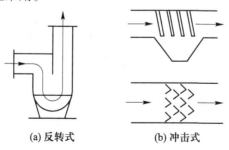

(a) 反转式　　　　(b) 冲击式

图 9-2　惯性除尘器结构

3)旋风除尘器　旋风除尘器,又称离心式除尘器,是使含尘气体作旋转运动,借助离心力作用将尘粒从气流中分离捕集的装置,如图 9-3 所示,旋转气流作用于尘粒上的离心力比重力大 5~2 500 倍,因此它能从含尘气体中除去更小的粒子,而且在气体处理量相同的情况下,装置所占厂房空间亦较小。

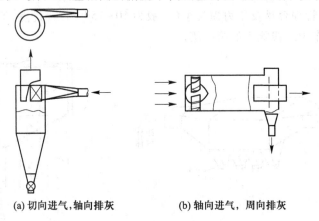

(a) 切向进气,轴向排灰　　　　　(b) 轴向进气,周向排灰

图 9-3　旋风分离器

旋风除尘器主要由进气口、简体、锥体排气管等部分组成。按气流进入方式,旋风除尘器常分为切向进入式和轴向进入式两种,切向进入式又可分为直入式和蜗壳式。轴向进入式是靠导流叶片促使气流旋转的,与切向进入式相比在同一压力损失下,能处理三倍左右的气体量,而且气流分布容易均匀,所以主要用其组合成多管旋风除尘器,用在处理气体量大的场合。

旋风除尘器对于 5 μm 以上的尘粒除尘率可达 95% 以上,由于其具有结构简单,制造安装和维护管理容易,投资少,占地面积小等优点,常作为二级除尘系统中的预除尘、气力输送系统中的泄料分离器和小型工业锅炉除尘等。但旋风除尘器一般只适用于净化非黏结性和非纤维性的粉尘及温度在 400 ℃ 以下的非腐蚀性气体;如果用于高温气体除尘,则需要采取冷却措施,或内壁衬隔热材料;如果用于净化腐蚀性气体时,则应采用防腐材料,或内壁喷涂防腐材料。

(2) 电除尘器　电除尘器是利用静电力实现粒子(固体或液体)与气流分离的装置。它与机械方法分离颗粒物的主要区别在于,其作用力直接施加于各个颗粒上,而不是间接地作用于整个气流。电除尘器有两种形式,即管式和板式电除尘器。电除尘器正被大规模地应用于解决燃煤电站、石油化工工业和钢铁工业等的大气污染问题,在回收有价值物质中也起着重要的作用。电除尘器的主要缺点是设备庞大,耗电多,投资大,制造、安装和管理所要求的技术水平较高。

(3) 过滤式除尘器　过滤式除尘器是利用天然或人造纤维织成的滤袋净化含尘气体的装置,其除尘效率一般可达 99% 以上。其作用机理按尘粒的力学特性,具有惯性碰撞、截留、扩散、静电和筛滤等效应。虽然过滤式除尘器是最古老的除尘方法之一,但由于它效率高、性能稳定可靠、操作简单,因此获得了越来越广泛的应用,同时在结构、滤料、清灰和运行方式等方面都得到了发展。

过滤式除尘器的型式多种多样,按滤袋形状分为圆筒形和扁平形两种;按清灰方式分为机械振动清灰式、逆气流反吹式和脉冲喷吹式等多种形式。除第一种方式是靠振动过滤介质清除粉尘外,其他三种方式都是从过滤介质上将粉尘吹除,即用低压空气反吹或用少量压缩空气脉冲喷吹。作为一种高效除尘器,过滤式除尘器广泛用于各种工业部门的尾气除尘中,它比电除尘器的投资省,运行稳定,可回收高比电阻粉尘;与文丘里洗涤除尘器相比,动力消耗小,回收的干粉尘便于综合利用。

(4)洗涤除尘器 洗涤除尘器又称湿式除尘器,它是用液体所形成的液滴、液膜、雾沫等洗涤含尘烟气,使尘粒从烟气中分离出来的装置。此类装置具有结构简单、造价低、占地面积小和净化效率高等优点,能够处理高湿、高温气体;在去除颗粒物的同时亦可去除二氧化硫等气态污染物,但应注意其管道和设备的腐蚀、污水和污泥的处理、烟气抬升高度减小等问题。

目前应用的洗涤除尘器种类虽多,但应用最广的是重力喷雾洗涤除尘塔、旋风洗涤除尘器和文丘里洗涤除尘器。

2. 工业有害气体的净化技术

控制工业有害气体的污染,应该重视减少污染物产生和对已产生的污染物进行净化两方面的技术措施。工业有害气体的净化过程,就是从废气中清除气态污染物的过程。它包括化工及有关行业中通用的一系列单元操作过程,涉及流体输送、热量传递和质量传递。净化工业有害气体的基本方法有五种,即吸收、吸附、焚烧、冷凝及化学反应。

(1)液体吸收法 是指用选定的液体高效吸收有害气体。吸收设备主要有填料塔、板式塔、喷洒吸收器和文丘里吸收器。填料为陶瓷、金属或塑料制成的环、网;板式塔有鼓泡式和喷射式。

(2)固体吸附法 是指利用多孔吸附材料净化有毒气体。常用吸附剂有活性炭、活性氧化铝、分子筛、硅胶、沸石等。吸附装置有固定床、流动床和流化床。吸附方式可为间歇式或连续式。可用吸附法去除的污染物质如表9-1所示。

(3)燃烧法 直接燃烧法以可燃性废气本身为燃料,实现燃烧无害化。使用通用型炉、窑、火炬等设备。热力燃烧法借助添加燃料来净化可燃性废气,使用炉、窑等设备。催化燃烧法利用催化剂改善燃烧条件,实现可燃性废气的高效净化。催化剂有铂、钯、稀土及其他金属或氧化物。

表 9-1　可用吸附法去除的污染物质

吸附剂	吸 附 物 质
活性炭	苯、甲苯、二甲苯、乙醇、甲醛、汽油、煤油、乙酸、恶臭物质、H_2S、SO_2、CO_2 等
浸渍活性炭	酸雾、碱雾、H_2S、SO_2、CO_2 等
活性氧化铝	H_2S、SO_2、CO_2 等
浸渍活性氧化铝	酸雾、Hg、HCl 等
硅胶	H_2O、SO_2、C_2H_2 等
分子筛	H_2O、SO_2、CO_2、H_2S 等
泥煤、风化煤	恶臭物质、NH_3、NO_x 等
浸渍泥煤、风化煤	SO_x、SO_2、NO_x
焦炭粉粒	沥青烟
白云石粉	沥青烟
蚯蚓粪	恶臭物质

（4）冷凝回收法　利用制冷剂将废气冷却液化或溶于其中。常用制冷剂有水、冷水、盐水混合物、干冰等。冷凝装置有直接接触冷凝器、间壁式换热器、空气冷却器等。

气体净化方法的选择主要取决于气体流量及污染物浓度，应尽可能地减少气体流量和提高污染物浓度，降低处理费用。对于浓度较高的气体，可考虑先进行预处理，但要与不设预处理的大型净化系统进行经济比较，除非有其他的考虑，如回收贵重物质，或需要预先冷却热废气，一般一个净化系统的一次性投资总比两个或几个净化系统的低。因此，在选择处理方法和工艺流程之前，要充分考虑待处理工业有害废气的种类、浓度、流量及废气中是否含有贵重物质等因素，进行综合比较来决定。

3. 废气中液态污染物的除雾技术

废气中液态污染物的除雾设备主要包括四大类：一是惯性力除雾装置，包括折板式除雾器、重力式脱水器、弯头脱水器、旋风脱水器、旋流板脱水器；二是湿式除雾器，几乎所有的湿式气态污染物处理装置和除尘器均可用做湿式除雾装置；三是过滤式除雾装置，包括网式除雾器和填料除雾器；四是静电除雾器，有管式和板式两类。

在折板式除雾器中气流通过挡板、折流板（或折流体），因流线的偏折，使雾滴碰撞到挡板被捕集下来。弯头脱水器是借助于气流在弯头中折转90°或180°

时产生的惯性力将雾滴甩出,主要用于文丘里管后面的脱水。旋风脱水器用于雾滴较细(最小雾滴为 5 μm)而除雾要求较高的场合。几乎所有的旋风除尘器均可用做脱水器。根据除雾脱水的特点也可做成结构简化的体形较小的旋风脱水器。网式除雾器中的丝网除沫器净化硫酸有工程实效,板网除沫器被广泛用于铬酸雾的净化处理工程。填料除雾器常用于各种酸雾,特别是硫酸雾的净化。各种用于液体吸收的填料塔(如填充鲍尔环、拉西环、鞍形填料、丝网填料、实体波纹填料、栅条填料等的填料塔)均可用做除雾器。

二、工业废水的防治

机械工业废水主要包括两大类:一类是相对洁净的废水,如空调机组、高频炉的冷却水等,这种工业废水可直接排入水道。但最好采用冷却或稳定化措施处理后供循环使用。另一类是含有毒、有害物质的废水,如电镀、电解、发蓝、清洗排出的废水,这种工业废水必须经过处理,达到国家规定的允许排放标准以后才能排入水道,更不得采用稀释方法达到国家标准。

1. 工业废水的防治基本原则

(1)改革工艺和设备,严格操作,实行回收和综合利用,以尽可能减少污染源和流失量。

(2)实行清污分流。量大而污染轻的废水(如冷却废水等)不宜排入下水道,以减轻处理负荷和便于实现废水回用。

(3)剧毒废水和一般废水分流,便于回收和处理。

此外,应打破厂际和地域界线,尽可能实行同类废水的联合处理,或实行以废治废。同时还应按目标要求对必须排放的废水进行净化处理。一般情况要求将排水中污染物控制在工业排放标准的范围之内。

综上所述,有效治理废水的首要问题是最大限度地减少废水水量,其次是采取净化措施以降低污染物浓度,并充分考虑其处理的合理性和效率,充分发挥天然水域的自净能力。

2. 工业废水处理的主要措施

(1)对废水源的处理方法　工业废水的性质随行业和规模的不同有很大差别。工厂生产不稳定,每天或每月变动较大,废水量与水质也随之变动。处理工业废水,首先必须努力降低废水排放前的污浊物的数量,所用方法有以下几种:

1)减少废水量　具体措施是:① 废水分类。根据污浊程度和污浊物的种类,在废水源就对废水分类,把废水划分为需要处理的废水和不需要处理的废水。② 节约用水。废水的循环使用是节约用水的有力手段。③ 改变生产工序。有时改变生产工序可以大幅度减少废水量和降低废水浓度。

2)降低废水浓度　废水中所含污浊物,在不少情况下有一部分是原料、产品、副产品。这些物质应尽量回收,不要弃于废水中。具体措施是:① 改变原料。使用产生污浊物少的原料。② 改变制造过程。例如,在粉碎工序中改为不用水的方法。③ 改良设备。由改良设备,提高产品的原材料利用率来减少污浊物数量。④ 回收副产品。过去,从经济观点出发,把没有价值的东西丢到废水中;但从防止污浊的观点来看,应把它们作为副产品回收利用,转化为有用的东西。

（2）对废水的处理方法　把废水处理大体分类,可分为除去悬浮固体物质的、除去胶态物质的和除去溶解物质的三种。在方法上有物理方法、化学方法、物理化学方法和生物学方法,如表 9-2 所示。

表 9-2　工业废水处理方法的分类

基本方法	基本原理	单元技术
物理法	物理或机械的分离过程	过滤、沉淀、离心分离、上浮等
化学法	加入化学物质与废水中有害物发生化学反应的转化过程	中和、氧化、还原、分解、混凝及化学沉淀等
物理化学法	物理化学的分离过程	吸附、离子交换、萃取、电渗析、反渗透、气提及吹脱等
生物化学法	微生物在废水中对有机物进行氧化、分解的新陈代谢过程	活性污泥、生物滤池、氧化池、生物转盘、厌气消化等

在工厂废水处理上用得较多的是沉淀法,它是利用水中悬浮颗粒在重力场作用下下沉,达到固液分离的一种方法。沉淀法一般应用在以下几种装置中:

1）废水预处理装置　如主要去除水中密度大于水的无机颗粒（如沙子、煤渣）的沉砂装置。

2）废水进入生物处理前的初次沉淀装置和生物处理后的二次沉淀装置　前者主要去除水中的悬浮固体,后者将生化反应中的微生物从水中分离出来,使水澄清。沉淀装置的主要类型有平流式、辐流式、竖流式和斜管式沉淀装置。

3）污泥处理阶段的污泥浓缩装置　若废水中含有密度小于水的杂质,可利用杂质的上浮特性,将其从水中分离出去。最常见的是利用上浮分离装置处理含油废水。由于油和水的密度不同,油水很易分层,上层为油,下层为水,可采用一般的油水分离装置处理。若废水中有乳化剂存在,油滴和水滴表面由乳化剂形成一层稳定的薄膜,油和水无法分层,形成乳浊液。此时必须先利用粗粒化装置破乳,使油滴增大,进而上浮与水分层,然后将其从水中分离出去。

　　若废水中的污染物密度非常接近甚至略小于水的密度,利用沉淀装置和上浮分离装置都无法取得满意的处理效果,此时可利用气浮分离装置。

　　在气浮分离装置中,大量微小的气泡黏附于杂质颗粒上,形成密度小于水的浮体,浮体上升至水面,从而将杂质从水中分离出来。因此,利用气浮分离工艺必须具备三个基本条件:

　　① 必须在水中提供足够的微小气泡。

　　② 必须使废水的污染物呈悬浮状态,必要时可采用混凝剂。

　　③ 必须使气泡与杂质产生黏附作用,否则应采用表面活性剂等对颗粒进行改性。

　　气浮分离工艺广泛应用于废水处理中:如去除水中的油滴、纤维及其他悬浮状颗粒等;回收污水中的有用物质;替代二次沉淀池,分离活性污泥;采用有机及无机污水的物化处理工艺。

　　气浮分离装置的主要类型有压力溶气气浮装置、真空气浮装置、分散空气气浮装置和电解气浮装置,其中压力溶气气浮装置应用最广泛。

　　离心分离装置在废水处理中常用作分离水中的悬浮物(固体颗粒和油滴),主要有旋流分离器和离心分离机两大类。

　　过滤在废水处理中既可用于活性炭的吸附和离子交换等深度处理过程之前的预处理,也可用于化学混凝和生物处理后的最终处理。

　　根据我国工业废水的排放标准,允许排放废水的 pH 应在 6~9 之间。凡废水含有 pH 超出规定范围的都应加以处理。很多废水往往含有酸或碱,且酸碱量的差别往往很大。通常将酸的含量大于 3%~5% 的废水称为废酸液,将碱的含量大于 1%~3% 的废水称为废碱液。废酸液和废碱液应加以回收和利用。低浓度的含酸废水和含碱废水,回收的价值不大,可采用中和法处理。中和法是将酸性废水用碱中和,碱性废水用酸中和,以调整 pH 处于中性范围。

　　广泛使用的污泥处理装置有浓缩污泥的连续浓缩装置、泥脱水过滤装置、日晒或加热干燥装置、焚烧装置等。

3. 废水处理方法的选择

　　废水治理总体方案的确定是一个比较复杂的问题,需要综合考虑,应符合有效治理的基本原则。对于必须外排的废水,其处理方法的选择主要应考虑水质状况和处理要求。

　　首先应通过现场调查和采样分析,明确废水的类型、成分、性质、数量和变化规律等。然后按水质情况和具体要求明确处理程度和确定处理方法。通常将处理程度分为三级:一级处理,主要指在预处理基础上去除水中的悬浮固体物、浮油以及进行 pH 调整等,这属于初级处理,常常作为进一步处理的准备阶段,然而对于有机物和重金属污染轻微的废水,可作为主要处理形式;二级处理,主要去除可生物降解的有机物和部分胶体污染物,用以减少废水的 BOD(生化需氧量)和部分 COD(化学需氧量),通常采用生物化学法处理,或采用混凝法和化学沉淀法处理,这是化工废水处理的主体部分;三级处理,主要去除生物难以降解的有机污染物和无机污染物,常用活性炭吸附、化学氧化以及离子交换与膜分离技术(反渗透)等,这是一种深度处理法,一般是在二级处理的基础上进行的。应当指出,对于一些成分单纯的废水,往往只要采用某一单元技术,如含铬废水用离子交换法除铬,没有必要分成一级、二级和三级。然而,大多数成分复杂或成分虽单纯但浓度较大且要求处理程度高的废水,则往往采用多种方法联用。

三、工业固体废物污染的防治

机械工业废物主要包括灰渣、污泥、废油、废酸、废碱、废金属、灰尘等废物,含有七类有害物质,即汞、砷、镉、铅、6 价铬、有机磷和氰。由于工业固体废物往往包含多种污染成分,而且长期存在于环境中,在一定条件下,还会发生化学的、物理的或者生物的转化,如果管理不当,不但会侵占土地,还会污染土壤、水体、大气,因此需要实行从产生到处置的全过程管理,包括污染源控制、运输管理、处理和利用、储存和处置。

1. 工业固体废物污染源的控制

机械工业固体废物污染源的控制是对机械工业固体废物实行从产生到处置全过程管理的第一步。其主要措施是尽量采用低废或无废工艺,以最大限度地减少固体废物的产生量,对于已产生的工业固体废物,则必须先搞清其来源和数量,然后对废物进行鉴别、分类、收集、标志和建档。

2. 工业固体废物的运输

在对工业固体废物进行鉴别、分类、收集、标志和建档后,需从不同的产生地把废物运送到处理厂、综合利用设施或处置场。对于废物处置设施太小、废物产生地点距处置设施较远或本身没有处置设施的地区,为便于收集管理,可设立中间储存转运站。运输方式分公路、铁路、水运或航空运输等多种,可根据当地条件进行选择。对于非有害性固体废物,可用各种容器盛装,用卡车或铁路货车运输;对于有害废物,最好是采用专用的公路槽车或铁路槽车运输。

3. 工业固体废物的处理

(1) 工业固体废物的预处理　机械工业固体废物多种多样,其形状、大小、结构及性质各异。为了进行处理、利用或处置,常需对工业固体废物进行预处理。预处理的方法很多,例如,处理或处置前的浓缩及脱水、处置前的压实、综合利用前的破碎及分选等。适当的预加工处理还有利于工业固体废物的收集和运输,所以预处理是重要的且具有普遍意义的处理工序。

1) 压实　是利用压力来提高工业固体废物容重的一种预处理方法。通过压实处理可大大减少包装容器的数量,提高搬运效率,减小进行无害化处理及最终处置的废物体积。

压实器一般都由一个供料单元和一个压实单元组成。供料单元负责接收工业固体废物原料并将其转入压实单元;压实单元有一个压头,在液压传动下通过高压将废物压实。常用的压实器有水平式压实器、三向垂直式压实器、回转式压实器、袋式压实器等。为获得较高的压缩比,要根据废物的性质、压实器的性能以及后续处理要求,选择适宜的压实器。

不过压实仅适用于那些压缩性大而复原性小的废料,如金属加工业排出的各种松散废料。金属类废料的压缩流程如图9-4所示。

金属废物→ 破　碎 → 压　缩 → 坯　块 → 回收再生

图9-4　金属类废料的压缩过程

通过这一流程,使不同形状的金属切屑、尾料等废料形成体积小、密度大并有适当尺寸的坯块,再进行回炉熔炼。

2)破碎　破碎处理是利用外力缩小固体废物颗粒尺寸的一种方法。破碎程度一般用物料破碎前后颗粒的最小尺寸之比(破碎比)来表示。破碎常作为分选、焚烧、利用和填埋处置的前处理而被广泛采用。通过破碎处理,可使工业固体废物颗粒尺寸均匀,使容重和比表面积增加,进而提高焚烧效率,便于分选回收有用金属及提高填埋处置的密度。用于工业固体废物的破碎机一般兼有冲击、剪切、挤压和摩擦等作用中的两种或两种以上的作用。金属类废物具有脆性,宜采用剪断破碎和冲击破碎,塑料、橡胶类物质在低温下变脆,可采用低温破碎。

3)分选　为了回收利用工业固体废物中的有用成分,或将有害成分分离出去,在对工业固体废物进行处理、利用和处置之前常需进行分选处理。分选处理中工业固体废物可以按物质种类的不同分成两种或两种以上,也可以按粒度不同分成两种或两种以上。分选效果的好坏可根据回收率来确定。回收率一般用单位时间内分选机排料口排出的某一组分的量与进入分选机的此组分的量之比来表示。一般是利用物料的某些特性,例如磁性、漂浮性、粒径大小等来进行分选。根据这些特性形成了多种多样的分选方法,例如筛分、重选、磁选、浮选等。

4)浓缩与脱水　工业废水处理过程会产生大量污泥。原污泥的含水率很高,一般为96%～99.8%,体积很大,对输送、处理及进一步利用都不方便,因此必须对其进行脱水处理。污泥中的水主要以间隙水、毛细水、吸附水和颗粒内部水四种状态存在,可根据后续处理工艺要求采用不同的脱水方法,如浓缩法、机械脱水法、加热脱水法等。

（2）工业固体废物的无害化处理　对有害的工业固体废物必须进行无害化处理，使其转化为适于运输、贮存和处置的形式，不致危害环境和人类健康。无害化处理的方法有化学处理、焚烧、固化等。

1）化学处理　化学处理是通过化学反应破坏固体废物的有害成分，使之无害化的一种处理方法。化学处理方法包括氧化、还原、中和、化学沉淀等。化学处理方法通常只适用于处理有单一成分或几种化学特性类似成分的废物，对于混合废物则可能达不到预期的目的。

① 氧化与还原　利用有害物质在化学反应过程中能被氧化或还原的性质，可通过氧化还原方法将它转变成无害或少害的新物质，从而达到处理的目的。氧化反应适于处理主要成分容易氧化的有害废物。一些普通的氧化剂（如氯、过氧化物、臭氧和高锰酸钾等）都可以用于有害物质处理。例如，含砷废物经过高锰酸钾和硫酸铜处理后可明显改善水泥固化体的浸出性能。还原反应适于处理含有容易还原成分的有害废物。常用的还原剂有煤炭、某些有机物及硫化铀等无机物。

② 中和与化学沉淀　中和是最普通的化学处理方法，主要用来处理具有腐蚀性的酸性或碱性废物。中和药剂的选择及中和反应设备的设计与废水处理大体相同。化学沉淀是指通过化学反应或调节 pH 使有害成分转变为难溶的物质沉淀下来。例如，废酸中的溶解铜可通过调节 pH 有效地沉淀下来，利用硫化物可去除重金属，石灰或氯化钙则可用来去除氟化物。

2）焚烧　焚烧是通过高温对可燃性固体废物进行破坏的一种无害化处理方法，也是有机物的深度氧化过程。通过焚烧，可使废物的重量和体积减小80%以上，使有毒有害的成分无害化，还可回收部分热能用于供热或发电。

3）固化　也称为化学稳定化，是指通过物理-化学方法将有害废物固定或包容在惰性固化基材中的无害化处理过程。固化处理的机制十分复杂，有的是通过控制温度、压力或调节 pH 使污染物化学转变或引入到某种稳定的晶格中去，有的是通过物理过程把污染成分直接掺入到惰性基材中去，有的兼有上述两种过程。固化是从放射性废物处理发展起来的一项无害化或少害化处理方法。除了可固化放射性废物外，还可固化多种无机有毒有害废物，如电镀污泥、汞渣、铬渣等。理想的固化产物应具有良好的抗渗透性、良好的力学特性以及抗浸出性。这样的固化产物可直接进行安全土地填埋处置，也可做建筑的基础材料或道路的路基材料。根据固化基材及固化过程，固化方法可分为水泥固化、石灰固化、热塑性材料固化、有机聚合物固化、自胶结固化和玻璃固化、陶瓷固化、合成岩固化等。

4. 工业固体废物的利用

工业固体废物具有二重性，弃之为害，用则为宝。尤其是对那些具有较高资源价值的废物,更应尽量加以综合利用。综合利用是指通过回收、复用、循环、交换以及其他方式对工业固体废物加以利用,它是防治工业性污染、保护资源、谋求社会经济持续稳定发展的有力手段。工业固体废物综合利用的途径很多,主要有生产建筑材料、提取有用金属、制备化工产品、用作工业原料、生产农用肥料和回收能源等。

特定固体废弃物是指一些数量巨大、有一定回收价值且必须用专门化的方式加以处理的固体废弃物,通常指废旧金属、塑料、橡胶及其制品等。从资源化角度进行处理,首先要使它们物尽其用,最大限度地延长其使用周期,有的虽不能直接延长使用周期,但可通过处理间接地延长使用周期。

废旧金属是机电产品在生产、使用过程中不断产生的废物,如来自切削过程的切屑、金属粉末、边角余料、残次品以及铸件浇冒口、报废的工具和机床(或零部件)、各种锈蚀损坏的钢铁结构物品等。处理方法通常是先进行分拣,对某些尚有使用价值的部分进行修复或改制后重新使用,再把有色金属和黑色金属分开后,回炉熔炼。

在重金属电镀污泥被塑料固化的工艺流程中,废旧塑料处理方法与一般资源化处理方法相类似,而电镀污泥的处理关键是将含水率95%以上的电镀污泥干燥和球磨的工艺。污泥干燥方法是先将电镀厂回收的电镀污泥,经自然干化、干燥机烘干。干燥后即可球磨,污泥粉末与塑料粉末以一定比例混合配料,最后可以压制成形或注塑成形为一定形态的产品。

5. 工业固体废物的处置

工业固体废物的处置,是为了使工业固体废物最大限度地与生物圈隔离而采取的措施,是控制工业固体废物污染的最后步骤。常用的处置方法有海洋处置和陆地处置两大类。海洋处置可在海上焚烧。陆地处置分为土地耕作、工程库或贮存池贮存、土地填埋和深井灌注等。

对于放射性固体废物,一般应根据其比放射性、半衰期、物理及化学性质选择相应的处置方法。常用的处置方法有海洋处置、深地层处置、工程库贮存和浅地埋藏处置等。

四、工业噪声的防治

1. 噪声及其危害

机械工业的噪声是一种十分严重的环境污染问题。长期在噪声超标的环境中工作,会使人耳聋、消化不良、食欲不振、血压增高,会影响语言交谈、思考和睡眠,降低工作效率,影响安全生产。

2. 噪声防治技术

为了采取必要而充分的噪声防治对策,并有效地加以实施,必须制订正确的噪声防治计划。其顺序如下：

1）确认发生噪声污染的地点，作出该地区的听觉试验、噪声级测定以及频谱分析等噪声实态调查。

2）探查噪声发生源，并调查和确认是哪台机器的什么部位。

3）决定降噪目标。

4）研究降低噪声的方法，实施最有效的措施。

传播噪声的三要素是声源、传播途径和接受者。噪声的防治也应从这三方面入手。

（1）对声源采取的措施

噪声控制最积极、最有效的方法自然是从声源上进行控制，即提供低噪声的设备、装置、产品。从声源上控制噪声，通常有两种途径：一是采用彻底改进工艺的办法，将产生高噪声的工艺改为低噪声的工艺，如用气焊、电焊替代高噪声的铆接，用液压替代冲压等；另一种方法是在保证机器设备各项技术性能基本不变的情况下，采用低噪声部件替代高噪声部件，使整机噪声大幅度降低，实现设备的低噪声化。

常见的噪声源有以下三个类型，可对它们采取相应措施，按各自的发声机理除去根源或加以降低。

1）对一次固体噪声的处理措施　由于强制力在机械和装置内部周期地反复使用，就成为激振源产生波动传播开去，在多数情况下机械的一部分以固有频率共振发出很大的噪声，这称为一次固体噪声，应采取以下措施：

① 确认产生激振力的根源。

② 研究降低激振力的方法。

③ 进行绝缘，使波动不能传播。

④ 改变噪声发射面的固有频率。

⑤ 使噪声发射面减振。

⑥ 盖上隔离振动的覆盖物。

2）对二次固体噪声的处理措施　机械内部发生的噪声声波使壁面发生振动，发射出透射声，这称为二次固体噪声。这样的情况也是很多的，需采取以下措施：

① 除去在机械内部产生空气压力变动的根源。

② 壁面加上隔声绝缘层（盖上吸声物或隔声材料）。

③ 设置隔声盖。

3）对空气声的措施　像由开口部（吸气口、放气口、其他）发射出来的噪声那样，没有固体振动的噪声称为空气声。对此，应采取以下措施：

① 降低压力和流速等。

② 装置消声器或吸声道等。

③ 缩小开口部,降低发射功率,或利用指向性改变方向。

（2）噪声传播途径的处理。

噪声传播途径的处理应根据具体情况,采取不同措施。通常有以下几种方法:

1）吸声处理　也称吸声降噪处理,是指在噪声控制工程中,利用吸声材料或吸声结构对噪声比较强的房间进行内部处理,以达到降低噪声的目的。但这种降噪效果有限,其降噪量通常不超过 10 dB。

2）隔声处理　是用隔声材料或隔声结构将声源与接受者相互隔绝起来,降低声能的传播,使噪声源引起的吵闹环境限制在局部范围内,或在吵闹的环境中隔离出一个安静的场所。这是一种比较有效的噪声防治技术措施。例如把噪声较大的机器放在隔声罩内,在噪声车间内设立隔声间、隔声屏、隔声门、隔声窗等。

3）隔振　即在机器设备基础上安装隔振器或隔振材料,使机器设备与基础之间的刚性连接变成弹性连接,可明显起到降低噪声的效果。

4）阻尼　在板件上喷涂或粘贴一层高内阻的弹性材料,或者把板料设计成夹层结构。当板件振动时,由于阻尼作用,使部分振动能量转变为热能,从而降低其噪声和振动。

5）消声器　消声器是降低气流噪声的装置,一般接在噪声设备的气流管道中或进排气口上。

（3）噪声的个人防护措施

当在声源上和传播途径上难以达到标准要求时,或在某些难以进行控制、但对接受者来说必须加以保护的场合,往往采取个人防护措施,其中最常用的方法是佩带护耳器——耳塞、耳罩、头盔等。一副好的护耳器应满足下列要求:具有较高隔声值（又称声衰减量）,佩带舒适、方便,对皮肤无刺激作用,经济耐用。

综上所述,机械工业环境污染量大、面广、种类繁多、性质复杂、对人危害大,具体表现在工业废水对水环境的污染,工业废气对大气环境的污染,工业固体废物对环境的污染及噪声的污染四个方面。事实证明,采取“先污染,再治理”或“只治理,不预防”的方针都是有害的,既会使污染的危害加重和扩大,还会使污染的治理更加困难。因此,防治工业性环境污染的有效途径是“防”和“治”结合起来,并强调以“防”为主,采取综合性的防治措施。从事本行业的每一个人都应意识到问题的严重性,尽可能将污染消灭在工业生产过程中,大力推广无废少废生产技术,大力开展废物的综合利用,使工业发展与防治污染、环境保护互相促进。

复习思考题

1. 机械制造业都有哪些常见的环境污染?
2. 常见的除尘设备有哪几种? 各有何优缺点?
3. 工业废水防治的主要措施有哪些?
4. 对工业固体废料常采用哪些处理手段?
5. 工业噪声的防治应从哪三个方面入手?

参 考 文 献

[1] 机械工程手册编辑委员会.机械工程手册:机械制造工艺及设备卷(二).2 版.北京:机械
工业出版社,1997.

[2] 李伟光.现代制造技术.北京:机械工业出版社,2001.

[3] 孙大涌.先进制造技术.北京:机械工业出版社,2000.

[4] 邓文英,宋力宏.金属工艺学:下册.6 版.北京:高等教育出版社,2016.

[5] 师建国,冷岳峰,程瑞.机械制造技术基础.北京:北京理工大学出版社,2016.

[6] 卢秉恒.机械制造技术基础.北京:机械工业出版社,1999.

[7] 张世昌,李旦,张冠伟.机械制造技术基础.3 版.北京:高等教育出版社,2014.

[8] 傅水根.机械制造工艺基础(金属工艺学冷加工部分).北京:清华大学出版社,1998.

[9] 李爱菊,王守成,等.现代工程材料成形与制造工艺基础:下册.北京:机械工业出版
社,2001.

[10] 贾青云,李冬妮,等.现代汽车制造技术之机械加工:世界汽车技术发展跟踪研究(一).
汽车工艺与材料,2002(4).

[11] 苗赫濯,齐龙浩,等.新型陶瓷刀具在机械工程中的应用.机械工程学报,2002,38(2).

[12] 吉卫喜.机械制造技术.北京:机械工业出版社,2001.

[13] 胡传.特种加工手册.北京:北京工业大学出版社,2001.

[14] 金庆同.特种加工.北京:航空工业出版社,1988.

[15] 白基成,刘晋春,郭永丰,等.特种加工.6 版.北京:机械工业出版社,2014.6

[16] 骆志斌.金属工艺学.5 版.北京:高等教育出版社,2000.

[17] 荆学俭,许本枢.机械制造基础.济南:山东大学出版社,1995.

[18] 余承业,等.特种加工新技术.北京:国防工业出版社,1995.

[19] 张世凭.特种加工技术.重庆:重庆大学出版社,2014.

[20] 荀占超,赵艳珍,田峰.数控车工工艺编程与操作.北京:机械工业出版社,2017.

[21] 蔡厚道.数控机床构造.北京:北京理工大学出版社,2016.

[22] 黎震,朱江峰.先进制造技术.北京:北京理工大学出版社,2012.

[23] 周文玉.数控加工技术基础.北京:中国轻工业出版社,1999.

[24] 刘雄伟.数控加工理论与编程技术.北京:机械工业出版社,1994.

[25] 廉元园.加工中心设计与应用.北京:机械工业出版社,1995.

[26] 杜君文.数控技术.天津:天津大学出版社,2002.

[27] 袁国定.机械制造技术基础.南京:东南大学出版社,2000.

[28] 李振明.机械制造基础.北京:机械工业出版社,1999.

[29] 张亮峰.机械加工工艺基础与实习.北京:高等教育出版社,1999.

[30] 李九立.机械制造技术基础.济南:济南出版社,1998.

[31] 钱增新,陈全明.金属工艺学.北京:高等教育出版社,1987.

[32] 陈玉琨,赵云筑.工程材料及机械制造基础(Ⅲ).北京:机械工业出版社,2001.

[33] 金问楷.机械加工工艺基础.北京:清华大学出版社,1990.

[34] 唐宗军.机械制造基础.北京:机械工业出版社,1997.

[35] 盛善权.机械制造基础.北京:高等教育出版社,1993.

[36] 白英彩.计算机集成制造系统——CIMS概论.北京:清华大学出版社,1997.

[37] 李靖谊.计算机集成制造.北京:航空工业出版社,1996.

[38] 王贵明.数控实用技术.北京:机械工业出版社,2000.

[39] 蔡建国.现代制造技术导论.上海:上海交通大学出版社,2000.

[40] 颜永年.先进制造技术.北京:化学工业出版社,2002.

[41] 常本英.计算机集成制造系统(CIMS)导论.合肥:安徽科学技术出版社,1997.

[42] 郑修本.机械制造工艺学.北京:机械工业出版社,1999.

[43] 赵亮才.计算机辅助工艺设计.北京:机械工业出版社,1994.

[44] 李峻勤.数控机床及其使用与维修.北京:国防工业出版社,1999.

[45] 宋培言.机械工程概论.北京:机械工业出版社,2001.

[46] 宁汝新.机械制造中的CAD/CAM技术.北京:北京理工大学出版社,1990.

[47] 焦振学.先进制造技术.北京:北京理工大学出版社,1997.

[48] 许香穗.成组技术.北京:机械工业出版社,1997.

[49] 熊光楞.计算机集成制造系统组成与实践.北京:清华大学出版社,1997.

[50] 葛巧琴.机械CAD/CAM.南京:东南大学出版社,1998.

[51] 王贤坤.机械CAD/CAM技术应用与开发.北京:机械工业出版社,2000.

[52] 郑树泉,宗宇伟,董文生,等.工业大数据架构与应用.上海:上海科学技术出版社,2017.

[53] 岳玮,裴宏杰,王贵成.智能制造技术研究进展与关键技术.工具技术,2015,49(11).

[54] 赵升吨,贾先.智能制造及其核心信息设备的研究进展及趋势.机械科学与技术,2017,36(1).

[55] 富宏亚,韩振宇.智能加工技术与系统.哈尔滨:哈尔滨工业大学出版社,2006.

[56] 朱文海,张维刚,倪阳咏,等.从计算机集成制造到"工业4.0".现代制造工程,2018(1).

[57] 周佳军,姚锡凡.先进制造技术与新工业革命.计算机集成制造系统,2015,21(8).

[58] 王效昭,赵良庆,等.企业管理学.北京:中国商业出版社,2001.

[59] 刘丽文.生产与运作管理.2版.北京:清华大学出版社,2002.

[60] 陈其林,冯伯明.企业管理.北京:机械工业出版社,2001.

[61] 黄毅勤,刘志翔.成本会计学.北京:首都经济贸易大学出版社,2001.

[62] 宗培言,丛东华.机械工程概论.北京:机械工业出版社,2002.

[63] 路甬祥.团结奋斗 开拓创新 建设制造强国.机械工程学报,2003,39(1):2.

[64] 王淼,赵桂娟.21世纪的企业组织模式——动态联盟.管理现代化,1999,3:28.

[65] 周康渠,徐宗俊,等.制造业新的管理理念——产品全生命周期管理.中国机械工程,2002(15):1343.

[66] 赵民,孙军.异型饰面石材加工技术及装备.非金属矿,1998(1):43.

[67] 魏昕,周泽华,袁慧,等.石材锯切加工工艺研究.金刚石与磨料磨具工程,1998 (103):32.

[68] 刘峰,罗忠辉.石材锯切加工工艺研究.机械工程师,2001(6):27.

[69] 王增武.石材加工及开采存在的问题与对策.山东建材,1995(6):33.

[70] 潘振熊,邵福兴.立体类异性石材的加工.中国建材,2001(8):80.

[71] 薄青.金刚石绳锯切割加工石材与建材机械工艺师.1994(9):13.

[72] 赵民,赵永赞,刘黎,等.磨料水射流切割石材的应用研究.金刚石与磨料磨具工程,2000 (116):21.

[73] 谈耀麟.花岗石石材抛光技术.矿产与地质,1994(6):452.

[74] 苑金生.浅谈装饰石材表面抛光.山东建材,1997.6:25.

[75] 李永贵,高岩.饰面石材磨削抛光工艺对光泽度的影响.吉林地质,1995(3):85.

[76] 王正君,腾琦玮,于思远,等.石材超声波精雕系统.机械设计,1999.1:27.

[77] 王瑞刚,潘伟,等.可加工陶瓷及工程陶瓷加工技术现状及发展.硅酸盐通报,2001 (3):27.

[78] 李学之.工程陶瓷加工技术.机床,1992(2):24~25.

[79] 黄春峰.工程陶瓷加工技术的发展与应用.工具技术,2000(12):3~6.

[80] 张林.陶瓷加工的新设想.西南交通大学学报,1989(2):111~114.

[81] 吴希让.陶瓷加工的研究进展.汽车工艺与材料,1993(10):3~6.

[82] 钱易,郝吉明,吴天宝.工业性环境污染的防治.北京:中国科学技术出版社,1990.

[83] 肖锦.城市污水处理及回用技术.北京:化学工业出版社,2002.

[84] 陈汝龙,编译.环境工程概论.上海:上海科学技术出版社,1986.

[85] 李锡川.工业污染源控制.北京:化学工业出版社,1987.

[86] 游海,林波.工业生产污染与控制.南昌:江西高校出版社,1990.

[87] 徐志毅.环境保护技术和设备.上海:上海交通大学出版社,1999.

[88] 郑铭.环保设备　原理设计　应用.北京:化学工业出版社,2001.

[89] 魏杰.现代企业管理学.北京:中共中央党校出版社,2000.

[90] z.塔德莫尔,G.G.戈戈斯.聚合物加工原理.北京:化学工业出版社,1990.

[91] 邱明恒.塑料成形工艺.西安:西北工业大学出版社,1994.

[92] 曹振宇.几种热塑性塑料的机械加工.工具技术,1993,27(4):19~21.

[93] 范瑞顺.热塑性塑料的机械加工.机械工艺师,1994(6):8~9.

[94] 李瑞芬.塑料的机械加工.北京:化学工业出版社.1999.

[95] 范忠仁.塑料的机械加工.北京:化学工业出版社.1989.

[96] 倪双曦.工程塑料的车削和钻削.工程塑料应用,1991(4).

[97] 赵祖虎.复合材料机械加工技术简介.航天返回与遥感,1997,18(1):57~63.

[98] 郝建华.实现塑性状态下切削非金属硬脆材料的思考.新技术新工艺,2000(6):14~16.

[99] Weck M,Marpert M,新材料加工对机床提出的要求.陈鸿均,译.林益耀,校.工业工程与管理,1998(2):47~51,63.

［100］西北轻工业学院.玻璃工艺学.北京:中国轻工业出版社,1982.

［101］赵彦钊,殷海荣.玻璃工艺学.北京:化学工业出版社,2006.

［102］朱雷波.平板玻璃深加工.武汉:武汉理工大学出版社,2002.

［103］张锐,许红亮,王海龙,等.玻璃工艺学.北京:化学工业出版社,2008.

［104］张茂.机械制造技术基础.北京:机械工业出版社,2008.

［105］周桂莲,付平.机械制造基础.西安:西安电子科技大学出版社,2009.

［106］侯书林,朱海.机械制造基础(下册)——机械加工工艺基础.北京:北京大学出版社,2006.

［107］杨宗德.机械制造技术基础.北京:国防工业出版社,2006.

［108］周宏甫.机械制造技术基础.2 版.北京:高等教育出版社,2010..

［109］隋秀凛.现代制造技术.3 版.北京:高等教育出版社,2012.